智慧城市热力系统
仿真技术及应用

王 海 杨 光 编著

上海科学技术出版社

内 容 提 要

本书由作者根据城市供热系统智慧化和低碳化发展的需要,结合所从事教学方向和研究工作,并基于自己多年智慧供热工程实践编写而成。全书从智慧城市供热系统面临的机遇与挑战出发,探讨了多种智慧城市供热系统关键技术。全书包括6章,第1章对智慧供热系统进行简要介绍;第2章介绍了智慧供热仿真基础理论以及现有的仿真软件;第3章介绍了供热系统分布式输配系统技术,该技术提出了一种新的水力调节方法来适应分布式变频供热系统,可以实现多热源环状供热系统的水力平衡;第4章介绍了供热系统全网平衡技术,从热网水力平衡和全网平衡控制两个方面对供热系统普遍存在的水力失衡及冷热不均问题做了深刻分析;第5章介绍了供热系统智慧诊断技术,通过仿真技术和智能算法的结合对管网常见的老化、泄漏和堵塞故障进行诊断;第6章介绍了供热系统喷射泵技术,并提出了一种具有良好水力稳定性和节能性的可调节喷射泵。

本书可供高等院校机械、能源等专业本科生及研究生在学习供热工程课程同时了解、学习流体仿真及智慧化应用等相关知识,也可供供热工程技术人员和社会读者阅读参考。

图书在版编目（ＣＩＰ）数据

智慧城市热力系统仿真技术及应用 / 王海，杨光编著. -- 上海 : 上海科学技术出版社，2023.6
ISBN 978-7-5478-6182-0

Ⅰ. ①智… Ⅱ. ①王… ②杨… Ⅲ. ①智慧城市－热力系统－系统仿真 Ⅳ. ①TU995.3

中国国家版本馆CIP数据核字(2023)第083782号

智慧城市热力系统仿真技术及应用
王 海 杨 光 编著

上海世纪出版(集团)有限公司
上海科学技术出版社 出版、发行
(上海市闵行区号景路 159 弄 A 座 9F–10F)
邮政编码 201101   www.sstp.cn
上海颛辉印刷厂有限公司印刷
开本 787×1092 1/16 印张 13 插页 4
字数：320 千字
2023 年 6 月第 1 版 2023 年 6 月第 1 次印刷
ISBN 978 - 7 - 5478 - 6182 - 0/TU·333
定价：118.00 元

Preface 前言

　　建筑是社会能源的主要消耗品。在过去 10 多年中,中国商品房年销售面积呈逐年扩大趋势,全国可供热住宅面积也随之增长,为城市供热行业的发展提供了机遇。这期间,中国供热行业固定资产投资迅速增长,各地供热配套设施逐步完善,供热行业市场规模实现飞速增长,行业发展水平稳步提高。在飞速的发展期后,供热行业固定资产投资已呈下滑趋势,其对行业发展的推动作用逐步减弱。与此同时,中国城市化进程正在加速,科学技术正在广泛应用于供热行业各环节,新的、更加个性化的供热需求不断涌现,这些因素都对供热行业发展产生了重要影响。未来,中国供热行业的主要增长动力会来自智慧供热技术的创新和发展。另外,气候条件日益复杂多变,绿色低碳的发展模式已成为能源领域不可或缺的考量因素。智慧供热作为供热领域对于实现"碳达峰、碳中和"目标提交的切实可行的技术方案,是供热行业研究绿色低碳路线的一大助力。

　　"十四五"期间,城市化进程加快,各地陆续出台了对可再生能源供热、绿色建筑面积的指标,在可再生能源和清洁能源供暖上政策力度更强,从而鼓励了清洁能源供热的发展。国务院、住建部分别印发了《"十四五"节能减排综合工作方案》《"十四五"建筑节能与绿色建筑发展规划》等文件,大力推广大型燃煤电厂热电联产改造,推动清洁能源供热,加快设施设备节能改造,开展节能减排理论与技术研究,构建绿色低碳的技术体系与标准体系。根据政策发展规划,未来城市供热机组能耗降低、推广工业余热集中供热、加快供热管网建设改造以及推进清洁能源供热,将是发展重点。

　　当前,以云计算、大数据、互联网、物联网等为代表的先进的信息化技术在供热行业得到了越来越广泛和深入的应用,越来越多的供热公司配备了供热状态监测系统,供热行业的系统管理水平逐渐提高。然而,传统的人工控制手段已经难以满足当前供热行业发展的需求,仅仅对关键节点的监控和调整,不足以支撑整个供热系统的全面平衡调控。伴随着第四代区域供热系统的提出,越来越多的可再生能源例如太阳能、风能等被使用到供热系统中,面对热源的多元化,传统的人工控制难以达到精准的调控。此外,伴随着城市化的发展,城市供热系统的结构日益复杂。面对日趋复杂的管网,如何对各供热源进行优化配置来达到全网供需平衡,传统的人工控制也是难以实现的。因此,人工智能、机器学习等智能化技术在供热智慧调控方面发挥的巨大潜力使其逐步成为供热行业中新的热点。诸如芬兰、丹麦等欧洲国家的集中供热事业经过多年的发展,逐步形成了智能、高效且低碳的供热模式,在供热智慧调控方面积累了先进经验。相比之下,中国集中供热事业在近几十年来虽然也有快速发展,但与世界先进水平仍有一定差距。因此,数字化、低碳化和智慧化的供热方式已经成为中国供热行业的共同发展愿景。

智慧城市供热系统,须围绕"数字孪生"进行管理建设,仿真模拟技术是关键。基于有力的模拟仿真技术,打破目前信息化技术中大数据的"标签化"应用现状,以实现城市供热系统之设计、优化调度、平衡调控和故障诊断等功能的实际应用。数字孪生不仅仅是数字化模型的建立和展示,更多的是对管网内部原本不可见的运行状态和运行机理的揭示,基于仿真计算的数字孪生模型是实现城市供热系统智慧化的关键手段。本书作者长期专注于区域供热供冷、建筑能源和城市燃气输配领域,并在多源复杂拓扑管网仿真的全新模型、核心算法、智慧应用等方面取得了创新性研究成果。同时,作者在"十三五"国家重点研发计划"燃气管网安全运行保障集成智能监管平台"和"既有居住建筑宜居改造及功能提升关键技术"项目中被列为骨干成员和任务负责人;自主开发了多热源复杂拓扑的热力管网仿真的全新模型和核心算法,在区域供热、能源网络等领域具备丰富的科研项目经验以及极强的专业把控能力。本书作者基于多年科研经验,从城市供热系统的仿真模拟技术出发,分别介绍了供热系统分布式输配系统技术,供热系统全网平衡技术,供热系统管网老化、泄漏和堵塞故障诊断技术,以及供热系统可调式喷射泵技术,希望可以为从事供热行业的工作人员,以及在校相关专业学生提供一定的理论指导。

本书由王海、杨光撰写而成,感谢科研助理陈沁、罗为、邹斯逸,研究生王凤霞、邢鼎皇、吴有富、乔帆、李硕勋对本书内容的整理协助,感谢国家重点研发计划——国际合作"基于数字孪生的供热系统全网动态优化及低碳智慧调控关键技术研究"(2021YFE0116200)对本书的支持。

本书难免存在不足之处。衷心希望读者能够以宽容和建设性的态度对待其中的不完美之处,并愿意与我们分享您的宝贵反馈和意见,以便在未来的研究和写作中不断改进。

王海　同济大学

2023 年 3 月

Contents 目　录

当前,中国正从国家战略层面推进运用"互联网+"、物联网、大数据、人工智能等新一代信息技术,赋能各行业的升级发展,"智慧"已普遍成为描述这类升级特征的关键词。城镇集中供热系统是支撑人们生产生活的重要能源基础设施。在"智慧城市""智慧能源"等相关概念的带动下,"智慧供热"已被正式提出,并已成为中国供热行业的关注焦点。智慧供热的提出与发展,处于中国全面推进能源生产与消费革命战略的大背景之中。国家能源局发布的《能源生产和消费革命战略(2016—2030)》指出:"要坚持安全为本、节约优先、绿色低碳、主动创新的战略取向,全面实现中国能源战略性转型",亦明确提出:"需要建设'互联网+'智慧能源,促进能源与现代信息技术深度融合,推动能源生产管理和营销模式变革,重塑产业链、供应链、价值链,增强发展新动力"。供热行业作为重要的能源子行业,未来发展应紧扣中国能源生产和消费革命的总体战略和技术路线。

1.1 智慧城市供热系统的背景

1) 第四代区域供热系统简介

随着科技进步,集中供热系统经过了三代的发展,目前正向第四代区域供热系统(fourth-generation district heating,4GDH)发展。4GDH 的目标是迎接挑战,并确定实现未来基于可再生能源的供暖手段,将其作为整体可持续能源系统实施的一部分。4GDH 被供热领域研究人员定义为"一致的技术和制度概念,通过智慧供热协助可持续能源系统的适当发展"。与前三代不同,4GDH 的发展涉及平衡能源供应与节能,从而应对"向越来越节能的建筑提供热量、以满足空间供暖和生活热水需求"的挑战。

4GDH 的温度水平通常非常高,可以直接满足空间供暖需求,无须通过终端用户的热泵等方式提高温度。目前一些研究者将低温或超低温供热系统的工作纳入 4GDH 框架(其中一些分析会将供应温度降至 45 ℃ 以下)。

此外,4GDH 涉及战略和创新规划,并将区域供热整合到智慧能源系统的运行中,它涉及制定具有适当成本、激励结构的制度和组织框架。为了能够在未来的可持续能源系统中发挥作用,4GDH 将需要具备以下五个方面的能力:

(1) 为现有的翻新和全新建筑提供兼具空间供暖和生活热水的低温供热系统的能力。

（2）在低电网损耗的供热网络中分配热量的能力。

（3）能够从低温废弃物中回收热量，并整合可再生热源如太阳能和地热能的能力。

（4）成为智慧能源系统集成部分的能力（从而将波动的可再生能源集成到智慧能源系统中并保证节能效果）。

（5）能够确保适当的规划、成本和激励结构，以及保证与未来可持续能源系统相关的战略投资能力。

2）智慧供热已被列入城市发展规划

2017年年底，中国政府十部委联合印发了《北方地区冬季清洁取暖规划（2017—2021年）》，明确提出"温暖过冬、减少雾霾"是重大民生工程、民心工程。2019年中国城镇供热协会发布了《中国供热蓝皮书2019——城镇智慧供热》。2020年黑龙江省和河北省相继发布了地方标准《黑龙江省城镇智慧供热技术规程》（DB23/T 2745—2020）和《城市智慧供热技术标准》[DB13（J）/T 8375—2020]。北京市为积极响应率先建设碳中和城市目标，促进供热行业节能减碳，实现"按需供热、精准供热"目标，于2022年5月发布了《供热系统智能化改造技术规程第1部分：热源、热网和热力站》（简称"规程1"）和《供热系统智能化改造技术规程第2部分：热用户》（简称"规程2"）征求意见稿。规程1规定了热源、热网和热力站现场踏勘及评估、智能化改造、源-网-站协同、施工与验收及运行维护的要求，内容主要包括供热系统中热源、热网和热力站的设备以及控制系统的智能化改造。规程2规定了现场踏勘及评估、改造技术要求、施工与验收、运行与维护的要求，内容主要包括供热系统中热力入口至用户的供热系统智能化改造。这些均标志着智慧供热已经被列入未来城市发展规则。

3）供热系统发展趋势

在清洁能源生产及能源提质增效的迫切需求驱动下，中国城镇集中供热系统发展呈现出如下趋势：

（1）在热源供给侧。具有更多元化的选择，清洁燃煤热电联产的基础性地位在相当长的时间内不会改变，同时，因地制宜地推进"煤改气"，大力推进工业过程余热供热、生活垃圾及生物质能供热，并积极探索弃风供热、太阳能供热、核电供热等新技术。这些多元化的热源形式的出现，使得相关从业者需要通过多元多能互补技术实现供热系统的动态能量平衡和集成优化。

（2）在热网输配侧。长距离输热技术不断取得突破，同时热网进一步向互连互通结构发展，以提升供热可靠性，增加调度灵活性，并包容波动性低碳清洁热源接入。

（3）在负荷需求侧。热计量提升了负荷侧的自动化水平，室温测量等物联网技术为按需精准供热提供了基础条件，分布式综合能源的发展带来了更多灵活选择，需求侧响应技术也处于探索之中。

（4）在储热技术领域。大力发展大规模储热技术，以实现热负荷的"削峰填谷"并支撑热电解耦。

总体来看，"源-网-荷-储"全过程的动态性和复杂性显著增强，这要求进一步利用新一代信息技术，以提升供热系统的动态调控能力。当前，中国社会主要矛盾已经转化为人民日益增长的美好生活需要和不平衡不充分发展之间的矛盾。供热生产服务要秉承"以人为本"的理念，更加注重提升人民群众获得感和幸福感，提供优质化、便民化的供热服务。同时，应借助"互联网+"、大数据等信息化手段提升供热行业治理能力。低碳、清洁、高效的城镇集中供热系统既是统筹生产、生活、生态三大布局的重要环节,也是构建生态文明社会和中国特色新型城镇化的重要内容。

　　智慧城市建设是未来城市的发展主体方向,传统能源行业的数字化转型建设要求以创新技术手段推进行业发展。作为智慧城市的基础设施和民生保障的重要组成部分,城市供热的信息化、智能化和智慧化的发展也势在必行。随着信息化技术的飞速发展,以云计算、大数据、物联网等为代表的先进的信息化技术得到了越来越广泛和深入的应用,对社会和日常生活产生了深远的影响。与此同时,信息化技术为智能化和智慧化技术的发展奠定了良好的基础,模拟仿真、人工智能、机器学习等智能化技术逐步成为新的热点,技术的不断革新成为能源工业发展的有力保障。在发展过程中,新技术的应用和新理念的贯彻,必将给供热行业带来从工作方式、业务需求到发展目标的全面变革。挑战与机遇并存,也正是发展的真正意义。

1.2　智慧城市供热系统的关键技术

　　城镇供热作为城市传统能源工业的重要组成部分,始终是社会民生的核心问题之一。随着"云大物移智"技术的飞速发展,供热行业已经进入崭新的发展阶段,同时在数字经济战略、"双碳"目标指引下,供热管理的平台化、数字化、智慧化成为供热行业发展的主体方向。同时,地下集中供热管网的规模不断扩大,结构日益复杂,如何运用先进的科学技术和管理手段,安全、高效、按需供热供暖到千家万户(图 1-1),给城镇集中供热系统的规划、监督、管理、运维等工作提出了全新的命题。智慧城市供热系统的关键技术包括以下几个方面:

图 1-1　智慧供热应用场景

　　1) 数字孪生技术

　　随着自动化和信息化建设的发展,供热系统逐步实现了对热网上热源、换热站等重要节点的监测和控制,对系统运行拥有了基本的管理能力,采集获得的运行数据也可以对日常运维工作起到一定的辅助指导作用。但是,随着供热管网规模的扩大和复杂度的增加,传统管理手段对当前供热系统的全面管理和把控能力已经渐显不足,科学化、精细化管理的需求越来越强烈。具体来说，仅仅对关键节点进行监控，获得离散点状的数据，即"以点盖面"，已不足以支撑供热全网的整体管理，无法满足供热系统发展的需求。同时，受限于供热管网自身的特征，虽然可以在热源、换热站和热用户端加强计量覆盖，但是对于整个供热系统的骨架和动脉——管网，却无法通过传统的信息化手段进行监测和管理。随着数字孪生技术的兴起，如何对管网进行数字化描绘成为供热行业一个全新的命题。

智慧供热系统运行需要精细的系统仿真模型，围绕"数字孪生"进行供热管理系统建设，将充分发掘业务和数据的价值，通过模拟仿真技术，打破大数据、AI算法、物联网、5G等先进科学技术的"标签化"应用现状，在系统建设和管理过程中得到实际应用，对供热系统发展和社会民生发展形成真正的支撑。针对供热行业的实际应用需求，数字孪生不仅是对物理管网进行数字化展示模型的建立，更重要的是对管网内部原本不可见的运行工况的揭示，这些运行工况是指能量从热源流出并进入热网之后，通过管网输送到换热站再到供热用户的沿途过程中的运行和变化情况，需要重点监测压力、流量、流速、比摩阻等数据。至此，实现了供热系统的全程动态覆盖，形成对供热系统的数字化动态孪生，并基于仿真计算引擎，在该模型之上打造智慧供热综合管理平台，为用户提供真正的智慧化应用场景，充分体现业务数据和既有资源的价值。

2）基于"网络元"法的管网仿真技术

为了突破平面网络的限制，基于网络动力学理论，本书作者自主原创"网络元"理论对管网进行解析。该方法将常规的全局解析改为局部解析，可有效解析含有热源、管道、连接件、阀门和水泵等多种元件的高维空间拓扑结构管网。即便对于缺乏完整拓扑信息的管网，该方法仍可获得具有工程应用价值的解析结果。这种新的网络动力学解析方法的最大优点是，当实际管网的拓扑信息不全或存有微小错误时，仍然能为数学模型分析提供很有价值的结果。

3）智慧供热平台构建技术

城镇供热系统是一个规模庞大、复杂度高、专业性强的综合业务系统，供热场站工艺、热网结构、业务体系等每个环节都需要制定针对性的建设方案，整体系统架构需要全面覆盖系统运转的全流程。智慧供热平台将从数据结构和平台结构两个维度进行构建，为系统的建设和发展提供物理支撑平台。智慧供热平台在云计算、大数据、物联网等信息化技术的基础上，在完备的场站建设、数据采集、工艺控制等能力前提下，围绕模拟仿真引擎将管网的模型管理、数据管理、仿真引擎、智能算法、仿真应用进行高效集成，充分为供热系统"赋智"，为用户提供一站式管理的 SaaS（软件即服务），如图 1-2 所示。

全网设备监控和数据采集，是后续系统业务平台建设的基础，须覆盖从热源、换热站、热用户到一次热网、二次热网等供热系统的所有要素，为运行计量数据和管理监测数据的上行以及控制命令和干预命令的下行，提供安全、可靠、高效的数据通道。平台纵向结构则需要充分实现现场下位系统的设备互连、各个运行环节的数据互连和上位管理平台的业务互连，统筹运转，最终为运维决策提供有效支撑。

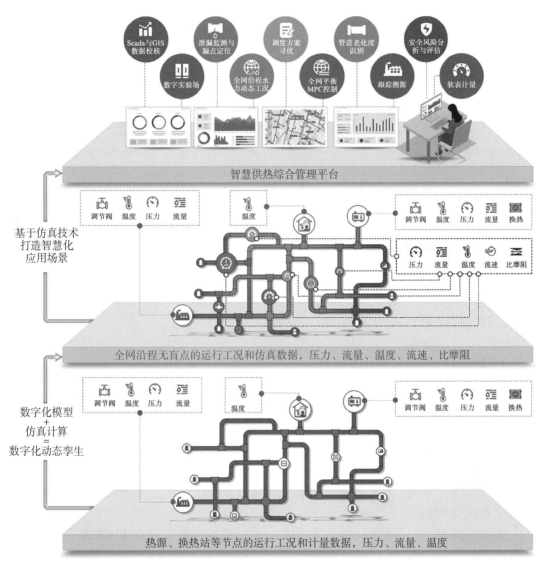

图 1 - 2　智慧供热平台架构（参见彩图附图 1）

1.3　智慧城市供热系统的机遇与挑战

1.3.1　现有供热系统发展现状及问题

近年来,随着中国城镇化的高速推进,中国城镇建筑面积不断增长,集中供热面积逐渐扩大。2021 年 10 月 12 日住建部发布的《2020 年城市建设统计年鉴》和《2020 年城乡建设统计年鉴》中的数据显示,截至 2020 年年底,中国集中供热面积约达 122.66 亿 m²,较 2019 年增长约 7.8 亿 m²,增长率约 6.8%。如图 1 - 3 所示,在经历了几十年的城市发展后,城镇集中供热管网更呈现出结构复杂化的特性,从最初的主干网、支状网、树状网发展为星状结构、网状结构和复合型结构,从而使监管的难度不断上升,也对管理水平和运维能力提出了越来越高的要求。

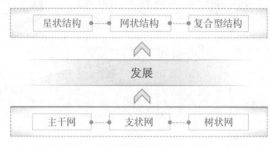

图 1 - 3 供热管网发展方向

由于城镇集中供热管网的建设历时较长,部分城市集中供热管网存在管道老化、腐蚀严重、技术落后、热能浪费、安全事故时有发生等问题,造成了不应有的浪费,影响了城市生产和生活秩序。因此,为了减少能源消耗、降低运行费用、提高运行安全性和经济性,供热管道的优化运行迫在眉睫。

1.3.2 现有供热系统的治理难点

城镇集中供热管网现有地下管网的规模庞大和结构复杂,其输配与监管工作存在若干难点,也是城镇集中供热行业发展过程中需要克服和解决的主要问题之一。具体如下:

(1)管网物理结构复杂、隐蔽性强。规模庞大,结构多样,发展迅速;大部分管网埋于地下,而用于了解地下未知环境的技术手段有限。

(2)供热效果不佳。热网热效率较低,存在水力和热力失衡,同时缺乏对全网的监控能力,难以定位根本原因。

(3)决策难度大。管网运行信息无法统一组织,决策的制定和实施成效提升存在严重瓶颈。

(4)计量覆盖能力不足。基于管网自身特性,针对管网沿程的计量手段十分有限。

(5)基础信息薄弱。长期建设过程中积累的数据信息缺失严重,需要大量的巡查与核对工作。

(6)先进技术的利用率低。信息化建设程度不足,无法充分发挥先进技术的作用和优势。

1.3.3 现有供热系统监管存在问题

在现有工作条件下,通常基于有限的数据,依靠历史管理经验,配合大量的人员进行系统运维和监管工作。监管工作存在如下问题:

(1)依赖人工经验和有限的数据信息,实施系统运维和调度。

(2)依靠分散的监测点计量数据,进行有限的数据分析。

(3)无法获得管线沿程的运行数据,只能实施"以点盖面"的监管手段。

（4）投入巨大的人力成本，进行管网的维护和信息收集、全网沿程监护工作的开展以及安全事故的排查。

1.3.4 智慧供热系统的发展目标

1）降碳提质与成本优化

在"双碳"和"数字化转型"的总体建设方向上，供热行业的数字化转型不仅是供给侧结构性改革主线下的业务升级和发展重点，更是传统能源行业助力实现碳达峰、碳中和目标的重要途径。在"数字化转型"的过程中，先进技术的应用是供热行业转变长期以来"高投入、高消耗、低效率"粗放式发展模式的关键。以提高质量和效率为导向，在系统规划、设计、实施、运维等各个阶段进行以"模拟仿真技术"为核心的智慧化技术体系的全新数字化实践，完成整体管理机制的改革，从而实现全生命周期的成本优化，在完成低碳运行目标的同时，提高系统的综合运行能力和整体服务质量。

2）按需、高效、安全运行

作为传统能源行业，供热系统通过对模拟仿真、大数据、人工智能算法等技术的应用，注入"智慧化"元素，打破以人工和经验为主的工作和决策方式，实现下位自动化、系统信息化、决策智慧化、服务一体化、生产运营有机化的平台式整体运作机制，解决数据和业务孤岛问题。同时，通过现场工况感知、全网沿程扫描跟踪、仿真推演与实验、主动决策思维等一系列智慧化呈现，在保证安全的基础上，实现热量自源端的按需供给和输配，对需求变化进行高效响应，使供热系统真正地"习惯呼吸、擅于思考、学会决策"，成为一个具有专业职能的智慧体。

3）供热满意度提升

对供热系统建设水平和运营能力的评价中，供热满意度是其中的重要环节之一。供热系统的宗旨是提升民生服务质量，提高群众的生活品质，而优化供热系统整体建设和运营能力的最终目的是提高供热满意度。从系统建设、运行、管理等各个环节引入智慧化技术和手段，最终将带来供热能力和供热满意度的大幅提升，实现降本增效的闭环收益。

参考文献

[1] Lund H，Werner S，Wiltshire R，et al. 4th generation district heating (4GDH)：integrating smart thermal grids into future sustainable energy systems [J]. Energy，2014(68)：1 - 11.

[2] Lund H，Thellufsen J Z，Aggerholm S，et al. Heat saving strategies in sustainable smart energy systems [J]. International Journal of Sustainable Energy Planning and Management，2014(4)：3 - 16.

[3] Lund H，Arler F，Østergaard P A，et al. Simulation versus optimisation：theoretical positions in energy system modelling [J/OL]. Energies，2017，10(7)：840.

[4] Thorsen J E，Ommen T. Field experience with ULTDH substation for multifamily building [J]. Energy Procedia，2018(149)：197 - 205.

[5] Zühlsdorf B，Christiansen A R，Holm F M，et al. Analysis of possibilities to utilize excess heat of supermarkets as heat source for district heating [J]. Energy Procedia，2018(149)：276 - 285.

[6] Meesenburg W，Ommen T，Elmegaard B. Dynamic exergoeconomic analysis of a heat pump system used for ancillary services in an integrated energy system [J]. Energy，2018(152)：154 - 165.

[7] Yang X，Li H，Svendsen S. Evaluations of different domestic hot water preparing methods with ultra-low-temperature district heating [J]. Energy，2016(109)：248 - 259.

[8] Arabkoohsar A. Non-uniform temperature district heating system with decentralized heat pumps and standalone storage tanks [J]. Energy，2019(170)：931 - 941.

[9] Østergaard P A，Andersen A N. Economic feasibility of booster heat pumps in heat pump-based district heating systems [J]. Energy，2018(155)：921 - 929.

[10] Lund H，Østergaard P A，Connolly D，et al. Smart energy and smart energy systems [J]. Energy，2017(137)：556 - 565.

[11] Lund H，Mathiesen B，Connolly D，et al. Renewable energy systems：a smart energy systems approach to the choice and modeling of 100% renewable solutions [J]. Chemical Engineering Transactions，2014(39)：1 - 6.

[12] 葛军波，范昕，郭卫国. 我国供热行业智慧供热现状及发展趋势 [J]. 区域供热，2022(4)：118 - 122.

第 2 章
智慧供热系统仿真理论基础与应用

供热系统一般由热源、热网和热用户组成。其中,热源一般是由锅炉房、热电联产区域锅炉房以及可再生能源联网组成,其作用是提供热用户所需要的热量;热网承担着将热源的热量及时输送、分配给各个热用户的任务,是供热系统的重要组成部分;热用户是热量的需求侧,通过对热用户的可行性和节能性分析,可以实现整个供热系统的节能与优化,从而实现能源的高效利用。对供热系统的建模仿真,需要对管网及控制元件建模,其主要难点在于供热系统热网的各项物理参数与其复杂的拓扑结构相关,因此其模型求解也较为困难。

集中供热管网的动态水力和热力特性对系统的运行调节至关重要。热网的动态热力特性主要表现为供热管道中热媒温度的传输延迟;动态水力特性主要表现为阀门和水泵调节后,各个支路流量的动态响应。热网的稳态水力特性可以利用节点流量平衡和回路压力平衡,结合图论方法来描述。目前,基于稳态水力模型数值计算的仿真和优化调度技术已经在集中供热系统的运行分析和调节中得到广泛而有效的应用。

在热网运行过程中,热源需要通过调节热源泵的转速实现热源流量的调度,各个热力站则利用本地闭环控制系统,通过改变一次侧阀门的开度实现流量的自动调节。而阀门和水泵的动作会使热网中各个管段的流量经历一个动态过程:一方面,热网流量的动态响应时间将对热网的水力调节产生影响;另一方面,随着通信技术和自动化技术的发展,一些先进的通信技术和控制技术在被不断应用到热网当中,热网智能化趋势不可避免。为在满足用户热舒适的前提下,最大限度地降低热网的输配能耗,必须对整个供热系统进行精细化的供热调节,而热网流量的动态响应时间也是精细化供热调节时间间隔的依据。因此,建立管道和热网的水力和热力模型,对分析管道和热网的动态响应特性具有重要的意义。

2.1 水力工况

供热系统中,水力工况是指其水力工作状况,包括系统中的流量分配与压力分布情况,即节点压力、管段流量及管道压降等,常用于指导运行调度部门对于热网的控制和调度。供热系统管网稳态水力计算的任务主要有以下三类:

(1) 按已知热媒流量和压力损失,确定管道的直径。

(2) 按已知热媒流量和管道直径,计算管道的压力损失,确定管路各进出口处的压力。

当供气管路输送过热蒸汽时,还应计算用户入口处的蒸汽温度。

(3) 按已知管道直径和允许压力损失,计算或校核管道中的流量。

根据稳态水力计算的结果,不仅能分别确定供热系统的管径、流量、压力以及温度,还可进一步确定热源的压力和温度以及循环水泵的扬程等。

在热水供热系统中,尤其在地热复杂、长距离输送高温水的集中供热系统中,由于停电或其他原因造成的突然停泵、阀门误操作甚至正常的流量调节等情况,都可能使流体堵截,产生动态水力冲击事故。事故一旦发生,破坏力极强,后果十分严重。轻者可使管道保温层受到强烈振动而脱落,严重者会造成管道破裂甚至危及人的生命安全。国内外因供热系统发生动态水力工况而引起的事故不胜枚举,例如丹麦和苏联的热水供热系统都出现过严重动态水力冲击事故。由此可知,在热水供热系统中,动态水力工况导致严重事故的现象已被实践证明是客观存在的事实,因而必须引起业内人士的重视,并通过积极有效的预防措施,尽量防止动态水力冲击事故发生。

1949 年以来,我国热电联产、城市工业和集中供热的飞速发展都需要更多、更复杂的长距离供热系统。为了保证这些供热管线及其配套泵站的安全运行,如何根据其具体条件和不同的动态工况选择适宜的防护措施,成为一个重要且有待研究的问题。实践证明,防护措施选择不当,不仅起不到预期的防护效果,有时还会带来不利后果。

本章将对供热系统稳态水力工况和动态水力工况的安全性进行研究,此研究对于提高设计水平、保证设备安全运行等方面都具有明确的理论意义和实际应用意义。

2.1.1 稳态水力工况

2.1.1.1 供热管网水力计算的基本公式

当供热管网各处的水力特性不随时间变化时,管网所处的水力工况即为稳态水力工况。在管路的水力计算中,通常把管路中流体流量和管径都没有改变的一段管子称为一个计算管段。任何一个供热系统的管路都是由许多串联或并联的计算管段组成的。

当流体沿管道流动时,由于流体分子间及其与管壁间存在摩擦,因而会造成能量损失,使压力降低,这种能量损失称为沿程损失,以符号"Δp_y"表示;而当流体流过管道的一些附件(如阀门、弯头、三通、散热器等)时,由于流动方向或速度的改变,产生局部旋涡和撞击,也会损失能量使压力降低,这种能量损失称为局部损失,以符号"Δp_j"表示。因此,管路中每一计算管段的压力损失,都可用下式表示:

$$\Delta p = \Delta p_y + \Delta p_j = Rl + \Delta p_j \qquad (2-1)$$

式中,Δp 为计算管段的压力损失(Pa);Δp_y 为计算管段的沿程损失(Pa);Δp_j 为计算管段的局部损失(Pa);R 为每米管长的沿程损失,又称比摩阻(Pa/m);l 为管段长度(m)。

比摩阻 R 可用流体力学的达西·维斯巴赫公式进行计算:

$$R = \frac{\lambda}{d} \frac{\rho v^2}{2} \quad (\text{Pa/m}) \qquad (2-2)$$

式中,λ 为管段的摩擦阻力系数;d 为管子内径(m);ρ 为热媒的密度(kg/m³);v 为热媒在管道内的流速(m/s)。

热媒在管内流动的摩擦阻力系数 λ 值取决于管内热媒的流动状态和管壁的粗糙程度。在室外管网中，蒸汽和热水的流动状态大多处于阻力平方区，其摩擦阻力系数与管内热媒的流动状态无关，仅取决于管壁的粗糙程度，即

$$\lambda = f(\varepsilon) \tag{2-3}$$

其中

$$\varepsilon = \frac{K}{d}$$

式中，ε 为管壁的相对粗糙度；K 为管壁的当量绝对粗糙度（m）。

管壁的当量绝对粗糙度与管材种类、使用年限以及使用状况（如流体对管壁的腐蚀和水垢沉积等）有关。对室外供热管路，可采用如下推荐值：过热蒸汽取 $K = 0.0001 \sim 0.0002\,\text{m}$；蒸汽管路取 $K = 0.0002\,\text{m}$；凝结水管取 $K = 0.0005 \sim 0.001\,\text{m}$；热水管路取 $K = 0.0005\,\text{m}$。

对于管径大于或等于 40 mm 的管道，阻力平方区的摩擦阻力系数 λ 可用希弗林松公式计算：

$$\lambda = 0.11 \left(\frac{K}{d} \right)^{0.25} \tag{2-4}$$

室外供热管路的热媒流量 G 通常以 t/h 作为单位。热媒流量与流速的关系式为

$$v = \frac{1\,000G}{3\,600\,\dfrac{\pi d^2}{4} \cdot \rho} = \frac{10G}{9\pi d^2 \rho} \quad (\text{m/s}) \tag{2-5}$$

将式（2-4）的摩擦阻力系数 λ 和式（2-5）的流速 v 代入式（2-2），可得出更方便的计算公式：

$$R = 6.88 \times 10^{-3} K^{0.25} \frac{G^2}{\rho d^{5.25}} \quad (\text{Pa/m}) \tag{2-6}$$

或

$$d = 0.378 \frac{K^{0.0476} \cdot G^{0.381}}{(\rho R)^{0.19}} \quad (\text{m}) \tag{2-7}$$

或

$$G = 12.06 \frac{(\rho R)^{0.5} \cdot d^{2.625}}{K^{0.125}} \quad (\text{t/h}) \tag{2-8}$$

式（2-5）～式（2-8）是计算管路流速 v、比摩阻 R、管径 d 和流量 G 的基本公式。在工程设计中，为了简化烦琐的计算，通常利用水力计算图表进行计算。水力计算图表是在特定的当量绝对粗糙度 K_0 和特定的密度 ρ_0 条件下编制的，如管壁的当量绝对粗糙度 K、热媒密度 ρ 与制表条件不符时，应根据式（2-5）～式（2-8）进行修正。

计算管段的局部损失可按下式：

$$\Delta p_{\text{j}} = \sum \zeta \frac{\rho v^2}{2} \quad (\text{Pa}) \tag{2-9}$$

式中，ζ 为管段中各局部阻力系数之和；其余符号同前。

在供热系统网路的水力计算中，还经常采用"当量长度法"，将管段的局部损失折合为该

管段 l_d 米长度的沿程损失来计算,即

$$\sum \zeta \frac{\rho v^2}{2} = R l_d = \frac{\lambda}{d} \frac{\rho v^2}{2} l_d$$

由此可得当量长度的定义式:

$$l_d = \frac{d}{\lambda} \sum \zeta \quad (\text{m}) \tag{2-10}$$

将式(2-4)代入上式,得

$$l_d = 9.1 \frac{d^{1.25}}{K^{0.25}} \sum \zeta \quad (\text{m}) \tag{2-11}$$

如管道的实际当量绝对粗糙度 K_{sh} 与局部阻力当量长度表(局部阻力当量长度表可参考章末文献[1]中附录 9-2 的内容)中采用的 K_0 不同时,根据式(2-11),应对 l_d 进行修正:

$$l_{d, sh} = \left(\frac{K_0}{K_{sh}} \right)^{0.25} l_{d, 0} \quad (\text{m}) \tag{2-12}$$

式中,$l_{d, 0}$ 为相应于局部阻力当量长度表中条件 K_0 下的局部阻力当量长度(m);$l_{d, sh}$ 为相应于实际条件 K_{sh} 下的局部阻力当量长度(m)。

当采用当量长度法进行水力计算时,管段水力计算的基本公式(2-1)可改写为

$$\Delta p = R l + R l_d = R(l + l_d) = R l_{zh} \quad (\text{Pa}) \tag{2-13}$$

式中,l_{zh} 为管段的折合长度(m)。

在进行估算时,局部阻力的当量长度 l_d 可按管道实际长度 l 的百分数来计算,即

$$l_d = \alpha_j l \quad (\text{m}) \tag{2-14}$$

式中,l 为管道的实际长度(m);α_j 为局部阻力当量长度百分数(%),其具体取值见表 2-1。由于管道越短,局部阻力所占百分数越大,因此,短管取表中低值,长管取高值。

表 2-1 局部阻力当量长度百分数

热媒	管道伸缩补偿器形式		
	套管或波形补偿器	光滑的方形补偿器	焊接方形补偿器
蒸汽	0.3~0.4	0.5~0.6	0.7~0.8
热水、凝结水	0.2~0.3	0.3~0.4	0.5~0.7

2.1.1.2 供热管路资用压力计算

由于流体流动时不可避免地会产生流动阻力,因此,要维持流体的流动,系统就必须提供等值的作用力,用以克服流动阻力。这种维持流体流动所需的作用力就称为资用压力(或称作用压力)。资用压力可以来自流体自身的重力、压力,也可以来自泵与风机等机械提供的外力。

任何管路的资用压力都可以根据流体力学中的伯努利方程式求出。设流体流过某一管段(图 2 - 1),根据伯努利方程式,可列出断面 1 和 2 之间的能量方程式为

$$p_1 + Z_1 \rho g + \frac{v_1^2 \rho}{2} = p_2 + Z_2 \rho g + \frac{v_2^2 \rho}{2} + \Delta p_{1\text{-}2} \quad \text{(Pa)} \quad (2-15)$$

式中,p_1、p_2 为端面 1、2 的压力(Pa);Z_1、Z_2 为端面 1、2 的管中心线离某一基准面 $O\text{-}O'$ 的位置高度(m);v_1、v_2 为端面 1、2 的流体平均速度(m/s);ρ 为流体的密度(kg/m^3);G 为重力加速度,大小为 $9.81\,\text{m/s}^2$;$\Delta p_{1\text{-}2}$ 为流体流经管段 1-2 的压力损失(Pa)。

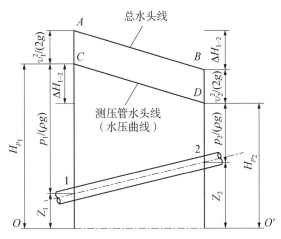

图 2 - 1　总水头线与测压管水头线

由于维持流体流动的资用压力应等于流体的流动阻力(压力损失),因此,资用压力为

$$\Delta p_{1\text{-}2} = (p_1 - p_2) + (Z_1 - Z_2)\rho g + \left(\frac{v_1^2 \rho}{2} - \frac{v_2^2 \rho}{2}\right) \quad \text{(Pa)}$$

对于蒸汽管路来说,$(Z_1 - Z_2)\rho g$、$\left(\dfrac{v_1^2 \rho}{2} - \dfrac{v_2^2 \rho}{2}\right)$ 两项与 $(p_1 - p_2)$ 相比,可以忽略不计,蒸汽管路的资用压力 $\Delta p_{1\text{-}2}$ 就等于管段始末两端截面的压力差,即

$$\Delta p_{1\text{-}2} = (p_1 - p_2) \quad \text{(Pa)} \quad (2-16)$$

对于凝结水管路和热水管路来说,与 $(p_1 - p_2)$ 相比,$\left(\dfrac{v_1^2 \rho}{2} - \dfrac{v_2^2 \rho}{2}\right)$ 一项可以忽略不计,但 $(Z_1 - Z_2)\rho g$ 则不能忽略不计,因此,凝结水管路和热水管路资用压力 $\Delta p_{1\text{-}2}$ 的计算公式为

$$\Delta p_{1\text{-}2} = (p_1 - p_2) + (Z_1 - Z_2)\rho g \quad \text{(Pa)} \quad (2-17)$$

在凝结水管网和热水管网中的水力计算中,有时会遇到管路中设有凝结水泵或循环水泵的情况,这时,在式(2-15)的左端还应加上水泵提供的外加压力 p_B,而管路的资用压力则变为

$$\Delta p_{1\text{-}2} = (p_1 - p_2) + (Z_1 - Z_2)\rho g + p_\text{B} \quad \text{(Pa)} \quad (2-18)$$

2.1.1.3 水压图

水压图是分析凝结水管网和热水管网水力工况的重要工具,下面介绍水压图的基本概念。

设凝结水或热水的密度为 ρ,将方程式(2-15)两边同除以 ρg,得

$$\frac{p_1}{\rho g}+Z_1+\frac{v_1^2}{2g}=\frac{p_2}{\rho g}+Z_2+\frac{v_2^2}{2g}+\Delta H_{1\text{-}2} \quad (\text{mH}_2\text{O}) \tag{2-19}$$

上式就是用水头高度形式(单位为 mH₂O)表示的伯努利方程式。

水头又称压头。式(2-19)中,$\frac{p}{\rho g}$、Z、$\frac{v^2}{2g}$ 分别称为静压水头、位置水头和速度水头;静压水头与位置水头之和 $\left(\frac{p}{\rho g}+Z\right)$ 称为测压管水头;三项压头之和 $\left(\frac{p}{\rho g}+Z+\frac{v^2}{2g}\right)$ 称为总水头。$\Delta H_{1\text{-}2}$ 称为流体流经管段 1-2 的压头损失。

压头损失 $\Delta H_{1\text{-}2}$ 与压力损失 $\Delta p_{1\text{-}2}$ 之间的关系为

$$\Delta H_{1\text{-}2}=\frac{\Delta p_{1\text{-}2}}{\rho g} \quad (\text{mH}_2\text{O}) \tag{2-20}$$

将管段中各断面的总水头高度连接起来的曲线称为总水头线(图 2-1 中曲线 AB),断面 1 与 2 的总水头差值,就是流体流经管段 1-2 的压头损失 $\Delta H_{1\text{-}2}$。

将测压管水头高度连接起来的曲线称为测压管水头线(图 2-1 中曲线 CD)。在凝结水或热水管路中,将各管段的测压管水头线顺次连接起来的曲线,就称为凝结水或热水管路的水压曲线。

绘制水压曲线的作用主要有以下几点:

(1)利用水压曲线,可表示出各管段的压力损失值。将式(2-17)改写成以压头表示:

$$\Delta H_{1\text{-}2}=\left(\frac{p_1}{\rho g}-\frac{p_2}{\rho g}\right)+(Z_1-Z_2)=\left(\frac{p_1}{\rho g}+Z_1\right)-\left(\frac{p_2}{\rho g}+Z_2\right) \quad (\text{mH}_2\text{O}) \tag{2-21}$$

因此可以认为:管道中任意两点的测压管水头高度之差就等于水流过该两点之间的管道压力损失值。

(2)利用水压曲线,可以确定凝结水管路中凝结水泵和热水管路中循环水泵的扬程。将式(2-18)改写成以压头表示:

$$H_\text{B}=\frac{p_\text{B}}{\rho g}=\left(\frac{p_2}{\rho g}-\frac{p_1}{\rho g}\right)+(Z_2-Z_1)+\Delta H_{1\text{-}2} \quad (\text{mH}_2\text{O}) \tag{2-22}$$

式中,H_B 为水泵的扬程(mH₂O)。

(3)根据水压曲线的坡度,可以确定管段单位管长的平均压降大小。水压曲线越陡,管段单位管长的平均压降就越大。

(4)利用水压曲线,可以确定管道中任何一点的压力(压头)值。管道中任意点的压头就是等于该点测压管水头高度和该点所处的位置标高(位置水头)之间的高差(mH₂O)。例如,图 2-1 中点 1 的压头就等于 $(H_{p_1}-Z_1)(\text{mH}_2\text{O})$。

由于热水管路系统是一个水力连通器,因此,只要已知或固定管路上任意一点的压力,

则管路中其他各点的压力也就已知或固定了。

2.1.1.4　供热管网中热媒的最大流速

考虑经济因素以及运行的可靠性,在供热管网中,热媒的流速一般不得大于表 2-2 规定的数值,通向个别热用户的支管中的流速上限值可在表 2-2 数值的基础上上浮 30%。在计算管径时,若考虑热负荷发展,流量有增加的可能性,则宜选取较低的流速;如果管道的允许压力损失较大,也宜选取较低的流速;表 2-2 中流速范围的较小值适用于小管径,较大值适用于大管径。但应注意,流速过大时,不仅会导致压力损失增加,也可能会出现管道振动、水击等现象;流速也不能过小,如流速过小,则不仅使需要的管径加大,从而导致投资增加、经济性降低,而且管道散热相对增加,会造成过热蒸汽温度下降、饱和蒸汽凝结量增多,难以满足热用户对蒸汽参数和蒸汽品质的要求。因此,供热系统中热媒的流速以接近表 2-2 中数值为好。

表 2-2　供热管网中热媒允许最大流速

热媒种类	管道公称直径/mm	允许最大流速/(m/s)
过热蒸汽	32~40 50~80 100~150 ≥200	30~35 35~40 40~50 50~60
饱和蒸汽	32~40 50~80 100~150 ≥200	20~25 25~30 30~35 35~40
热水和凝结水	32~40 50~100 ≥150	0.5~1.0 1.0~2.0 2.0~3.0
废汽	≤150 ≥200	20 30

2.1.2　动态水力工况

2.1.2.1　基本概念

供热系统动态水力工况(dynamical hydraulic status),是指压力管道中的流体因某些原因出现流速急剧变化引起动量转换时,由于流体的惯性作用,使得管路中产生一系列急剧的压力交替变化的水力撞击现象。这时,液体(水)显示出它的惯性和可压缩性。当流体从一种稳定状态向另一种稳定状态过渡时,就会产生不恒定流,这时管道内流体的流速要出现相应的变化。动态水力工况,或者称流体(水力)瞬变(暂态)过程,它是流体的一种非恒定(非稳定)流动。即液体运动中所有空间点处的一切运动要素(流速、加速度、动态水力压强、切应力与密度等)不仅随空间位置而变,而且随时间而变。

在动态水力工况过程中,当管路中某处的压强降到此时水温的汽化压力以下时,液态水将发生汽化,管路中水流的连续性遭到破坏,造成水柱分离(water column separation)并在该处形成水蒸气空腔,它将连续的水柱截成两段。在管线长、地形起伏变化大的情况下以及相关技术因素的影响下,在一条管线上也可能同时发生多处水柱分离现象。如果水柱分离发生在紧靠水泵出口处,那么其断流危害更大。

对于100℃以上的高温热水系统,由于事故引起压力急剧变化,液体开始汽化,产生大量气泡。与此同时,由于压强降低,原来溶解于液体的某些活泼气体如水中的氧,也会逸出而成为气泡,当气泡在周围压力作用下破裂时,会导致局部压力的骤然升高。另外,由于蒸汽的流动速度大大超过水的流动速度,在气流的冲击下,水流以较高的速度冲击管路系统,在局部管路产生高频率、高冲击力的压力波。这几种复杂压力波的叠加冲击,会对整个管路系统产生很大的危害。其冲击管道和泵内部件特别是泵内叶轮,使管道和泵内部件表面呈蜂窝状或海绵状。在凝结热的助长下,活泼气体还对金属发生化学腐蚀,以致金属表面逐渐脱落而破坏,这就是汽蚀现象。

当发生汽化现象时,管路中流体的压力降到该水温对应的汽化压力后,不会继续下降,管路压力将保持为汽化压力。

通常希望水流从一种稳定状态向另一种稳定状态过渡时,其过程历时短、压力波动小、不发生汽化现象。这也是供热系统进行安全措施设计的目的。

2.1.2.2 动态水力工况的分类及事故发生部位
1) 动态水力工况分类

(1) 按关阀门历时 T_s 与动态水力工况相 $\mu\left(\mu=\dfrac{2L}{a}\right)$ 的关系,分为直接工况和间接工况两种。通常情况下,关阀门动作较慢,关阀门引起的升压受到返回降压波的影响,部分抵消,即 $T_s > \dfrac{2L}{a}$ [式中,a 为压力波的传播速度(m/s);L 为管的总长度(m)],这种工况称为间接工况。在间接工况下,阀门处的最大升压值小于直接升压值。

(2) 按成因的外部条件,分为启动水泵工况、停泵工况和关阀门工况三种。启动水泵工况常在压水管没充满水而压水阀门开启过快的情况下产生。停泵工况是由于泵站工作人员失误操作、外电网事故跳闸以及自然灾害(如大风、雷击、地震)等原因,致使水泵机组突然断电而造成开阀门停车时,在泵站及管路系统中所产生的动态水力工况。根据调查统计,城市泵站动态水力工况事故大多属于停泵事故。关阀门工况是在关闭阀门过程中产生的,通常按正常操作程序关闭阀门,不会引起很大的压力变化;但是,如果发生违反操作程序或管道突然被异物堵塞等意外事故,管路系统就将出现动态水力工况。

(3) 按水力特性,分为刚性和弹性两种。刚性理论是以流体不可压缩和管壁不能变形的假定为基础的理论,而弹性理论是考虑流体的可压缩性和管材的弹性等为基础的理论。前者导出的基本微分方程为常微分方程;后者为偏微分方程组,求解较复杂,但后者的理论比较符合客观实际,因而得到广泛采用。

2) 动态水力工况事故的主要发生部位

(1) 循环水泵出入口。由于网路中水的流动惯性,发生事故时,在循环水泵出口,压力突然降低,产生负水压波,直接危害循环泵的安全。在循环水泵入口,压力突然升高,产生正压波,通过网路回水管瞬间传至热用户。此时的瞬间压力,是在系统静水压力加汽化压力的基础上,再叠加一个压力。由此而形成较强的瞬间压力,造成管道和设备的破坏。

(2) 管路"膝状"折点处。若管路系统多起伏,且具明显折点,则发生停泵时,在整个管路系统中,便产生多处"水柱分离"现象,尤其在"膝状"折点处,"水柱分离"时产生真空(或负压),热水迅速汽化,此时极易发生危害很大的事故。

2.1.2.3　动态水力工况计算

由前述可知,动态水力工况是指压力管道中水流的一种不稳定流动,全面表达这种不稳定水流运动的数学方程式,称为动态水力工况基本方程式。它以偏微分形式反映了水流在水力过渡过程中的流速和水头的变化规律。基本方程的理论基础是水流运动的力学规律和连续原理,包括运动方程和连续性方程。本节用特征线法描述动态水力计算方程及各种边界条件方程,边界条件包括管路上游水泵、管路中段水泵、管路中段阀门及热用户。

微小水体上的作用力如图 2-2 所示,取一在动态水力工况作用下流动状态改变中的微小流体,其长度为 Δx,断面积为 A,管道倾角为 α,并设压力波动发生点为原点,则作用在微小水体上的力用下式表示:

$$(H-Z)\rho gA - \left[(H-Z) + \frac{\partial (H-Z)\Delta x}{\partial x}\right]\rho gA - \rho gA\Delta x\sin\alpha - \pi D\tau_0\Delta x = \rho A\Delta x\frac{\mathrm{d}V}{\mathrm{d}t}$$

$$(2-23)$$

式中,上游侧压力为 $(H-Z)\rho gA$;下游侧压力为 $-\left[(H-Z) + \frac{\partial (H-Z)\Delta x}{\partial x}\right]\rho gA$;微小水体重量在 x 方向的分量 $-G\sin\alpha = -\rho gA\Delta x\sin\alpha$;水体与管壁之间的摩擦阻力为 $-\pi D\tau_0\Delta x$,其中 τ_0 为计算管道内管壁的切应力($\mathrm{N/m^2}$);Z、H 代表位置水头($\mathrm{mH_2O}$)。

又根据达西-威斯巴哈(Darcy-Weisbach)表达式

$$r_0 = \frac{1}{8}\rho fV^2$$

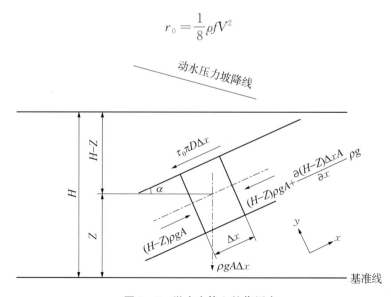

图 2-2　微小水体上的作用力

则根据牛顿第二定律有

$$F = m \times a$$

经整理，得

$$g \frac{\partial H}{\partial x} + V \frac{\partial V}{\partial x} + \frac{\partial V}{\partial t} + \frac{fV}{2D} \mid V \mid = 0 \tag{2-24}$$

式中，m 为微小流体质量（kg）；$\frac{\partial Z}{\partial x} = \sin\alpha$，加速度 $a = \frac{dV}{dt}$，速度 $V = \frac{dx}{dt}$；$\mid V \mid$ 中的绝对值符号保证了切应力方向始终与流速方向相反。

忽略速度水头和摩擦阻力水头，得

$$-\frac{1}{g} \frac{\partial V}{\partial t} = \frac{\partial H}{\partial x} \tag{2-25}$$

在阀门误操作、停电或水泵出现事故等情况下，热水供热系统极易发生动态水力冲击事故，轻者可使管道保温层受到强烈振动而脱落，严重者会造成管道破裂甚至危及人的生命安全。因此，在热水供热系统设计中应进行动态水力分析，以提高供热系统的设计水平。

2.2 热力工况

供暖的主要目的是提供一个适合人们正常生活、工作和生产的室内温度环境，因此室内温度的高低是衡量供暖效果最为重要的参数。热用户的耗热量和系统的热损失决定了热源所需提供的热量，而热源的供热量直接关系到系统的供热成本。降低供热成本的关键在于提高系统的供热效率。集中供热系统的供热质量和供热效率与系统热力工况密切相关，供热系统的热力工况直观地反映了系统的供热效果。因此，如何从热水供热系统的热力特性分析入手，建立起适用于各类热水供热系统热力工况计算的模型进行研究，成为该领域的重点。同时，通过借助于计算模型对集中供热系统热力工况进行计算分析，可以在保证所有热用户室内温度都能满足要求的条件下将能源消耗控制在最低的水平，从而充分发挥集中供热系统的优势。

当系统提供给热用户的热量偏离热用户维持一定室温所需要的热量时就会出现热力失调现象，热力失调的表现为热用户的室内实际温度偏离室内设计温度。造成热水集中供热系统热力失调的原因多种多样。例如，在系统设计阶段热负荷往往估算过大，造成热用户散热器的散热面积和流量取值过大，从而导致系统实际运行时的热力工况偏离设计要求，出现热力失调。或是在运行过程中由于热用户的局部调节，必然出现不同程度的水力失调，此时会出现循环流量大的一部分热用户室温过高，另一部分循环流量小的热用户室温却达不到设计要求而导致系统的水平热力失调。由此可见，对供热系统在设计和运行阶段的热力工况进行理论分析，对于减小系统热力失调程度甚至消除热力失调现象具有指导意义。

目前，随着计算机技术的进步和监控水平的提高，热力公司更加注重运用供热系统的热力参数监控对系统进行运行管理。此外，供热计量事业的开展和推广，也对热用户的进、出口水温等热力参数的测量及控制提出了更为严格的要求。通过对热水供热系统热力工况的分析,可以掌握系统各节点的温度和热量分布情况。这不仅能针对热用户的进、出口水温和室内空气温度进行局部的热力分析,而且可以更加全面地对整个系统的热力平衡进行分析。因此,对热水供热系统的热力工况进行理论研究,有助于提高热网的运行管理水平以及有效地进行供热计量,从而为在确保热用户供热质量的前提下真正实现系统的经济、节能、环保和高效运行提供参考。

此外,系统在采暖期投入运行后,由于各种因素会导致系统的水力工况和热力工况不断变化,系统从一个稳定状态过渡到另一个稳定状态时必然要经历一个动态变化的过程。系统在运行过程中的热力工况如何变化及其对热用户的供热质量有何影响,也是值得研究的问题。

2.2.1　稳态热力工况

当系统的供热量(不包括管网热损失)等于热用户散热设备的散热量,同时也等于供暖热用户的耗热量(围护结构热负荷)时,系统的热量和温度分布不随时间变化,此时系统的热力工况处于稳定状态。本节针对不同连接形式的热水供热系统进行稳态工况下的热力特性分析。

2.2.1.1　直接连接热水供热系统稳态热力特性分析
1) 热用户的热力特性

任一室外温度条件下采暖热用户散热器单位时间内的散热量和室内温度可分别按下式计算:

$$Q_u = \frac{\varepsilon W_s}{\dfrac{\varepsilon W_s}{q_v V} + 1}(t_g - t_w) \qquad (2-26)$$

$$t_n = \frac{\varepsilon W_s t_g + q_v V t_w}{\varepsilon W_s + q_v V} \qquad (2-27)$$

式中,Q_u 为热用户散热器单位时间内的散热量(W)。W_s 为热用户散热器水侧的流量热当量(W/℃);$W_s = Gc$,G 为热用户的热水循环流量(kg/s),c 为热水的比热,取为 4 187 J/(kg·℃);t_g 为热用户散热器进口水温(℃)。t_w 为室外空气温度(℃)。t_n 为热用户的平均室温(℃)。V 为热用户(建筑)外部体积(m³)。q_v 为热用户的体积供暖热指标[W/(m³·℃)]。ε 为无量纲比热负荷,也称有效系数;对于采暖系统的散热器,有

$$\varepsilon = \frac{1}{\dfrac{0.5 + u}{1 + u} + \dfrac{1}{\omega}} \qquad (2-28)$$

式中,u 为混水连接时混水装置的混合系数;当为简单直接连接时,$u = 0$,此时 ε 表达式为

$$\varepsilon = \frac{1}{0.5 + \dfrac{1}{\omega}} \qquad (2-29)$$

式中，ω 为热用户散热器工况系数：

$$\omega = \frac{kF}{W_s} \qquad (2-30)$$

式中，k 为散热器的传热系数$[\mathrm{W/(m^2 \cdot ℃)}]$；$F$ 为散热器的散热面积$(\mathrm{m^2})$。

计算时 $q_v V$ 用 $\dfrac{Q'}{t'_n - t'_w}$ 代替，其中，Q' 为热用户设计热负荷(W)，t'_n 为采暖室内计算温度$(℃)$；t'_w 为采暖室外计算温度$(℃)$。

2）热源的热力特性

当热网循环水量确定时，热源供热热负荷数值大小取决于热源出口水温和进口水温，其数学计算公式如下：

$$Q_h = G_h c(t_{hc} - t_{hr}) \qquad (2-31)$$

式中，Q_h 为热源供热热负荷(W)；G_h 为热源的热水循环流量$(\mathrm{kg/s})$；t_{hc} 为热源出口水温$(℃)$；t_{hr} 为热源进口水温$(℃)$。

3）管段温降计算式

热水在管网中流动过程中，由于其与外界环境有一定温差，必然会对外界进行传热从而导致热量的损失。管道的热损失包括直线管段的沿程热损失和配件、附件等的局部热损失两部分。管道的热损失大小与管道的敷设方式、保温结构、管内热媒温度、环境温度和配件、附件的种类及数量等许多因素有关，本节采用单位长度管道内热水温降系数 α（$℃/\mathrm{km}$）来综合反映管道在不同保温条件下热损失的程度，管段温降的数学计算公式为

$$t_r - t_c = l\alpha \qquad (2-32)$$

式中，t_r 为管段进口水温$(℃)$；t_c 为管段出口水温$(℃)$；l 为管段长度(km)。

单位长度管道内热水温降系数综合考虑管道局部热损失和沿程热损失，不同的 α 值可以反映管段不同的保温状况。保温材料保温性能好、保温优良的热力管道，α 的数值较小，反之较大。

2.2.1.2　间接连接热水供热系统稳态热力特性分析

间接连接系统的一级网和二级网水系统首先在换热站进行热交换，然后由二级网水系统向建筑物提供所需的热量。当把换热站所连接的二次管网系统考虑为一个热用户时，其系统的稳态热力特性与直接连接热水供热系统的稳态热力特性相似，仅在热用户单位时间内从一级网得到热量的计算表达式上与直接连接系统有所区别，因此，本节在研究换热器热力特性的基础上分析热用户的热力特性。

间接连接热水供热系统一级网单位时间内向二级网提供的热量 Q_1 计算公式为

$$Q_1 = \varepsilon_1 W_{1x}(\tau_g - t_h) \qquad (2-33)$$

式中，ε_1 为换热器的有效系数。W_{1x} 为换热器换热流体流量热当量的最小值$(\mathrm{W/℃})$，$W_{1x} = (Gc)_{min}$；G 为热水循环流量$(\mathrm{kg/s})$，c 为热水的比热$[\mathrm{J/(kg \cdot ℃)}]$。$\tau_g$ 为换热器一次侧入口水温$(℃)$。t_h 为换热器用户侧入口水温，即热用户的回水水温$(℃)$。

换热介质按逆流或顺流流动时,换热器的有效系数分别按以下公式计算:

逆流换热器

$$\varepsilon_1 = \frac{1 - e^{\omega_1(W_x/W_d - 1)}}{1 - \dfrac{W_x}{W_d} e^{\omega_1(W_x/W_d - 1)}} \qquad (2-34)$$

顺流换热器

$$\varepsilon_1 = \frac{1 - e^{\omega_1(W_x/W_d - 1)}}{1 - W_x/W_d} \qquad (2-35)$$

式中,W_x 为换热器小流量侧的流量热当量(W/℃);W_d 为换热器大流量侧的流量热当量(W/℃)。ω_1 为换热器的工况系数:

$$\omega_1 = \frac{K_h F_h}{W_{1x}}$$

式中,K_h 为换热器的传热系数[W/(m² · ℃)];F_h 为换热器的换热面积(m²)。

将加热介质和被加热介质之间的温度差 Δt 用线性关系来描述,则有

$$\Delta t = \nabla - A\delta t_x - B\delta t_d \qquad (2-36)$$

式中,∇ 为加热流体和被加热流体之间的最大温差(℃)。δt 为换热器中热媒的温降(℃);加热介质 $\delta t = \tau_g - \tau_h$,被加热介质 $\delta t = t_g - t_h$,δt_x 为小温差,δt_d 为大温差。A,B 为与热媒在换热器中流动有关的系数,无论哪种流动形式,B 均为常数,$B = 0.65$;逆向流动时 $A = 0.35$,交错流动时 $A = 0.425 \sim 0.55$,顺向流动时 $A = 0.65$。

通过式(2-36)代替对数平均温差后,可将 ε_1 的计算表达式(2-34)、(2-35)简化为

$$\varepsilon_1 = \frac{1}{AW_x/W_d + B + 1/\omega_1} \qquad (2-37)$$

二级网单位时间内从换热器得到热量 Q_2 的计算公式为

$$Q_2 = W_2(t_g - t_h) \qquad (2-38)$$

式中,W_2 为二级网的热水流量热当量(W/℃),$W_2 = cG_2$,G_2 为二级网的热水流量(kg/s);t_g 为换热器用户侧出口水温,即热用户的供水水温(℃);t_h 为热用户的回水水温(℃)。

热用户单位时间内从二级网得到热量 Q_3 的计算公式为

$$Q_3 = \varepsilon_2 W_2(t_g - t_n) \qquad (2-39)$$

式中,t_n 为热用户的平均室温(℃);ε_2 同式(2-26)、式(2-27)中 ε。

热用户采暖热负荷的计算公式为

$$Q_4 = q_v V(t_n - t_w) \qquad (2-40)$$

式中,Q_4 为热用户的热负荷(W);$q_v V$、t_w 同式(2-26)、式(2-27)中含义。

系统处于稳态工况下,当不考虑换热站的换热损失时,单位时间内一级网供热量等于二

级网得到热量等于二级网向热用户提供的热量并等于热用户的热负荷,数学计算公式为

$$Q_1 = Q_2 = Q_3 = Q_4$$

联立式(2-33)、式(2-38)、式(2-39)和式(2-40),得到间接连接热水供热系统换热站热负荷的计算公式为

$$Q_e = \frac{\varepsilon_1 W_{1x} \varepsilon_2 W_2 q_v V}{\varepsilon_1 W_{1x} \varepsilon_2 W_2 + (\varepsilon_1 W_{1x} + \varepsilon_2 W_2 - \varepsilon_1 \varepsilon_2 W_{1x}) q_v V} (\tau_g - t_w) \tag{2-41}$$

2.2.2 动态热力工况

集中供热系统供热运行期间,受室外温度随时间变化及热用户热水循环流量的局部调节等因素的影响,系统很难处于理想的稳态平衡状态。因此,如何有效分析集中供热系统的动态热力工况是亟待研究的问题。

当在室内对集中供热系统进行调节时,热用户的室内温度直接受热源、热网调节方案和室外气象条件变化的影响。研究热用户、管网和热源的动态热力特性是对系统热力工况进行分析的重要手段。

1) 热用户的动态热力特性

当室外温度随时间变化时,热用户的热负荷也随之发生变化。若供水温度不能适应热负荷的动态变化,热用户的室内空气温度将随之变化。但是,由于建筑物具有较好的蓄热能力,从而使得这种变化过程变得缓慢。对于热用户所在的建筑物,当从热网中得到的供热量大于建筑物对外界环境放热量时,室内空气温度升高,建筑物处于蓄热状态,因此可以减缓室内空气温度升高的速度;当建筑物从热网中得到的供热量小于建筑物对外界环境的放热量时,室内空气温度降低,建筑物对室内放热,建筑物处于释热状态,因此能够减缓室内空气温度降低的速度。

在任意 τ 时刻,动态传热过程用式(2-42)表述:

$$I \mathrm{d}\theta + A\theta(\tau)\mathrm{d}\tau = Q(\tau)\mathrm{d}\tau \tag{2-42}$$

式中,I 为热用户所在建筑物的热容量(J/℃);A 为单位温差传热量(W/℃)。对于热用户所在建筑物,取 $A = q_v V$,q_v、V 含义同式(2-26)、式(2-27);Q_τ 为 τ 时刻供热系统向热用户的瞬态供热量(W);$\theta(\tau)$ 为室内空气相对温度(℃),$\theta(\tau)$ 的表达式为

$$\theta(\tau) = t_n(\tau) - t_w(\tau) \tag{2-43}$$

对于循环流量稳定的直接连接系统,有

$$Q(\tau) = \varepsilon W_s [t_g(\tau) - t_n(\tau)] \tag{2-44}$$

式中,ε 为热用户散热器的有效系数,含义同式(2-29);W_s 为热用户散热器水侧的流量热当量(W/℃),同式(2-26)、式(2-27);$t_g(\tau)$ 为热用户在 τ 时刻的供水温度(℃);$t_n(\tau)$ 为热用户在 τ 时刻的室内温度(℃)。

设 τ_0 时刻热用户的室内温度为 $t_n(\tau_0)$,室外温度为 $t_w(\tau_0)$,对微分方程式(2-42)进行求解,得到 $\theta(\tau)$ 的积分表达式为

$$\theta(\tau) = t_n(\tau) - t_w(\tau)$$

$$= [t_n(\tau_0) - t_w(\tau_0)] e^{-\frac{\tau-\tau_0}{T}} + \frac{\varepsilon W_s}{I} e^{-\frac{\tau-\tau_0}{T}} \int_{\tau_0}^{\tau} [t_g(\tau') - t_n(\tau')] e^{\frac{\tau'-\tau_0}{T}} d\tau' \qquad (2-45)$$

式中，T 为建筑蓄热系数(s)，其计算公式为 $T = \dfrac{I}{q_v V}$，一般建筑的蓄热系数 $= 30 \sim 45\,\text{h}$。

2）管段动态传热方程及其解析解

对管段温度分布进行数学建模，如图 2-3 所示，x 轴为管道的轴向方向，v 为热水在管中流动的速度，$x = 0$ 处为管段入口，$x = l$ 处为管段出口。

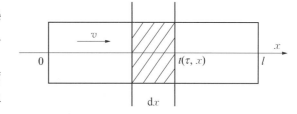

忽略 x 轴方向的热传递和管壁的蓄热，热水在管道内流动时 $d\tau$ 时刻 dx 微单元的热平衡方程为

图 2-3　管段微元示意图

$$\frac{\partial t}{\partial \tau} + v \frac{\partial t}{\partial x} = \frac{q}{\rho V c} \qquad (2-46)$$

式中，q 为管段热损失，数值为负值(W)；ρ 为热水的密度，取 $\rho = 1\,000\,\text{kg/m}^3$；$V$ 为管道容积(m^3)；c 为热水的比热，取 $c = 4\,187\,\text{J/(kg·℃)}$；$v$ 为热水的流速(m/s)。

偏微分方程(2-46)为一维行波方程，给定的边界条件为：$x = 0$ 时 $t(x_0, \tau) = f(\tau)$。

当 $q = 0$ 时，行波方程的解为

$$t(x, \tau) = f\left(\tau - \frac{x}{v}\right) \qquad (2-47)$$

当 q 为常数时，行波方程的解为

$$t(x, \tau) = \frac{q}{\rho V c} \frac{x}{v} + f\left(\tau - \frac{x}{v}\right) \qquad (2-48)$$

由式(2-47)和式(2-48)可以看出，已知管段起点处水温变化函数 $f(\tau)$ 的具体表达式，即可确定管段终点处水温随时间变化的函数。

2.3　管网求解的方法

2.3.1　基于图论的方法

流体网络和电网络的原理类似，电路系统理论成熟，可以用来解决各种计算问题。在供热管网中，也可以用流体网络的知识来研究管网的特性。20 世纪 70 年代初，国外在这方面已经有了一定的研究成果，数学界也从专业的角度进行了深入的探讨。国内对这方面的研究虽然起步较晚，但现在很多学者对此也有了一定的研究基础。其中，图论作为一种历史悠久的理论,在流体管网领域有着广泛应用。

大概 18 世纪初期,图论问题就已经出现了,"哥尼斯堡(Konigsberg)七桥"问题就是当时很有名的图论问题。瑞士数学家莱昂哈德·欧拉(Leonhard Euler)在 1736 年发表了第一篇有关图论内容的论文,解决了"哥尼斯堡七桥"问题。该论文的发表为图论理论奠定了基础,因此,莱昂哈德·欧拉也被公认为"图论之父"。1847 年,德国物理学家克希荷夫将图论的知识用来解决电网络问题,为现代网络奠定了理论基础,此即电路中的电流定律和电压定律,图论知识也首次在工程的相关领域开始应用。1857 年,英国数学家凯莱在实验的试算中提出将"树"作为新的概念。在这个时期,"四色猜想"和周游世界的相关问题也是与图论发展有关的里程碑,前者是德国数学家莫比乌斯在 1840 年提出的,这个问题当时并没有被证明,只是一种猜想,具体是指最多只要 4 种颜色为地图着色,就能让相邻的国家用这几种颜色来区分,可是直到 1976 年美国数学家阿佩尔与哈肯才通过计算机得以证明;后者是 1859 年爱尔兰数学家威廉·汉密尔顿爵士提出的。在此之后将近 50 年一直没有更多的人参与图论的研究,这期间图论的发展也受到了限制。直至 1936 年另一位图论研究者、来自匈牙利的哥尼格发表了图论专著,才使图论成为一门独立的学科。

在中国,清华大学热能工程系最先提出并研究了"模拟分析"初调节法,该方法利用网络理论进行供热管网水力工况模拟计算,用基本回路法和节点分析法两种计算方法为理论基础,将网络图论的知识在供热管网的实际运行工况中进行应用。1985 年 12 月该方法通过技术鉴定。1986 年 10 月下旬,课题组成员利用该方法对北京市龙潭小区热网实施了初调节,进而验证了模拟分析法的准确性优点。该方法在热网运行中也可以实施调节。1993 年,课题组将该方法在《流体网络分析与综合》一节中进行了较为详细的理论阐述。由于该方法要求使用人员须具备较强的编程能力,因而其更多地应用在高校的研究中。2004 年,哈尔滨工业大学李祥立等结合网络图论理论,利用 Borland C++ Builder 开发了水力计算软件,该软件主要对供热管网的水力运行状况进行计算。2008 年,哈尔滨工业大学、浙江大学结合网络图论采用了基本回路分析法,应用 C++ Builder 语言重新编制了热水网路水力工况计算的程序软件,使水力计算的条件更加充分全面,但并未涉及有关水力平衡调节的内容。2014 年,哈尔滨工程大学李晓峰等利用 MATLAB 软件编写了供热管网的水力计算程序及水力平衡调节程序,但其水力平衡调节程序主要侧重于外网水力平衡,而未对楼内管网的水力平衡做出调节。

2.3.1.1 图论的基本概念

图论是研究由线连接起来的点的理论。点在点集中被称为节点,边是指连接点对的线。线图是指节点及边一起组成的图。

与电路系统的原理相似,工程中流体系统的一些问题也可以用图论来解决,如给水管网、供热管网等。利用图论中的线图,能够方便地表达流体网络中的一些基本构造,构造中一般会体现出管网节点、支路等,直观地描述出流体网络的一些特性。图论常用到的一些基本概念定义如下:

(1) 线图。指既有节点又有支路的总体 G。线图中的支路集合为 E,E = {e_1, e_2, ⋯, e_m},节点集合为 V,V = (v_1, v_2, ⋯, v_n),其中 m 表示线图中的支路总数、n 表示节点总数,用 G=(V, E) 的形式表示线图。线 G 包括有向图和无向图,有向图 G 中的支路用箭头表示流体的方向。

（2）节点。指图 G 中一些孤立点或支路的端点。

（3）支路。指连接在两个节点之间的线段。支路可以用节点表示，也就是支路与其相连接的节点关联。

（4）树。指具有特定性质的子线图，用 T 表示。T 是连通的；T 中没有回路；T 必须包括 G 中的所有节点；树 T 的各支路称为树支，其他的支路称为链支。

（5）基本回路。线图 G 中，不同的树 T 对应的基本回路不同；对某一特定的树 T 来说，基本回路是由一条链支及树 T 中一组唯一的支路构成。

2.3.1.2　基尔霍夫流量定律

管网的节点方程原理（KCL）：根据质量守恒原理，在恒定流动过程中，与节点关联的所有分支的流量，其代数和等于零。即供热管网的节点方程计算公式为

$$B \cdot Q = q$$

式中，B 为管网有向图的一个基本关联矩阵；Q 为管段的流量列向量；q 为节点的净出流量，为常数列向量，流入为正，流出为负，若节点没有净出流量，则 $q = 0$。

对于一个有 m 个管段、n 个节点的枝状管网，有 $n-1$ 个独立节点流量方程。

管网图示例如图 2-4 所示，将有向图 G 作为供热管网的简化拓扑图，假设管网有 n 个节点和 m 个管段。规定每个管段都存在一个出流量，流出为正，流入为负。实际管网中大部分管段无出流量，无出流量管段的出流量对应值为 0。

图 2-4 中的管段数为 7，节点数为 6。则 $m=7$、$n=6$，所以有 5 个独立的节点流量方程。具体如下：

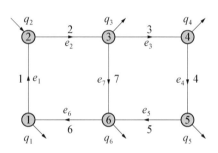

图 2-4　管网图示例

$$B_g = \begin{bmatrix} 1 & 0 & 0 & 0 & 0 & -1 & 0 \\ -1 & 1 & 0 & 0 & 0 & 0 & 0 \\ 0 & -1 & 1 & 0 & 0 & 0 & 1 \\ 0 & 0 & -1 & 1 & 0 & 0 & 0 \\ 0 & 0 & 0 & -1 & 1 & 0 & 0 \\ 0 & 0 & 0 & 0 & -1 & 1 & -1 \end{bmatrix}$$

对图 2-4 管网中的每一个节点依次列出节点流量方程，节点流入的流量等于流出的流量，所得方程组如下：

$$\begin{cases} Q_1 - Q_6 = -q_1 \\ Q_2 - Q_1 = q_2 \\ Q_3 - Q_2 + Q_7 = q_3 \\ Q_4 - Q_3 = q_4 \\ Q_5 - Q_4 = q_5 \\ Q_6 - Q_5 - Q_7 = q_6 \end{cases}$$

上面节点流量方程组 6 个方程中,有 5 个方程是独立的,有 1 个方程是多余的,因此可以直接求出管网的基本关联矩阵 B,那么得到的矩阵方程就是彼此独立的。假如删去上述方程组中第一个节点对应的节点流量方程,会得到方程组对应的基本关联。矩阵 B 如下所示:

$$B = \begin{bmatrix} -1 & 1 & 0 & 0 & 0 & 0 & 0 \\ 0 & -1 & 1 & 0 & 0 & 0 & 1 \\ 0 & 0 & -1 & 1 & 0 & 0 & 0 \\ 0 & 0 & 0 & -1 & 1 & 0 & 0 \\ 0 & 0 & 0 & 0 & -1 & 1 & -1 \end{bmatrix}$$

基本关联矩阵 B 对应 5 个相互独立方程如下:

$$\begin{cases} Q_2 - Q_1 = q_2 \\ Q_3 - Q_2 + Q_7 = q_3 \\ Q_4 - Q_3 = q_4 \\ Q_5 - Q_4 = q_5 \\ Q_6 - Q_5 - Q_7 = q_6 \end{cases}$$

2.3.1.3 基尔霍夫压降定律

独立回路压力平衡方程原理(KVL):根据管网恒定流动过程中,任意回路中沿回路方向,各个分支管段压降的代数和等于零。对于环路 C,独立回路压力平衡方程计算公式为

$$C \cdot P = 0$$

式中,C 为供热管网的基本环路矩阵;P 为管段阻力损失列向量。

对于一个有 m 个管段、n 个节点的枝状管网,有 $m-n+1$ 个独立回路方程,等于热用户数量。所以,对于一个有 m 个管段、n 个节点的枝状管网,节点流量方程和独立回路方程加在一起,共有 $(n-1)+(m-n+1)=m$ 个独立方程。可以求解 m 个分支的流量。

由图 2-4,可列基本环路矩阵方程:

$$\begin{cases} P_3 + P_4 + P_5 - P_7 = 0 \\ P_1 + P_2 + P_6 + P_7 = 0 \end{cases}$$

由 $P = R(I + I_d) = SQ^2$ 可知,管段压降可以用流量表示,且网路各管段 d 的阻力系数 S 仅取决于管段本身结构、不随流量变化。因此图 2-4 中,$m=7$、$n=6$,所以由 5 个独立的节点流量方程和 2 个独立回路方程,可以求解出 7 个管段的流量 G、压差 P。

若考虑管段水泵扬程以及各管段支路中两节点的位能差,$P = R(I + I_d) = SQ^2$ 可完善为

$$P = S \mid Q \mid Q + Z - H_p$$

式中,Z 为管段支路的水泵扬程列向量;S 为管段阻力系数,对角方阵;H_p 为水泵扬程列向量。当管段不含水泵时,该管段 $H=0$;若不考虑位能差,则 $Z=0$。

2.3.2　数值求解的方法

目前,求解复杂管网水力计算的数学模型,常采用求解恒定流方程组的三种基本方法:环方程法、管段方程法和节点法。

(1) 环方程法。将非线性的能量方程线性化,常用牛顿-拉夫森算法、哈代克罗斯算法求解,未知量为管网环数。方程阶数较低,但计算收敛速度较慢。

(2) 管段方程法。联立连续性方程和能量方程求解,未知量为管段流量。方程数量比较多,但收敛速度快、计算精度高。

(3) 节点法。采用管段压降公式,用管段两端的节点压力来表示管段流量,满足能量和连续性方程,未知量为节点压力。方程阶数低,收敛性和计算精度都较好,但遇到大管径、低比摩阻的管段,收敛速度和计算精度均会降低。

求解管网水力特性的各种方法(如基本回路法、线性化方法、有限元法)均在上述三种方法基础上实现。基本回路法在环方程法中引入管网图生成树的概念。线性化方法一般是对能量方程进行线性化处理,再由管段方程法求解。有限元法将管段节点分解为单元分别分析,其实质仍为节点法。

常见的热力模型通常分为数据驱动模型(黑箱模型)与物理机理模型(白箱模型)。黑箱模型不考虑物理过程的变化,也不求解方程组,仅考虑系统输入和输出的数据驱动模型。白箱模型需要考虑管网的物理状态以及参数的相互影响关系,建立的模型较为复杂。

黑箱模型是由 Madsen 等于 1990 年首次提出的,这种方法虽然运算速度快,但计算精度较低。

白箱模型(物理模型)基于质量守恒方程、能量守恒方程、动量守恒方程和不同的求解方法实现,种类较多。最早的热力物理模型是由 Franz 等在 1969 年提出的管道稳态热力模型,他们将管道热模型与电源和回流管附近的温度场联系起来,建立了地下管道热损失模型。

随着计算机的发展,供热管网热力模型的其他求解方法也被逐步提出。1980 年,Patankar 等提出有限元体积模型,对管道进行空间离散以计算温度传播和热损失,计算精度比较高,但计算量大。1991 年,Benonysson 提出节点法与有限元法计算模型,他将水力问题视为稳态现象,而将热问题视为瞬态现象,这是由于压力波和水的热量传播速率不同。1997 年,Elmqvist 等提出可用于仿真模型二次开发的语言——Modelica,其也是后续某些仿真建模软件(如 Dymola、SimulationX)的基础。2001 年,Dahm 等提出活塞流法,设定管子径向流速分布均匀,基于拉格朗日方法求解模型,模拟速度较快且稳定。2009 年,Stevanovic 等提出特征线法,该方法与有限元法一样,都需要将管道离散化,但特征线法是将传热方程沿特征线转化为常微分方程求解。2012 年,介鹏飞等提出函数法,以获得温度传播方程的解析解,并在中国的一个线性网络上进行了验证。数值求解方法的发展和特点归纳见表 2-3。

近年来,这几种求解方法不断发展并在不同的供热管网和软件中被对比验证。Sartor 等基于活塞流模型,与一维和二维有限元体积模型进行了比较,结果表明,在空间离散网格较大时,活塞流模型具有与一维有限元体积模型相同的精度,且对长管道具有更强的稳定性。Van 等建立了一种基于活塞流模型,这个模型在 Modelica 中实现,在 Dymola 中进行编译和仿真,与有限元体积模型相比较而言更稳定,因为网格大小和时间步长不需要根据流量进行调整。

表 2-3 数值求解方法的发展和特点

时间	作者	模型类别	名称	计算特点
1969 年	Franz G, Grigull U	稳态	管道稳态热力模型	时间项为零
1980 年	Patankar S.	非稳态	有限元法 (finite volume models, FVM)	为一种求解能量平衡方程的有限差分法
1990 年	H. Madsen		黑箱模型	只考虑系统输入和输出的数据驱动模型
1991 年	Benonysson A		节点法 (node method)	只考虑管道的进、出口并基于传播延迟计算输出来建模
			元素法 (element method)	对管道进行空间离散以计算温度传播和热损失
1997 年	Elmqvist H		面向对象建模 Modelica 语言	建模过程不注重方程求解,注重描述整个系统的物理过程
2001 年	Dahm J.		活塞流法 (plug flow method)	假定径向流速分布均匀的模型法
2009 年	V. D. Stevanovic		特征线法 (characteristic method)	对管道进行离散化,但将传热方程沿特征线转化为常微分方程求解
2012 年	介鹏飞		函数法 (function method)	考虑了质量流量、损耗和惯性,利用傅里叶级数展开得到瞬态能量方程的解析解

Gabrielaitiene 等对有限元法和节点法做了比较,这两种方法在预测温度响应时间和温度波峰值方面都存在一定的局限性,相比较而言采用有限元法的拟瞬态方法更能准确地预测温度波的峰值,而节点法在预测温度变化速度方面更具有优势。Rosa 等用 Ansys/Fluent 中的有限元体积模型 FEM/CFD 验证了节点法模型在 MATLAB 中的实现,证明测量数据与有限元模型仿真结果较为接近。

郑进福等以傅里叶级数展开为基础,考虑流动时间、管道热容量、热损失等因素,整体完成瞬态能量方程的解析解,并与节点法对比,发现函数法平均误差和稳定性都优于节点法,计算速度也优于节点法。

Denarie 等基于特征线法,提出一种新的数值方法来模拟区域供热中长管道的传热,与有限元法和节点法相比,该模型计算量小且计算结果准确。王雅然等提出了一种基于有限元法的建模方法,并与特征线法进行了比较,证明特征线法计算速度更快,而该模型可以得到更多关于管道内部温度分布的信息。

随着计算机科技的不断发展,黑箱模型也在不断地发展,其主要应用于供热系统的控制优化和负荷预测等方面。刘玲采用最小二乘法得出仅含有供/回水温度的线性计算公式,并用遗传算法和非线性规划算法进行系统优化。胡江涛等选取 BP 神经网络、Elman 神经网络,将室内温度、室外温度、太阳辐照度作为输入数据,对供水温度进行预测。Hohmann 提出一种利用多项式逼近来求解供热网络稳态模型的方法,并使用该模型求出不同运行策略下供热网络的最小组建成本。

2.3.3 面向对象的方法

传统供热方式下,供热网络的回水管网与供水管网的拓扑结构对称,只需分析供水部分就可直接获得回水部分的水力工况。在新一代供热网络中,供、回水网络拓扑结构一般不对称。若将所有供、回水管路放在平面上分析,则管路不可避免地出现交叉重叠。特别是由多个、多种热源供热构成的拓扑结构比较复杂时,采用平面图分析不方便。

但采用立体图时需要对建模方法进行改进,将供热网络"对象"化。"对象"化是指将所有组成网络的元件,包括管段、阀、泵和热源、可再生能源、工业余热等,都定义为某类特定对象。不同的对象称为不同的"类",如管道类、阀类、泵类。元件的水力和热力参数定义为对象的"属性",元件所遵循的水力和热力学控制方程定义为对象的"方法"。对管段和各类元件的方法均采用偏微分方程或代数方程建模,以元件的对象"事件"反馈边界条件的变化。常见"面向对象"方法封装管网元件见表 2-4。

表 2-4 "面向对象"方法封装管网元件

编号	对象名称	属 性	方 法	事 件
1	管道	位置、尺寸、流动状态、材质等	管道模型	影响管道流动状态发生改变的事件
2	水泵	位置、工作曲线的相关参数、效率参数等	工作曲线的实现	出口压头或流量改变等
3	连接件	位置、类型、尺寸等	局部流动阻力计算,温度混合计算等	无
4	阀门	位置、局部阻力系数、流通系数等	阀门开度特性曲线的实现	阀门开度操作等
5	热源	位置、压力、流量、温度、阻力等	工作曲线的实现	影响热源的热力、流动状态变化事件
6	热用户	位置、流量、热量、阻力等	工作曲线的实现	流量或阻力的改变等
7	换热站	位置、换热效率、换热面积、工作曲线的相关参数	工作曲线的实现	影响换热站的热力、流动状态变化的事件

不同对象的数学模型建立方法如下:

1) 管道

管网的主体为管段。管段对象具有多种属性,包括:管长、管径、内部粗糙度等构造属性;流量、阻力、流动状态(包括层流区、过渡区或紊流区流动)等水力属性;所处管网的位置、方向、起点、终点等拓扑属性。

管道模型图如图 2-5 所示,管段对象方法根据所选用的管段水力计算模型建立。对象事件包括各类边界的压力和流量变化的响应。由此,可在面向对象过程中体现管网的拓扑结构关系、初边界条件变化及水力计算方法。根据不同的假设条件,可以采用相应的管道流动模型。连续性方程、动量方程和能量方程如下:

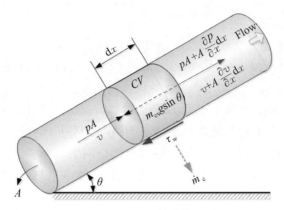

图 2-5　管道模型图

$$\frac{\partial \rho}{\partial t} + \frac{\partial(\rho v)}{\partial x} = \dot{m}_c$$

$$\frac{\partial(\rho v)}{\partial t} + \frac{\partial(\rho v^2)}{\partial x} + \frac{\partial p}{\partial x} + \frac{\lambda}{2d}\rho v^2 + \rho g \sin\theta = 0$$

$$\frac{\partial}{\partial t}\left[\rho\left(u + \frac{v^2}{2} + gz\right)\right] + \frac{\partial}{\partial t}\left[\rho u\left(h + \frac{v^2}{2} + gz\right)\right] = q_v + \dot{m}_c \cdot \dot{h}_c$$

$$(2-49)$$

式中,ρ 为热水密度(kg/m³);v 为流体 x 方向速度分量(m/s);x 为长度(m);t 为时间(s);p 为压力(Pa);λ 为摩擦系数,D 为管内径(m);θ 为管段的倾角(rad);u 为比内能(J/kg);z 为高差(m);h 为比焓(J/kg);g 为重力加速度(m/s²);q_v 为传热量(W/m³)。λ 采用 Colebrook-White(C-W)方程计算公式:

$$\frac{1}{\sqrt{\lambda}} = -2\lg\left(\frac{k}{3.76D} + \frac{2.51}{Re\sqrt{\lambda}}\right) \qquad (2-50)$$

式中,k 为管内壁的当量绝对粗糙度(m),对于热水供暖系统一般取为 0.000 2 m;Re 为管内水的雷诺数。

根据非稳态流动方程式建立的管道模型,考虑温度、高程差和沿程散热损失的影响。其与传统模型比较的主要区别是,质量守恒方程中添加了泄漏物质质量损失项 $\dot{m}_c$,以及能量守恒方程中增加了泄漏物质带出的热量 $\dot{m}_c \cdot h_c$。

2) 水泵

水泵具有多种类型,在此以离心式水泵为例,对水泵模型进行简单介绍。对于常见的离心式循环水泵,在额定转速运行时,水泵的扬程-流量(H-Q)模型可用下式表示:

$$H = k_{p1}Q^2 + k_{p2}\left(\frac{n}{n_0}\right)Q + k_{p3}\left(\frac{n}{n_0}\right)^2 \qquad (2-51)$$

式中，H 为泵的水压头（Pa）；n 为转速，n_0 为参考转速（r/s）；Q 为质量流量（kg/h）；k_{p1}、k_{p2}、k_{p3} 为经验常数，由样本或实测数据拟合而得。将泵的性能曲线采用二次多项式的形式描述是常用的一种拟合方式，其误差一般与拟合点数及测量精度有关。在管网水力计算得到最终的收敛结果前，无法得知泵的工作点在 H-Q 曲线上的具体位置，所以要根据与水泵相连的进口管和出口管的压力或流量条件作为边界条件进行不断调整。

3）连接件

管网的连接件主要是变径、三通、四通等，连接件的"方法"是根据连接件的连接形式决定的。在连接件处，管段接口处的压力值相等，流量值的代数和为零。以三通为例，其进出三通的压力分别为 P_1、P_2 和 P_3，流量分别为 Q_1、Q_2 和 Q_3，则三通的"方法"函数为

$$Q_1 + Q_2 + Q_3 = 0 \tag{2-52}$$

$$P_1 = P_2 = P_3 \tag{2-53}$$

4）阀门

阀门种类和功能的多样性，使得阀门模型的建立相对复杂。但在稳定流动时，考虑阀门开度对管道流动的影响，根据阀门两端的压差与通过阀门流量的关系，可将阀门对象"方法"函数简化如下：

$$\Delta p = k_f \frac{\rho v^2}{2} \tag{2-54}$$

式中，Δp 为管道压降。v 为管道流体流速（m/s）。k_f 为阀门的无量纲阻力系数，k_f 取值可以是非零的整数：当 $k_f \approx 0$ 时，意味着阀门的开度很大，可以忽略阀门的影响；当 $k_f \geq 10^3$ 时，一般认为阀门已经关闭。

对于常用的两通调节阀，支路管网阻抗和调节阀开度之间的关系由下式计算得出：

$$S = \frac{W_f S_0}{[(1-\lambda)C+\lambda]^2} + (1-W_f)S_0 \lambda^{2(C-1)} \tag{2-55}$$

式中，S 为阀门的阻力流动系数（s^2/m^5）；W_f 为水阀的特性系数，根据具体阀门类型选取（线性阀为1，指数阀为2，其他类型通过差值确定）；S_0 为阀门全开时的阻力流动系数；C 为阀门开度；λ 为水阀的泄漏系数。

根据理想流量特性的不同，工程中常用的调节阀主要有直线、等百分比（对数）、抛物线及快开四种。以等百分比两通调节阀为例，其理想流量特性数学计算公式为

$$\frac{Q}{Q_{max}} = R^{\left(\frac{l}{L}-1\right)} \tag{2-56}$$

式中，Q 为调节阀某一开度的流量（m^3/h）；Q_{max} 为阀门全开流量（m^3/h）；l 为调节阀某一开度时阀芯的行程（m）；L 为调节阀全开时阀芯的行程（m）；R 为阀门能控制的最大与最小流量之比。

在实际使用时，由于管路的压力损失不一致，因此调节阀前后的压力差通常都是变化的，即使对阀门的同一开度，理想特性下的流量和实际通过调节阀的流量是不一样的。工作调节阀的相对开度与相对流量之间的关系为

$$\frac{Q}{Q_{\max}} = f\left(\frac{l}{L}\right)\sqrt{\frac{1}{(1-s)f^2\left(\dfrac{l}{L}\right)+s}} \tag{2-57}$$

式中，s 为管段阀权度，即调节阀全开时阀门前后压差与管段总压差的比值，则管道压降可按下式计算：

$$\Delta p = k_f\frac{\varrho V^2}{2} = k_f\frac{\rho}{2}\left(\frac{Q^2}{3\,600A}\right)^2 = k_f\frac{\rho Q^2}{1\,800\pi D^2} \tag{2-58}$$

5）热源

热源的"方法"是根据热源的性质决定的。一次热水管网的热源既可以是热电厂的供热机组，也可以是供热锅炉；二次热网的热源是区域热力站。对于管网水力计算来说，热源的作用主要有两个：①将回水温度提高到供水温度；②提供供水管出口压头。显然，热源模型是一个含有循环泵功能的模型，可将热源视为带热源阻抗的泵模型。定压力热源的"方法"函数为

$$P_{source} = P_{set} \tag{2-59}$$

由于管网定压点往往定在热源循环泵的入口附近，可将热源简化为一个具有内部流动阻力的压力源。对没有定压点的热源可以暂时简化为一个流量源。定流量热源的"方法"函数为

$$Q_{source} = Q_{set} \tag{2-60}$$

6）热用户

热用户的"方法"是根据供热用户端的性质决定的。根据出口的方式，热用户可分为定压力热用户和定流量热用户。所谓定压力或定流量，是指压力或流量随时间的变化是已知的。

定压力热用户的"方法"函数：

$$P_{user} = P_{set} \tag{2-61}$$

定流量热用户的"方法"函数：

$$Q_{user} = Q_{set} \tag{2-62}$$

7）换热站

换热器模型采用 $\varepsilon - NTU$（传热效率-传热单元数）模型进行计算。假设某换热器的名义综合传热系数是 UA_0，则其实际综合传热系数 UA 可通过下式进行计算：

$$UA = UA_0\left(\frac{m_{cold}}{m_{cold,0}}\right)^a\left(\frac{m_{hot}}{m_{hot,0}}\right)^b \tag{2-63}$$

式中，a、b 为换热器的性能参数。

换热器效率 ε 的大小与换热器的换热过程有关。以顺流换热器为例，其换热效率的计算公式为

$$\varepsilon = \frac{1 - \exp[-NTU(1 + C_{\min}/C_{\max})]}{1 + C_{\min}/C_{\max}} \tag{2-64}$$

式中，$C_{\min}$ 为最小比热容量，$C_{\min} = Minimum(C_{water}, C_{air})$；$C_{\max}$ 为最大比热容量，$C_{\max} =$

$Maximum(C_{\text{water}}, C_{\text{air}})$；$C_{\text{water}}$ 为水的比热容量，$C_{\text{water}} = m_{\text{water}} c_{p_{\text{water}}}$；$C_{\text{air}}$ 为空气比热容量，$C_{\text{air}} = m_{\text{air}} c_{p_{\text{air}}}$；$NTU$ 为传热单元数，$NTU = UA/C_{\text{min}}$。

然后，总的换热量 Q 和出口状态可通过以下几式进行计算：

$$Q = \varepsilon C_{\text{min}}(T_{\text{hot, in}} - T_{\text{cold, in}}) \tag{2-65}$$

$$T_{\text{hot, out}} = T_{\text{hot, in}} - \frac{Q}{C_{\text{hot}}} \tag{2-66}$$

$$T_{\text{cold, out}} = T_{\text{cold, in}} + \frac{Q}{C_{\text{cold}}} \tag{2-67}$$

式中，ε 为换热器的传热效率（其大小与具体的换热器的传热过程有关）；C_{min} 为最小比热容量，$C_{\text{min}} = Minimum(C_{\text{water}}, C_{\text{air}})$；$C_{\text{hot}}$，$C_{\text{cold}}$ 分别为热流体和冷流体的比热容量；$T_{\text{hot, in}}$，$T_{\text{cold, in}}$ 分别为热流体和冷流体的进口温度；$T_{\text{hot, out}}$，$T_{\text{cold, out}}$ 分别为热流体和冷流体的出口温度。

基于"网络元"方法的管网建模理论基础是"面向对象"方法；它的管网控制方程组包括每个对象化的元件所特有的非稳态控制方程，其中管段元件的控制方程为偏微分方程组，非管段元件的控制方程为代数方程组；计算流程随时间步长推进，迭代求解，从非稳态计算至稳态；最终结果可获得管段压力、流量沿管程的分布。

在进行水力计算时，该理论没有用到"环"的概念。而是在管网对象化的过程中隐含了管网的拓扑结构信息，因此，当管网拓扑结构发生变化时，只需要针对发生变动的元件进行数据的增添，无须修改与变动无关元件的任何数据，这大大减少了管网拓扑结构数据维护的工作量，便于不同工况下的管网仿真分析。

基于"面向对象"方法的管网建模理论与基于图论和基尔霍夫定律的管网建模理论各自的模型特点，传统方法和新方法的建模特点比较见表 2-5。传统方法和新方法的建模与实现方法对比如图 2-6 所示。

表 2-5 传统方法和新方法的建模特点比较

项 目	传统方法	新方法
理论基础	图论/基尔霍夫定律	面向对象思想
管网控制方程组	稳态；矩阵化的线性方程组；所有待求变量同时列出	非稳态；每个对象化的元件都有特定的线性或非线性控制方程和属性变量
管段的控制方程	线性化的代数方程	偏微分方程组
疏水损失	水力计算中不考虑疏水损失	设置源项，充分考虑
计算流程	直接求解方程组，获得待求变量	随时间步长推进，迭代求解变量，直至稳态
数值方法	Hardy Cross 法和 Newton-Raphson 法等	FVM(有限元)法、FDM(有限差分)法和 MOC(特征线)法等
最终结果	管段平均流量，节点压力，节点温度	管段压力、流量和温度沿管程分布

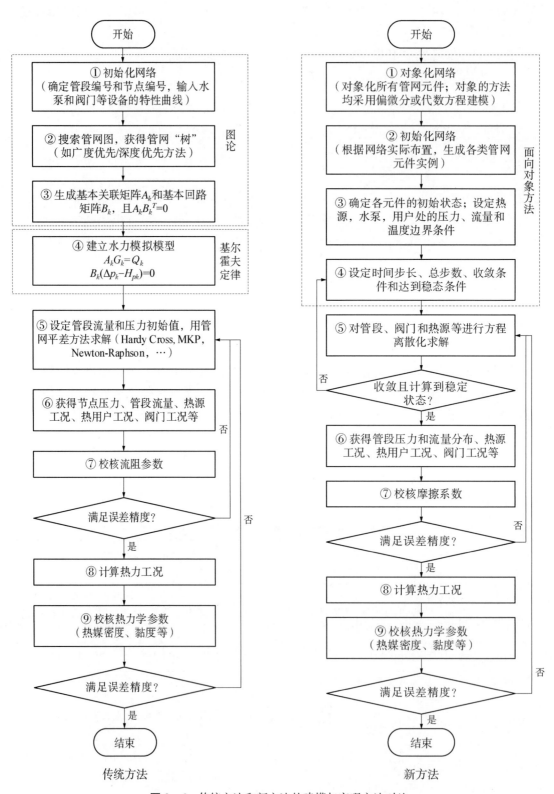

图 2-6 传统方法和新方法的建模与实现方法对比

2.4　现有仿真软件简介

目前,对于供热系统的可视化软件开发与应用发展比较缓慢,商业软件居多,不同软件针对管网的运行优化、泄漏报警、节能优化等方面有不同的应用场景。分析国内外文献可以发现,MATLAB 是使用最多的软件,可以独立应用于验证热网水力热力的各类模型。除此以外,MATLAB 还可以与商业软件 TRNSYS 进行耦合,TRNSYS 是一种模块化的模拟软件,其所有热传输系统均由若干子系统(即模块)组成,其最大的亮点是引入太阳能辐射分析模块。

其他使用比较频繁的商业模拟仿真软件是 TERMIS、Dymola。Dymola 模型库基于"面向对象"的思想,实现区域供热网络的模拟,但不适合较大的供热网络,且计算时间较长。

相对使用较少的供热管网模型软件有 EnergyPlus、Pipenet、Apros、Simupipe、Polysun、Neplan、Netsim 等。EnergyPlus 比较注重对建筑热负荷进行模拟,Pipenet 可解决稳态工况下流体的水力计算问题,具有模拟仿真、系统优化等功能。Apros 由芬兰公司开发,可用于能源系统和工业过程的建模和动态仿真。Simupipe 用于热网规划、设计、校核计算,适用于各种枝状管网和环状管网、单热源或多热源管网、热水或蒸汽管网,可以用于静态或动态计算。Polysun 虽然不是为热网模拟设计,但是提供了完整的水力模型,可以实现分布式循环泵供热系统泵功率需求以及太阳能供热系统的模拟。Neplan 最大的优点是可以与地理信息系统(geographic information system,GIS)接口对接,并将模拟数据与监控和数据采集系统(supervisory control and data acquisition,SCADA)数据进行对比,实现管网的水力热力分析。Netsim 与 Neplan 类似,根据压力、速度和温度等参数进行精确的网格计算,管网数据通过手动输入或以 CAD 文件导入,并基于这些数据模拟热网的温度变化。

随着模型研究的越来越深入,更多的学者选择根据自己的模型开发供热模拟仿真软件。蒋志坚等基于信息物理系统架构,提出了基于在线仿真模型的智慧蒸汽供热系统仿真软件 viHeating。Nageler 等基于仿真环境 IDA ICE(瑞典开发的建筑能耗模拟软件)开发了一种新型的热网模型生成工具,对 1531 个热用户的稳态工况和热源故障降温的动态工况进行模拟,并在可编辑的桌面地理信息系统(quantum geographic information system,QGIS)中使热网与建筑物模拟的动态结果可视化。

对目前可应用于热网模拟的软件,从以下 7 个方面进行评价:①使用频率:对相关文献研究总结后得出。②可开发性:可与其他软件联合应用或进行二次开发的可能性。③水力模拟:是否能实现管网的水力分析。④热力模拟:是否能实现管网的热力分析。⑤准确性:根据相关文献的研究结果得出。⑥使用难度:主要考虑软件的复杂程度、可开发性。⑦场景实现:软件可运用的模拟场景范围以及可视化程度。

由评价结果可知,TRNSYS、TERMIS、Neplan、Simupipe 是区域供热系统模拟综合性较强的软件,可对大型管网进行水力、热力工况分析,为热网提供在线优化运行决策;MATLAB、Dymola 对于实际较大的供热管网模拟存在一定局限性和开发难度;Pipenet、Polysun 注重于管网的水力模拟,热力工况分析相对欠缺;EnergyPlus 注重热力工况分析,广泛用于建筑热负荷预测。

2.4.1 国外现有仿真软件

2.4.1.1 Termis——施耐德
1）产品概述

施耐德电气智慧供热解决方案包含 Termis 和 EMS 两大产品，EMS 是能效管理系统，Termis 热网仿真与调度优化系统是行业标杆。

Termis 产品包含两个模型：AQUIS 在线水力模型（用于施耐德智慧水务）和 Termis 在线热网模型，能够实现多热源条件下热网运行状态在线仿真模拟。该产品专为供冷与供热管网调度而设计，特点是能够处理多热源复杂管网的调度优化，实现全网温度仿真、热耗仿真、流速仿真和局部管段仿真，可视化展现管网中任意时间段、任意位置的水力、热力工况。

Termis 是一款在线仿真模拟软件，相比离线软件能够更加贴近实际运行情况；由于各组件独立模块开发，客户可以根据每年供热情况变化自主开发和维护，在线数据接入后自动校准模型，因而具有拓展性强和易维护的特点。

2）产品功能

Termis 核心功能包括以下几个方面：

（1）在线监控。

（2）调度仿真。通过改变输入条件，预测管网各点温度、压力等参数，尤其可以判断多热源系统并网后是否能够稳定运行。

（3）优化调度。涉及温度优化和压力优化。温度优化方面，结合泵站电价成本与热源燃料成本，以热网运营费用与热损最低为优化目标，设定热厂出口温度优化值，从而节省用能成本。压力优化方面，结合泵效与用热需求数据，分析管网中不同时段的水压状况，生成最佳的压力优化方案；通过前馈的方式控制泵或阀来调节压力，将压力优化设定值自动传递到 SCADA 系统。通过以上优化，降低管网压力，减少现存渗漏量，减少新增漏点数，降低水泵运行成本。

（4）管网规划。为与 GIS 和 SCADA 相连的规划设计工具。通过 SCADA 数据验证新设计管网的合理性，为新热源厂、子站、泵站选型选址提供参考。通过静态计算进行管网改造方案的水力分析，通过水力平衡计算得到理论工况参数。

（5）系统集成。提供与其他管理系统（如 EMS）的数据接口，提升现有软件系统的新功能。

3）产品案例

目前 28 个国家和地区正在使用施耐德智慧供热系统，典型案例如下：

（1）国外案例。最大的热网：瑞典，斯德哥尔摩，5 000 MW；最大的冷网：美国，得克萨斯大学奥斯汀分校，400 MW；最久的热网：丹麦，欧登塞，30 年持续运行。

（2）国内案例。国内案例主要有济南热力集团有限公司、廊坊新奥燃气有限公司、太原市热力集团有限公司、乌鲁木齐热力（集团）有限公司、北京京能未来城燃气热电公司等。其中济南项目于 2015 年开始运行，供热面积 4 060 万 m^2，换热站 611 个，供热负荷 1 500 MW。以上项目采用 Termis 仿真模拟系统和 EMS 能源管理系统，实现能耗统计分析，热网科学决策调度，供热事故应急抢修，提供及时、准确的辅助决策依据等。

2.4.1.2　FLOWRA32——博达兴创

1）产品概述

FLOWRA32 是由芬兰 WM–Data 软件公司开发设计，专门用于热网水力工况、热力工况的计算分析、热网系统模拟及设计的软件系统（单机版）。北京博达兴创科技股份公司是其在中国的独家代理，并在单机版基础上二次开发出在线版本，该软件在国内外得到了广泛的应用。它能够实现热力行业常用基础数据库的直接导入，建立管网、水泵、阀门等模型和特性曲线；可以进行静态计算、动态计算或与 SCADA 连接进行在线实时计算；能够处理多热源复杂管网的调度优化；能够实现全网多种参数仿真模拟：供/回水温度、热耗、流速、流量、压降、压力、阻力等；可视化展现管网中任意位置的水力、热力工况。

2）产品功能

FLOWRA32 核心功能包括以下几个方面：

（1）管网规划。通过 SCADA 数据验证新设计管网的合理性，为新热源厂、子站、泵站选型选址提供参考。并通过静态计算的方式进行管网改造方案的水力分析、水力平衡计算和理论工况参数计算。

（2）管网运行。通过各种工况的分析计算，可实现根据室外温度、各热源的效率、运行成本等制定管网运行方案，可解决多热源系统并网运行的管理难题。

（3）管网优化。根据实际运行工况下热网的运行参数分析出全网中的不热用户及问题管段，通过改变热源或热用户的参数等来模拟各种调节方案，并通过对运行参数的分析找到改善运行工况的办法，进而改善供暖状态，提高服务质量。

（4）管网改造。通过对现有管网的分析计算，确定管网薄弱位置，解决管网问题，降低技改成本，为管网改造提供参考。

3）产品案例

主要有北京市热力集团有限责任公司、包头市热力（集团）有限责任公司、郑州热力集团有限公司、石家庄华电供热集团有限公司、天津津能股份有限公司等多家热力公司，以及中国城市规划设计研究院、中国市政工程华北设计研究院、北京市煤气热力工程设计院有限公司等多家设计院。

比如大同热力项目，供热面积 5 400 万 m^2、5 个热源联网运行，换热站 500 余个，最大供热长度 590 km，最大高程差达到 84 m。其采用热网在线模拟仿真软件（FLOWRA32）系统，实现各类运行工况模拟分析，为决策提供科学、准确的分析结论。

2.4.2　国内现有仿真软件

2.4.2.1　viHeating——英集动力

1）产品概述

viHeating 是智慧供热仿真分析与决策优化平台，定位于为中国城市供热系统提供智慧决策"大脑"，不仅是针对中国国情自主研发的智慧供热支撑软件，而且是国内少有的采用机理建模实现供热系统优化调控的软件平台。作为一款国产软件替代产品，viHeating 包含民用热水模型和工业蒸汽模型两大模型。民用热水模型模仿施耐德城市热网动态仿真软件 Termis 和 FLOWRA32 开发而成，其他参与民用热水模型开发的企业有施耐德、北京博达、清华同方;工业蒸汽模型用于蒸汽管网输配,其他参与工业蒸汽模型开发的企业有北京和利时科技集团有限公司、南京科远智慧科技集团股份有限公司、大连海心信息工程有限公司。

浙江大学能源工程学院以童水光、钟崴为核心的教授团队和以吴燕玲、周懿、赵琼为核心的博士团队自 2014 年以来开始智慧供热相关研究,依托常州英集动力科技有限公司(简称"英集动力")多年积累的技术和客户资源着手进行蒸汽型 viHeating 系统研发。2015 年,英集动力参与北京热力的示范项目并加入城镇供热协会,开始热水型 viHeating 系统研发。最终研发出 viHeating 软件平台,该平台能够实现热水和蒸汽管网的仿真模拟。

2)产品功能

viHeating 基于模型做预测、依据预测做决策。核心模块采用机理建模仿真。通过运用流体力学、传热学、热力学等原理知识建立供热系统的结构机理仿真模型,可以采用计算机数值模拟方法推演系统的行为,进而能够从原理上解释系统内在的规律与联系,做到知其然亦知其所以然。与大数据辨识建模相比,结构机理建模的外推能力强,不依赖历史数据,适用于高维、发展变化中的系统,也能够适用于设计型问题。

viHeating 有桌面端、Web 端和手机端。其主要功能包括以下几个方面:

(1)基于 GIS 的供热系统建模。基于 GIS 地图,采用图形化方式搭建供热系统模型。模型包含热源、管网、热力站、建筑物等,细化到管道、水泵、阀门等;采用云图、热力图等可视化方式展示计算信息,支持分线展现拓扑图。

(2)自主高性能计算内核。利用自主研发并且历经 20 年工程验证的一维热工水力过程仿真求解器,可以完成 1 亿 m^2 级民用热水网、多热源环状蒸汽管网的热工水力计算;支持多热源差异供热参数、复杂嵌套环网、单管跨越等特殊模型。

(3)在线仿真与软测量。与 SCADA、DCS 系统接口,实现全网软测量,掌握全网各处温度、压力、流量、流速分布的理论值,基于运行数据对仿真模型进行自适应辨识校准,显著提升模型精度。

(4)负荷预测。基于历史数据,综合考虑气象、建筑物节能水平、二次侧水力平衡程度、室温等信息进行预测。

(5)运行状态实时分析。在线分析供热系统能效、供需态势、水力平衡度、供热参数达标程度;展示全网水压图,分析供热系统运行的安全裕度、调节裕度;分析热源升降温等工况变化时全网随时间的动态传输延迟过程。

(6)运行方案实时优化。优化热源、热力站运行控制参数,生成水力平衡、节能运行方案;支持多热源联网运行方案优化,生成优化的热网解列、热源负荷分配方案;快速生成特殊事故工况、故障隔离等应急运行方案。

3)产品案例

(1)民用客户案例。包括北京市热力集团有限责任公司(简称"北京热力")、郑州热力集团有限公司(简称"郑州热力")、济南热电集团有限公司、沈阳热力股份有限公司(简称"沈阳热力")等。其中北京热力是英集动力民用领域的重要合作伙伴,双方开展了多个项目合作,如三河新源供热项目等。郑州热力项目分两期开展,服务面积共计 1 亿 m^2。沈阳热力项目服务面积 700 万 m^2,施工周期为 2019 年 6 月—2020 年 3 月。

(2)工业蒸汽客户。包括上海化工区智慧互联蒸汽管网项目、无锡国联项目(正在开展)、舟山国际水产品产业园集中供热项目,以及 2019 年启动的浙江浙能绍兴滨海热电有限责任公司智慧供热生产管理与运行调度平台项目及玲珑轮胎项目。其中,上海化工园区智慧互联型工业蒸汽热网项目于 2014 年启动,2018 年验收。舟山国际水产品产业园集中供热项目为总承包模式,2017 年启动,2019 年末验收。

（3）示范项目。包括北京市科委"蓝天工程"重点项目、住建部信息化示范工程与无锡市科技发展资金项目。其中,"蓝天工程"重点项目着力于智慧城市供热系统多源互补协同运行关键技术研究及应用示范。住建部信息化示范工程着力于郑州市智慧城市供热系统仿真分析。上海市信息化发展专项资金(大数据)项目则着力于上海化工园区智慧互联型工业蒸汽热网示范。无锡市科技发展资金项目则主要构建了"面向能源互联的智慧城市供热系统运行调度平台"。

2.4.2.2　XLink——北明天时

1）产品概述

北明天时智慧供热系统形成"一个平台、两个中心"系统构架,即云平台、智慧供热生产调度中心和供热经营管理中心。其中,XLink 是北明天时针对智慧热网开发的,它也是生产调度系统的核心。

XLink 智慧热网具有如下特点:

（1）集成平台。监控系统选用西门子 PVSS 软件开发平台,该平台能够整合带有多品牌自控商的换热站控制系统;仿真模拟系统集成英集动力 viHeating 模块。

（2）核心优势。它是换热站自控建设和改造升级,并在此技术上通过大数据分析和经验总结实现全网优化控制,通过末端智能设备仪表实现二网平衡调控。

2）产品功能

（1）负荷预测。供热负荷预测系统包含气候模型系统。XLink 气候模型系统是建立在历史经验数据和专家计算分析基础上的,具备不断寻优完善功能的网源负荷分析模型。

负荷预测系统的主要功能包括热源信息管理、热力站信息管理、气象参数管理、气候模型系统、热源负荷预测、热力站负荷预测。

负荷预测系统通过网络(或人工输入)从气象局得到未来一天的天气预报数据,包括白天、夜间的最高、最低和平均气温,以及风力、降雪等气候条件,通过 XLink 气候模型系统对这些数据进行分析,并综合热源供热参数,根据室外温度与一次回水温度、二次供水温度、耗热量等关系曲线得出当日热源及热网的白天和夜间的平均控制参数值。

（2）热网调控。XLink 智慧热网系统的管网调控有两个技术路线:

技术路线一:采用机理建模,整合英集动力 viHeating 在线水力计算模块实现动态仿真,完成运行调度和方案优化。

技术路线二:自有系统采用数据建模,通过热网历史数据再学习方式,建立历史同期指标模型,例如热指标、温度、流量等,作为热网调控依据。

在二网调节方面,采用换热站自控升级与单元控制阀、户用热表、室温采集等硬件结合的方式,实现供需平衡。

3）产品案例

重点项目案例包含北京热力项目(供热面积 2.01 亿 m^2,总热力站 3 050 座,自控实施 1 500 座)、济南热力项目(供热面积 6 650 万 m^2,热力站 689 座,已完成改造 580 座)、郑州热力项目(供热面积 1.07 亿 m^2，已实现 1 300 余站的远程自动化控制)等。

具体项目案例如下：

(1) 济南热电有限公司欧投智能热网项目。2012 年与施耐德 Termis 系统同期实施，自控面积 3 500 万 m^2，换热站 441 座；目前服务面积拓展至 8 890 万 m^2，换热站 900 座。

项目特色：利用西门子 PVSS 软件实现大区域监控，冗余配置；实现热源与热力站气候模型的双向预测；应用云平台技术；利用 XLink 指挥调度系统以历史数据再学习方式实现热力行业管理；监控中心多种控制方式(二次供温、二次回温、流量、热量等)对换热站实施远程监控；实现热能、电量、补水量单耗的分析、统计与考核。

运行效果：2013—2018 年共五个采暖季，热耗累计降低 14%、水耗累计降低 22%、电耗增加 5%。

(2) 国家电投通辽热电智慧供热及大数据工程。该项目于 2018 年实施，供热面积 2 120 万 m^2，换热站 276 座，项目包含智慧供热改造及大数据分析研究两部分。

项目特色：搭建热电私有云计算平台，实现资源及业务的整合；利用西门子 PVSS 软件整合改造通辽热网现有热力站自控系统；全网平衡控制；通过自控改造，实现热能、电量、补水量单耗的分析、统计与考核；积累热网调控及能耗数据，利用大数据分析手段，实现智慧供热的节能、高效等目标。

2.4.2.3 HIS——工大科雅

1) 产品概述

河北工大科雅能源科技股份有限公司(简称"工大科雅")依托河北工业大学能源与环境工程学院科研力量，研发了 HIS 智慧供热系统，该系统以大数据与物联网技术为核心，提供智慧供热系统解决方案。

HIS 智慧供热系统核心技术基于物联网技术实现二网智能平衡，基于大数据分析实现全网优化控制。

河北工业大学能源与环境工程学院齐承英、杨宾、孙春华教授等研究智慧供热系统多年，并成立河北工大科雅能源科技股份有限公司，研发出 HIS 智慧供热系统。

工大科雅拥有自主知识产权的"通断时间面积法热计量系统及供热节能技术""城市集中供热多热源联网及优化运行调控节能技术"等在国内得到推广应用，获得了显著的经济效益和社会效益，在同行业中具有一定影响力。

2) 产品功能

(1) 二网智能平衡。HIS 智慧供热系统核心技术是利用拥有自主知识产权的多个户用热计量与智能阀一体化产品实现二网智能平衡。主要功能包括供热异常智能分析、二网水力平衡调节、远程收费管理及热用户室温反馈及评价。其中，供热异常智能分析主要功能为对过滤器堵塞或户内流通不畅的热用户及时分析预警；二网水力平衡调节以热用户回水温度一致性为目标，以供热机组回水温度为判据，统一控制二网水力平衡调节，消除冷热不均，均衡供热；热用户室温反馈及评价方面，通过热用户室温动态监测，与热力站自控系统联动，实现"按需供热、精准供热"，既不欠供，也不超供。

(2) 全网平衡调控。以一网调控为核心的全网平衡调控，主要采用大数据分析回归优化调控策略、全网自动调控，代替传统的人工经验调节模式，实现供热精准化调控。

3) 产品案例

基于大数据的邢台市热力公司智慧热网项目是该产品的典型案例。该项目涉及供热面积 1800 万 m^2，换热站 272 个。通过 HIS 智慧供热系统，实现了全网 272 座换热站的无人值守、自动调节、远程监控。同时，还安装热计量系统 2 万余户，实现智能管控及热计量收费管理；安装 1000 余户远程室温监测装置，实时监测典型热用户室温，反馈智能调控。智慧热网监控调控中心覆盖全网供热输配系统，实现数据化、自动化、智能化。

核心技术：涵盖热源、管网、热用户的数据信息供热系统；基于数据挖掘的供热系统热负荷预测技术；基于大数据分析的多热源环状管网供热系统调控理论。

项目效益：综合节能 20% 以上。在热源没有增加的情况下，扩大供热面积 200 余万 m^2；显著提高了供热系统的安全性、可靠性，消除水力失调，保障采暖供热舒适度；提高了劳动生产率，显著减少了人工成本。

2.4.2.4　IDH——硕人时代

1) 产品概述

北京硕人时代科技股份有限公司(简称"硕人时代")自主研发的 IDH 智能热网系统，专为集中供热企业打造，是面向供热行业打造的基于物联网、互联网及大数据处理的智能在线、远程监控、节能运营管理系统。IDH 智能热网系统被认定为住建部建设行业科技成果推广项目。

IDH 智能热网系统包括如下特点：

(1) 提供从热源到末端热用户全过程各个环节的监测和控制，通过大数据采集和分析，指导运行方案。

(2) 核心优势。它是换热站自控建设和改造升级，以及基于换热站分布式变频泵的优化控制。

(3) 自控系统对外不开放，与其他系统不兼容。

2) 产品功能

(1) 全面监控。对整体供热系统实施源、网、站、户全程监控，通过对运行参数的设定实现与自动系统的交互，实现控制功能和安全报警。

(2) GIS 地理信息系统。通过"互联网＋"的信息手段将设备信息构建在地理信息平台上，利用 GIS 建模，实现供热系统的日常维护与管理。

(3) 调度指挥系统。包括气象管理、负荷预测、全网平衡三部分。通过一段时间的气象数据采集和供热量的分析，自动提取供热运行规律，调度运行参数并不断优化，精确调控供热系统。

(4) 能耗管理系统。以年、月、日为单位统计热源、换热站的供热量、水耗、电耗信息，科学对比分析。

3) 产品案例

重点应用案例包含山西省阳泉热力公司(供热面积 2100 万 m^2)、辽宁盘锦广田热电(供热面积 1700 万 m^2)、乌鲁木齐华源热力公司(供热面积 1000 万 m^2)、包头华源热力有限公司(供热面积 1070 万 m^2)。典型案例为乌鲁木齐华源热力 IDH 智能热网项目。乌鲁木齐华源热力公司于 2014 年引进硕人时代 IDH 智能热网监控管理平台技术，自控面积达

1400 万 m²,涉及热源 5 座、换热站 140 座。

项目特色:实现系统全面监控,在人工授权后可实现自动调控;应用云平台技术;利用 GIS 地图,建立供热系统模型,为供热系统的日常维护、设备分布、巡检、设计施工、分析统计、规划提供科学可靠的依据;利用 IDH 指挥调度系统,以历史数据自学习的方式实现热力行业管理;通过能耗管理系统,实现热能、电量、补水量单耗的分析、统计与考核。

运行效果:较原系统节能效率提高 5%、节电率达到 30% 以上。

2.4.2.5 PF-DH 仿真软件

1) 产品概述

PF-DH 是由本书作者、同济大学机械与能源工程学院王海副教授领导的研究小组研发的,基于数字孪生技术的复杂能源网络分析工具。其核心技术路线是:采用物理模型对主要能源部件进行建模,通过物理模型与数据驱动相结合的能源设备模型、独创的基于人工智能的网络结构自搜索算法、Navier-Stokes 方程的求解方法、边界条件自适应调整偏微分方程组等多线程并行计算技术,实现对供热复杂输配网络的高精度动态模拟仿真、能效监测、故障分析等功能。

2) 产品功能

PF-DH 采用有限元(FVM)法作为管网流动和传热问题的数值计算方法,提出将改进的 Godunov 格式(戈都诺夫格式/空间离散格式)与经典 RK45 格式(四/五阶龙格-库塔法/时间离散格式)相配合,作为一种新的管网动态模型数值求解算法。这种算法具有全局三阶精度并且具有更长的时间收敛步长,误差远小于绝大多数传统计算方法。同时,该产品采用"完全并行"计算的算法内核,可实现大规模线程同时计算而无需数据频繁交换。对比传统方法广泛采用的 Newton-Raphson 数值求解方法,该新算法采用 15~20 线程并行计算时,普遍可达到加速比 20~30 以上。其数学模型具有以下特点:

(1) 输出结果。本项目建模仿真计算可得到压力、温度和流量沿管程分布;传统模型仅能得到管段平均流量,节点压力、温度值。

(2) 理论基础。采用网络元方法。传统方法采用图论和基尔霍夫定律将管网划分为多个环路,将复杂管网转化为基环系数矩阵方程;"面向对象"的改进节点法将复杂管网结构分成各类元件对象的集合,当管网拓扑结构发生变化时,只需要针对发生变动的元件进行数据的增添,无须修改与变动无关元件的任何数据,这大大减少了管网拓扑结构数据维护的工作量。

(3) 控制方程。管网为非对称立体拓扑结构,以适应供水或回水管堵漏等故障工况;管段元件的控制方程为偏微分方程组,非管段元件的控制方程为代数方程组,提高了计算精度。

(4) 计算流程。迭代求解,直至稳态。偏微分方程求解借助于计算机运算能力提升和云计算的发展,提高了计算精度和速度,代替了传统矩阵方程的求解。

(5) 数值方法。利用偏微分方程求解,如 FVM、FDM 和 MOC 法,不依赖于拓扑结构,对于环状管网水力计算没有用到"环"的概念。而传统模型采用平差方法,如 Hardy Cross 法、MKP 法、Newton-Raphson 法等,计算与拓扑结构和节点有关,计算速度慢。

作为一款预期功能强大的复杂供热系统模拟仿真软件,PF-DH 具有以下特点:

（1）采用基于"面向对象"的建模方法，同时具备丰富的管网元件模型库。

（2）对热力问题和水力问题进行了耦合分析，综合考虑摩擦系数、高差、温度、黏度和密度等参数的影响，实现了模型的高精度模拟。

（3）通过独特的求解方法及并行计算，实现了对复杂供热系统的快速求解。

3）产品使用

作为本书作者带领研究小组研发的仿真建模软件，其安装与使用方法作为电子资源可供读者参考，有相关需求的读者可发送邮件到 wh_nes@163.com 学习该软件的安装与使用。

参考文献

［1］贺平，孙刚. 供热工程［M］. 北京：中国建筑工业出版社，2009.

［2］方锦清. 网络科学的诞生与发展前景［J］. 广西师范大学学报（自然科学版），2007(3)：2-6.

［3］颜宪邦，屈姿朴. 四色定理论证［J］. 航空计算技术，2003(2)：55-60.

［4］石兆玉，王兆霖，赵红平，等. 热网水力工况模拟分析及其在初调节中的应用［J］. 区域供热，1991(1)：5-9.

［5］石兆玉，赵红平，温丽，等. "模拟分析"初调节法在北京市龙潭小区热网中的应用［J］. 建筑技术通讯（暖通空调），1989(1)：3-8.

［6］李祥立，孙宗宇，邹平华. 多热源环状热水管网的水力计算与分析［J］. 暖通空调，2004(7)：97-101.

［7］乔晓刚，韩晓红，邹平华. 基于基本回路分析法的热水网路水力计算软件［J］. 建筑热能通风空调，2008(5)：46,97-101.

［8］李晓峰. 网络图论在供热管网中的分析应用［D］. 哈尔滨：哈尔滨工程大学，2014.

［9］李小玲，王金岩. 燃气管网水力计算研究进展［J］. 当代化工，2011，40(12)：1246-1248.

［10］秦芳芳. 供热管网水力计算模型研究［D］. 保定：华北电力大学（河北），2009.

［11］王丹，逢秀锋，王伟. 模型预测控制在暖通空调领域应用研究综述与展望［J］. 建筑科学，2021，37(12)：30,111-119.

［12］ Benonysson A. Dynamic modelling and operational optimization of district heating systems ［D］. Lyngby：Lab. for Varme-og Klimateknik，1991.

［13］ Mattsson S E，Elmqvist H. Modelica — an international effort to design the next generation modeling language ［J］. IFAC Proceedings Volumes，1997，30(4)：151-155.

［14］ Dahm J. District heating pipelines in the ground-simulation model ［D］. Gothenburg：Chalmers University of Technology，2001：1-22.

［15］ Stevanovic V D，Zivkovic B，Prica S，et al. Prediction of thermal transients in district heating systems ［J］. Energy Conversion and Management，2009，50(9)：2167-2173.

［16］ Jie P，Zhe T，Yuan S，et al. Modeling the dynamic characteristics of a district heating network ［J］. Energy，2012，39(1)：126-134.

［17］ Sartor K，Thomas D，Dewallef P，et al. A comparative study for simulating heat transport in large district heating networks ［J］. Heat Transfer Engeering，2018，36(1)：301-308.

［18］ Van D，Fuchs M，Tugores C R，et al. Dynamic equation-based thermo-hydraulic pipe model for district heating and cooling systems ［J］. Heat Transfer Engeering，2017(151)：158-169.

［19］ Gabrielaitiene I，Bøhm B，Sunden B. Evaluation of approaches for modeling temperature wave propagation in district heating pipelines ［J］. Heat Transfer Engeering，2008，29(1)：45-56.

［20］ Rosa A D，Hongwei L I，Svendsen S J H T E. Modeling transient heat transfer in small-size twin pipes for end-user connections to low-energy district heating networks［J］. Heat Transfer Engineering，2013，34(4-6)：372-384.

［21］ Zheng J，Zhou Z，Zhao J，et al. Function method for dynamic temperature simulation of district heating network［J］. Applied Thermal Engineering，2017(123)：682-688.

［22］ Dénarié A，Aprile M，Motta M J E. Heat transmission over long pipes：new model for fast and accurate district heating simulations［J］. Energy，2019(166)：267-276.

［23］ Wang Y，You S，Zhang H，et al. Thermal transient prediction of district heating pipeline：optimal selection of the time and spatial steps for fast and accurate calculation［J］. Applied Energy，2017 (206)：900-910.

［24］ 刘玲. 城市热水集中供热系统运行优化及算法研究［D］.济南：山东建筑大学，2013.

［25］ 胡江涛，王新轲，刘罡. 人工神经网络预测供热系统供水温度［J］.煤气与热力，2019，39(3)：6-11,42.

［26］ Hohmann M，Warrington J，Lygeros J J S E，et al. A two-stage polynomial approach to stochastic optimization of district heating networks［J］. Sustainable Energy，Grids and Networks，2019(17)：100-177.

第 3 章

供热系统分布式输配系统技术及应用

区域供热系统可以安全、高效地为城市生活提供采暖和生活热水负荷,近十几年来在中国发展迅速。根据清华大学建筑节能研究中心与国际能源署(IEA)联合发布的 2017 年《中国区域清洁供暖发展研究报告》,截至 2015 年,中国已经建成了世界上最大的集中供暖系统,其中热水管道总长 19.272 1 万 km,蒸汽管道总长 1.169 2 万 km。供热系统"源-网-荷-储"全过程的动态性和复杂性显著增强,迫切需要借助新一代信息技术构建智慧供热系统以提升系统全过程的动态协同、协调能力。2014 年,Lund 等提出了未来可持续能源系统的第四代区域供热系统(4GDH),并引入了多种先进技术,包括大量融入可再生能源和余热资源,采用更低的热媒温度和更先进的供热工艺等。区域供热是促进可持续发展的有效途径。

3.1　问题提出

传统的供热系统容易形成冷热不均现象。由于近端热用户出现过多的资用压头,在缺乏有效调节手段的情况下,近端热用户很难避免流量超标,这必然造成远端热用户流量不足,形成供热系统冷热不均现象。在出现冷热不均现象的同时,供热系统的远端热用户易出现供/回水压差过小,即热用户资用压头不足的现象。在这种情况下,为改善供热效果,须提高远端热用户的资用压头,往往采用加大循环泵和在末端增设加压泵的做法,但这易使供热系统流量超标,进而形成大流量小温差的运行方法。

采用分布式变频泵供热系统,热源循环泵、一级循环泵、二级循环泵提供的能量,均在各自的行程内有效地被消耗掉,因此没有无效的电耗。分布式变频泵供热系统采用分段接力循环的方式共同实现了供热介质的输送。虽然集中供热系统和分布式变频泵供热系统这两种供热系统的一、二级管网阻力相等,但是这两种方式循环泵所需的功率却不同。传统供热系统由于循环泵设置在热源处,提供的动力是按热网最大流量设计的。分布式变频泵供热系统的热源循环泵只需克服热源内部阻力,克服外网阻力依靠沿途分布的循环泵实现。虽然分布式变频泵供热系统采用了较多的循环泵,但各个循环泵的功率却减少了,系统无功消耗减少,运行费用降低,在热用户侧负荷降低时,由于各热用户负荷变化的不一致性,可调节循环泵的转速以满足热网运行需求,基本上无阀门的节流损失。

国内外相关研究表明,分布式变频泵供热系统与传统供热系统相比有较大的节能潜力。闫爱斌等以库尔勒市供热管网为例,研究表明分布式变频泵供热系统比动力集中式系统具有至少30%的节能性能。顾吉浩等以沈阳市某地区为例将两个系统进行能效对比,研究表明分布式变频泵供热系统的年平均用电量减少29%。张娇娇对本溪市衡泽热力公司的供热系统进行分布式变频泵供热系统改造,系统的能耗为往年的85%。但是,分布式变频泵供热系统的研究主要还停留在系统的设计与改造、系统的节能效果与经济收益分析等方面,而且仅限于树状拓扑和单一热源的网络。分布式变频泵供热系统的实际工程应用效果并不理想,这主要是因为传统的 PID 反馈控制应用于大量水泵的变频调控时会造成严重的水力振荡现象。本书作者所在研究团队提出了一种新的水力调节方法来适应分布式变频泵供热系统,该方法基于先进的自动化和信息技术,可以实现多热源环状供热系统的水力平衡。为了实现系统的精准调控,高性能的水力模型是必不可少的。目前仿真模型的研究重点主要集中于复杂拓扑上。王雅然等建立了一种可适用于环状管网的高效的热工水力耦合计算方法,利用拓扑排序算法,根据各管道的流向和流量,在热力瞬态数值计算中得到各管道的计算顺序。王雅然等提出了多热源环状管网的水力性能优化问题。虽然这些研究在多热源复杂拓扑网络模型上有了一些突破,部分热工水力模型已在商业软件中得到应用和开发,但是水力模型一般都是基于图论,而且几乎没有能够直接适用于分布式变频泵供热系统的复杂管网模型。

分布式变频泵供热系统包含多达几十个甚至上百个泵、在不同转速下协同运行,系统具有强耦合性和高度非线性,当与多热源环状管网相结合时,又进一步加强了系统的复杂程度。为了达到期望的节能效果并且减小水力振荡现象,本书作者针对性地提出了一个基于"网络元"方法的水力模型,该模型可直接适用于分布式变频泵供热系统,并且能清楚掌握系统中任意泵的水力工况和工作点。

目前,中国采用分布式水泵循环系统的供热规模已经超过了上千万平方米的建筑面积,这些新项目的运行节电效果明显。对比采用热源循环泵的供热系统,分布式水泵循环系统节能率往往在50%以上。采用水泵变频技术引发了供热系统在设计、运行和维护方面的技术革新。但是,在推广分布式循环系统的过程中还有很多亟须解决的新技术问题,而信息化技术是解决新问题的利器。当前信息网络技术的迅速发展为供热行业推广分布式循环系统提供了真正坚实的基础。在新一代供热系统中可通过信息网络平台实时获得关键信息,还可实时反馈信息。这对分布式循环系统的水力工况调节提供了重要支持。分布式循环系统的水力工况调节,首先要解决水泵如何变频的问题。由于热源和热力站处的循环水泵在运行时的水力耦合特性,每个管路分支的水泵变频调节都会影响其他分支的水力工况。因此,水泵变频调节的具体方法对水力工况调节效果的影响非常显著。

近年来,各类新型供热设备结合信息和自动控制领域内的先进技术,供热系统正向智能化方向发展。这样的新一代供热系统被称为第四代智慧(智能)区域供热系统。要实现智慧区域供热,需要对区域内的热源、热用户及管网在规划、设计和运行阶段都进行详细的论证。其中,"智慧运行"是指在已经开始服务的供热系统上,通过智能化的调节方法,实现最佳的系统热力平衡。

3.2　研究现状

3.2.1　分布式输配系统的调控技术

3.2.1.1　分布式变频泵的调控原理

在传统的供热管网系统中,一般是在热源处或换热站内设有一组循环水泵,根据管网系统的流量和最不利环路的阻力选择循环泵的流量、扬程及台数,管网系统各热用户末端设手动调节阀或自力式流量控制阀等调节设备,以消耗掉该热用户的剩余压头,达到系统内各热用户之间的水力平衡,个别已有热用户由于热用户热负荷的变化,资用压头不够,增装了供水或回水加压泵,但由于水力难以平衡,往往对上游或下游热用户产生不利影响。同时,系统末端为变流量系统,各热用户根据自己需要进行采暖调节时,该热用户的热量减少,节约了热能和费用,但供热系统并没有相应进行调节,没有节约热能,供热单位的能耗并没有减少,费用支出也没有减少。为了解决以上问题,实现和热用户同步节约热能、费用,需要对系统进行分布式变频的节能改造。随着水泵数字控制的发展,管网中的调节设备被取代为可以调频的水泵,由原来在调节阀上消耗多余的资用压头改为用分布式变频泵提供必要的资用压头。在分布式变频泵供热系统中,热源循环泵只承担热源内部的循环动力,这样既可大大降低循环泵的扬程,也使得主循环泵的电机功率下降许多,同时阀门节流的能量不再白白损失。由于水泵可用变频器调速,主循环泵大大降低了电能消耗,省去了调节设备,同时供热系统可工作在较低压力水平。

根据各热用户对采暖的调节情况,控制各个单元的供水量。当各个单元调节供水量时,二次网的供/回水压差会发生变化,根据变化的压差对二次循环泵进行变频。循环泵变频后,二次网的供水温度会发生变化,再根据二次网供水温度的变化情况调节一次网的供热量,从而实现二次网节约热能和电能、一次网节约热能的目的。

当热用户热量进行调节时,二次网系统的压差会发生相应变化。压差传感器感应压差的变化,并把压差的变化情况发送给控制器,控制器根据压差的变化情况,通过计算得出水泵需要变频的数据,并将指令发给变频器。变频器根据指令来实现水泵变频,从而改变二次网系统流量;当二次网系统流量发生变化时,二次网系统的供水温度会相应发生变化。比如,当二次网流量变小时,二次网的供水温度会升高;当二次网流量变大时,二次网的供水温度会降低。二次网供水温度传感器会感应二次网供水温度,将二次网供水温度的变化情况传输给控制器,控制器根据二次网供水温度的变化情况来调节一次网电动阀开度,从而调节一次网的供水量。

3.2.1.2　分布式变频泵的调节方式

在分布式水泵调节方面,针对不同的热用户系统形式以及系统的运行方式,相关研究人员和从业者进行了大量的研究。徐楠等定量分析了分布式变频调节系统运行节能的原因和不同调节方式的节能差异。徐楠的文献中考虑了 10 种方案,包括传统设计方案、四种分布式非混水变频调节方案和五种分布式混水变频调节方案,得出结论:对于分布式变频调节系统,不但循环水泵的装机电功率明显减少,而且变流量运行也可以大大节约电能;从管网稳定角度看,分布式混水变频调节系统比分布式非混水变频调节系统更有利于提高系统的稳定性,并且运行能耗更小。秦冰等介绍了分布式变频泵供热系统的两种运行调节方式:定零压差点的调节方式和变零压差点的调节方式,并以一个工程实例对两种调节方式的调节过程进行了分析。秦冰等又以某大型分布式变频泵管网系统为例,讨论了在多热源联合供热的条件下,不同的热源运行方式和热网运行方式对分布式变频泵管网系统的影响。张鹏对单热源枝状网分布式水泵系统的能耗、定压方式进行分析,通过工程实例得出零压差点在不同位置时的能耗计算公式,并进行技术经济分析。李鹏对单热源枝状网分布式水泵系统能耗进行分析,得出零压差点在热源出口处节电率最高,并进行经济优化分析。李峰等对分布式水泵系统的零压差点位置与节能效果之间的关系进行分析,得出了存在临界零压差点的结论。郭升对分布式水泵系统由于水泵选取不合适而未进行变频时的失调进行分析,对传统设计方法进行分布式水泵系统改造进行经济分析。符丽萍提出在变零压差点变流量运行过程中存在一个临界流量系数,该系数与设计工况下热源内部阻力损失及热用户加压泵所须提供的扬程有关。

随着计算机技术的发展,模型模拟分析法在热网实际调节中的应用越来越广泛。张娇娇利用数学模型,优化了泵组的配置方案及零压点位置,通过准确计算各管路的水力工况情况,总结了变频泵的选择规律和系统的设计方法。闫爱斌等开发了采用分布式变频泵的热网系统的水力模型,为了使模拟结果更接近于实测数据,提出了阻力比这一新参数来修正原有模型。模拟结果表明,当换热站热网需求降低时,随着流量的减少,分布式变频泵热网系统压降会随之降低,而传统中央循环泵系统的压降会升高。王红霞确定了最优的分布式变频泵工艺方案,首次给出了分布式输配系统科学、合理、可行的设计方法。研究中应用HFSNET软件,分别对沿途加压变频泵、热用户加压变频泵、热用户混水变频泵等几种不同的分布式变频泵进行模拟计算和可行性分析,通过理论分析和经济分析,得出了最优的供热输配系统设计方法——热用户混水变频泵与沿途加压变频泵和主循环变频泵相结合的方法,与传统设计方法相比,其既能满足各热用户的资用压头,又能实现流量的合理分配,综合节能率可达75%。陈亚芹通过研究HACNET软件算法和应用,进行分布式变频系统水力工况模拟计算、优化设计,提出了分布式变频系统的优化设计方法,定义目标函数并建立热网模型,研究了支路的选择、零压差点位置的变化对系统经济性及泵的选型的影响。模拟分析表明,该种设计方法简单易行,具有广泛的适用性和实用价值。李鹏等针对枝状管网,以热网最小年折算费用作为目标函数,以主干管、支管平均经济比摩阻作为约束,对分布式循环泵供热系统最佳零压差点的位置进行模拟求解。

3.2.2 分布式输配系统的智慧运行

"智慧运行"的目的是,在已经开始服务的供热系统上,通过智能化的调节方法,实现最佳的系统热力平衡。石兆玉是最早把变频技术引入供热系统热媒输配和运行调节的学者之一。20世纪90年代,石兆玉指出:在热网运行调节方面,集中质调节不能完全满足各种运行工况的要求,间接连接系统中若二次网采用集中质调节,则一次网必须进行变流量调节;在多种热负荷、多个热源的热网中,为进行系统流量平衡,也必须实行变流量运行;质调节耗电多,不利于节能,特别是大的供热系统尤为突出;水泵的变频调速使得变流量运行成为可能。同时,他研究了变频调速方法的优势,并分析了在供热系统中应用变频调速进行变流量调节的节能效益。21 世纪初,石兆玉总结了变频调速技术在供热空调系统循环水泵热媒输配调节变流量控制(散热器供暖系统、空调供暖供冷系统、地板辐射供暖系统、空调变频变风量控制、制冷机的变频调速控制和供热空调水系统)的旁通补水变频定压等方面应用的典型方法,并分析了节能效益。在各热力公司逐步采用分布式变频输配技术实施多个案例以后,石兆玉详细分析了水泵在变频减速工况下对电动机及其自身效率的影响,并着重指出:由于功率下降幅度远大于效率降低导致的能耗增加幅度,因此,变频减速节能效益明显。同时,他分析了变频水泵组合运行的合理方案,对分布式变频工程中变频调速的技术问题做了总结。

李德英、孙海霞等指出,分布式变频供热系统的应用对于解决管网的水力失调、输送能耗高等问题有极大的帮助,并通过分析实际工程的改造效果,提出了分布式变频泵供热系统按热量控制的方法,选取加压泵的流量、温差,主循环泵的压差,热源的总热量作为控制对象。张亦弛等对区域供冷分布式变频泵系统运行能效做了分析,指出该系统适用于末端冷负荷波动大的热用户。通过以泵代阀,效率明显提升,系统输配能耗明显下降。与集中循环大泵相比,分布式变频泵和储水系统夏季每天节电 57%、全系统节能 10%。闫爱斌等比较了在库尔勒地区供热系统中采用热源水泵循环和分布式水泵循环的差别,包括变频调节过程中的水力特性和节能效果。在闫爱斌的文献案例中,采用分布式水泵循环系统节电可达71%。此外,绳现杰等对大连市的供热系统采用分布式水泵循环系统的节能效果和经济性进行了系统研究,结果表明采用分布式水泵循环系统可节能 49.41%。

由于分布式变频泵供热系统相比传统供热系统存在很多优势,所以在一些项目改造工程中广泛应用。毛欣欣等在天津供热一厂进行了"小流量大温差"的试点实验。通过适当拉低站内循环泵频率,降低压差,减少二次网循环水量,达到了很好的节能效果。孙志勇通过对沈阳市长白新城区域进行分布式变频泵供热系统设计与传统供热系统计算比较,分布式变频泵供热系统节电率达到 52.9%,从而总结出换热站越少、流量越小、供热距离越短,节能效果越差,节能率越小。李鹏、王超前同样通过工程实例,得出节电率和很多因素都有关系,随供热距离越来越近,主干线管段的比摩阻、长度、热用户数量和热用户流量的减小而减小,随支线各管段的比摩阻、长度和热源内部水头损失、热用户资用水头的减小而增大。刘晓敏对太原市某集中供热系统案例进行分析,由于水力失调的原因,在工程中可以采取设中继泵站和将系统改为分布式变频泵供热系统这两种差别很大的方法,通过不同的角度去考虑这两种方法,可知分布式变频泵供热系统更经济,应用在该工程上会取得很好的效果。于希增也对某市新增供热负荷是否能满足城市需要,采取两种方案进行对比,一是增加加压泵房,二是改为分布式变频泵供热系统,从对比中可以看出采用分布式变频泵供热系统是最经济的一种方式,主要体现在运行费用和系统初始投资方面,并且可节能 50% 以上;同时,适应管网热负荷变化的能力也较强,所以可采用分布式变频泵供热系统来解决城市新增供热负荷的问题。张旭在对乌鲁木齐市新联热力有限公司采用分布式变频系统改造过后,得出结论节煤 19.8%、节电 21.4%,认为在节电空间上没有充分发挥出分布式变频泵供热系统的潜能;最后张旭提出如果将经验曲线调节策略应用在此工程上,节电和节煤还有提升的空间。赵志刚对某地区将传统供热系统改为分布式二级循环泵供热系统进行分析对比,得出可以节电 56%，并指出分布式二级循环泵供热系统的优势在供热系统规模较大、阻力高和各环路负荷特性及阻力差别大的场所更适用，但在供热对象密集且供热距离差不多的情况下，此时从系统造价方面传统供热更为合适。

诸多学者的研究充分表明，供热系统分布式输配系统更节能。但是，现有水力模型基本上都是基于图论，而且几乎没有能够直接适用于分布式变频系统的复杂管网模型。为了达到期望的节能效果并减小水力振荡现象，本书作者针对性地提出了一个基于"网络元"方法的水力模型，该模型可直接适用于分布式变频供热系统，并且能清楚掌握系统中任意泵的水力工况和工作点。将该模型应用于德州市实际供热管网，该管网为多热源环状拓扑，包括3个热源和 34 个热力站，本书作者详细阐述了分布式变频系统和动力集中式系统在不同工况下的水力特性，并且对其能耗进行分析和对比。该研究成果有助于加深对分布式变频系统水力特性的了解，同时也可为分布式变频系统与低温区域供热、热泵换热器以及长距离输送新技术的结合提供理论支持。

3.3 解决方案

3.3.1 一次热网调频方法

目前还没有见到对多热源环状供热系统中分布式水泵调频方法的详细报道。本节基于信息化网络技术提出一种全新的水力工况调节方法，可用于多源、环状的一次热网，进行分布式循环水泵变频调节。

3.3.1.1 分布式输配系统的水力模型

典型分布式变频区域供热系统的示意图如图 3-1 所示。热源用 s 表示，$s \in \{1, 2, \cdots, S\}$。热力站用 m 表示，$m \in \{1, 2, \cdots, M\}$。对于一个大尺度区域，所有热源和热力站可以简化为具有独立水力特性的聚合节点。此处水力模型主要针对分布式变频供热系统，由于水介质压力波传播速度快，采用静态水力模型可以充分满足区域供热系统水力性能和节能效果分析的性能要求。对水力模型做如下假设：①水的密度和摩擦因数与温度无关；②介质是不可压缩的；③供水和回水管道对称；④管道没有泄漏。这些假设可以在确保精确度的前提下大量减轻计算负担。

图 3-1 分布式变频供热系统示意图

在分布式变频供热系统中,热源被简化为具有独立水力特性的聚合节点。水力解耦后热源的水力特性如下所示:

$$P_s^f = P_s^r = P_{st} \tag{3-1}$$

$$\Delta H_s = R_s \tag{3-2}$$

式中,P_s^f 为供水压力水头;P_s^r 为回水压力水头;ΔH_s 为循环泵的压头;R_s 为热源的水力阻力;P_{st} 为设置静压点;上标 f 代表供水;上标 r 代表回水。

在分布式变频供热系统中,热力站可以通过本地变频泵调节至其指定的流量。热力站的水力特性如下:

$$\Delta H_m = P_m^r - P_m^f + R_m \tag{3-3}$$

$$P_m^f + P_m^r = 2P_{st} \tag{3-4}$$

式中,P_m^f 为供水压力水头;P_m^r 为回水压力水头;ΔH_m 为循环泵的压头;R_m 为热力站的水力阻力。考虑每个热力站的水力阻力取决于其流量,在迭代时会比较麻烦。根据式(3-3)和式(3-4),热力站的供给或回流压力可计算为

$$P_m^f = P_{st} - \frac{\Delta H_m - R_m}{2} \tag{3-5}$$

$$P_m^r = P_{st} + \frac{\Delta H_m - R_m}{2} \tag{3-6}$$

热力站的供给或回流压力在迭代开始可以通过方程(3-5)或方程(3-6)来确定,这将有效地提高收敛效率。热源 R_s、热力站 R_m、循环泵 ΔH_s 和 ΔH_m 的水力模型在本章末文献[31]中均有详细介绍,此处不进行赘述。

考虑管网的非线性和耦合水力特性,数值求解必须迭代进行。本章基于 Newton-Raphson 方法求解所提出的模型。

对于每个管段 k,入口节点 i 和出口节点 j 之间的压力差 $R_{b,k}$ 可以给出为

$$p_i - p_j = R_{b,k} \tag{3-7}$$

式中,p_i 为进口的压力;p_j 为出口的压力。

与 Darcy-Weisbach 方程结合,节点 i 和 j 之间的流量和压力可以给出为

$$Q_{ij} = r_{ij} \mid p_i - p_j \mid^{-\frac{1}{2}} (p_i - p_j) \tag{3-8}$$

$$r_{ij} = \frac{\pi^2 (d_k)^5}{8\rho L_k f_k} \tag{3-9}$$

式中,Q_{ij} 为入口节点 i 和出口节点 j 之间管段 k 的流量;d_k 为管段 k 的内径;L_k 为管段的长度;摩擦系数 f_k 由 Colebrook-White 方程计算得

$$\frac{1}{\sqrt{f_k}} = -2\lg\left(\frac{\varepsilon_k/d_k}{3.76} + \frac{2.51}{Re\sqrt{f_k}}\right) \tag{3-10}$$

式中，ε_k 为管段 k 内表面粗糙度；Re 为管道流动雷诺数。

根据 Newton-Raphson 方法，式（3-8）可以线性化为

$$Q_{ij} = Q'_{ij} + \left(\frac{\partial Q_{ij}}{\partial p_i}\right) \cdot \Delta p_i + \left(\frac{\partial Q_{ij}}{\partial p_j}\right) \cdot \Delta p_j$$

$$= Q'_{ij} + \frac{1}{2}r_{ij} \mid (p_i - \Delta p_i) - (p_j - \Delta p_j) \mid^{-\frac{1}{2}} (\Delta p_i - \Delta p_j) \tag{3-11}$$

式中，Q'_{ij} 为 Q_{ij} 的初始值或近似值；Δp_i 和 Δp_j 分别为 p_i 和 p_j 迭代过程中的校正值。

节点压力修正的迭代方程可为

$$\Delta p_i \sum_j u_{ij} - \sum_j u_{ij}\Delta p_j = -2\sum_j (Q_{ij} + Q_i) \tag{3-12}$$

$$u_{ij} = r_{ij} \mid (p_i - \Delta p_i) - (p_j - \Delta p_j) \mid^{-\frac{1}{2}} \tag{3-13}$$

式中，Q_i 表示热源或热力站节点 i 处的流量。

假定初始值为一组节点压力 $P^{(0)}$，边界条件为所有热源和热力站的压力，网络中各管道支路的流量 $Q^{(0)}$ 可由式（3-8）求得，方程（3-12）可用于数值迭代。众多学者已经对 Newton-Raphson 方法及其改进算法的复杂机理进行了研究，此处不对数值解做过多阐释。

3.3.1.2 调控原理

在一次热网中采用分布式循环系统时，一般在每个热力站都至少装配一个循环水泵。对水泵进行变频调节的目标，是使水泵运行在某个设定的流量值。但各供热支路的水力工况往往存在强耦合性，即压力和流量变化相互影响，所以单独对某个热力站的水泵进行变频调节会引起其他支路的水力工况发生变化。此时，其他支路的水泵也会采取变频调节来保持其流量值。如果各水泵是在自动控制系统的作用下进行调节的，那么很可能会引起各支路水泵在相互影响的水力耦合过程中反复调节各自的运行频率，这是一种自动控制系统振荡现象。多个水泵反复调节的过程很容易引发管路水锤现象而对水泵和管网造成破坏。因此，水泵调频必须避免发生这种反复调节的情况。

实际上，从水泵工作特性图可一目了然地得到调频操作的基本原理。一个普通的循环水泵的特性曲线即水泵流量 Q-压头 P 曲线与水泵频率的关系如图3-2所示（图3-2是 3.4.2案例二中热力站 u5 处的水泵特性曲线）。当需要调节水泵的流量到某个目标流量 Q_{set}（如 180 m³/h）时，在不同的运行频率下（50 Hz、40 Hz 和 30 Hz）有不同的水力压头（P_{set1}、P_{set2} 和 P_{set3}）与之对应。因此，当工程人员对某个热力站的水泵进行变频调节时，有必要考虑这一问题："水泵频率究竟应调节到多少赫兹？"

很显然，在本地热力站的现场一次性将水泵频率调节到位是不可能的。这是因为，本地水泵的调节将引起其他支路水泵的调节动作，而其他水泵的调节效果终将会反馈到本地水泵，使得本地水泵的流量发生变化。特别是多个热力站都需要调节流量时，工程人员通常需要反复尝试才可能成功。这个调节过程相当耗时费力。为了解决这一问题，需要一次性将

所有水泵同时调节到各自对应的频率。这样,分布式变频水泵循环系统才能获得所需的水力工况。

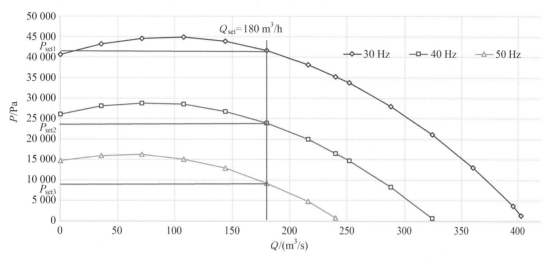

图 3 - 2　水泵流量 Q - 压头 P 曲线与水泵频率关系图(热力站 u5 处水泵)

对单热源枝状管网供热系统的变频调节及其水力特性有一些文献报道。但在多热源、环状的热网中,水泵变频调节的影响因素要更复杂。根据本书作者的研究表明,在多热源、环状的热网中,变频调节的水力特性不仅与水泵选型有关,而且与热源数量、热源水力工况、定压方式、热力站水力工况及热网管路的拓扑结构有关。

3.3.1.3　调控方法

为了将所有热力站处的水泵同时调节到最适当的频率,需要依次进行三个处理步骤:

(1)确定初始工况。将当前热网的水力工况信息采集到信息平台。根据当前信息确定水力计算的初始状态。

(2)水力计算。对目标水力工况进行全网水力计算,获得每个热源和热力站循环水泵的压头和流量。

(3)调频。根据水泵的特性曲线获得水泵的目标频率值,再将所有水泵同时调节到各自的目标频率。

这三个处理步骤是三个子任务:第一个子任务是通过数据采集系统采集当前热网的水力工况运行信息,包括热源、热力站的供/回水压力、流量和水泵运行频率等。这些信息将作为下一步水力计算的初始条件。第二个子任务是通过计算模型进行全网水力计算,得到在目标工况下各水泵的压头和流量值。此处水力计算模型采用一种面向对象方法的管网流动模型。该模型稳定性好且可将当前工况作为初始条件,快速计算得到目标状态下热网各部件的水力参数。第三个子任务是通过图 3 - 2 所示的水泵工作特性曲线获得每个水泵的目标频率值,再通过信息平台将所有水泵同时调节到各自的目标频率。

这种一次性将所有水泵调节到目标频率的方式可完全避免调节出现振荡的可能。而且,本次调节后的水力工况作为下一次调节的初始条件,调节的历史过程不会影响下一次调节的水力计算。在实际工程水力调节时,由于实际供热系统并非工作在一种稳态流动工况下,需要重复调节过程才能调节到目标工况。具体方法是:保持调节目标不变,重复上述三个步骤数轮之后,供热系统各水泵的目标频率将稳定在某个值。这时,就可以完成水力调节任务了。这种方法简单易行,只需直接将水泵调节到目标频率即可,调节过程无需其他辅助手段。

3.3.2 二次热网智慧运行方法

基于分布式变频水泵方式,本节将介绍一套在二次供热网络上实现智慧运行的方法。所提出的方法将全面考虑如何实现在水泵功耗最省的同时满足热用户热需求。这种方法将充分考虑换热站内的换热器特性、输配管网的水力损失和散热损失、多热用户的热需求随时变化的特性。

3.3.2.1 数学模型

二次热网一般由一个热力站、多个建筑热用户和连接它们的输配管网组成。一个基于分布式水泵的典型供热二次热网示意图如图3-3所示。

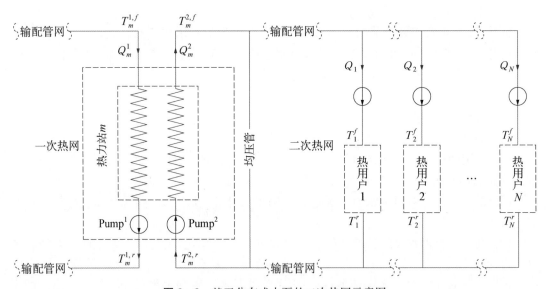

图3-3 基于分布式水泵的二次热网示意图

通常热力站是二次热网的唯一热源。热力站的功能是从一次热网获取所需热量,并且对二次管网补水。设某个正在运行的热力站的编号为m。热力站一次侧的水泵为Pump^1,二次侧的水泵为Pump^2。在热力站一次侧的供/回水温度为$T_m^{1,f}/T_m^{1,r}$;一次侧的循环流量为Q_m^1;二次侧的供/回水温度为$T_m^{2,f}/T_m^{2,r}$;一次侧的循环流量为Q_m^2。热用户的编号为$1\sim N$。相应地,热用户的供/回水温度为$T_1^f/T_1^r \sim T_N^f/T_N^r$;循环流量为$Q_1 \sim Q_N$。从热网系统的角度,可将热力站、热用户(建筑)作为集总参数的节点进行建模。对管网的模型采用类电路的方式,通过图论将管网解析为水力管路和连接点。然后,基于基尔霍夫第一、第二定律对整个管网的水力和热力平衡关系进行建模。二次热网的水力模型可采用这种基于图论的管网输配模型。

基于图论的传统平面网络分析方法应用广泛且相关算法成熟。其建模的一般方法是先采用某种(广度优先或深度优先)搜索方法生成热网的"树";据此构建网络基本关联矩阵 A 和基本回路矩阵 B。然后由基本关联矩阵和基本回路矩阵生成以节点压力或管段流量为未知向量的方程组。这种建模方法能够满足平面网络基于稳态分析的基本需求。

方法是：首先生成空间管网树,然后构建空间管网的基本关联矩阵和基本回路矩阵。其基本关联矩阵 A_k 为

$$A_k = (a_{ij})_{(N-1) \times B} \tag{3-14}$$

式中,当支路与节点关联且流向离开节点时, $a_{ij} = 1$；当支路与节点关联且流向指向节点时, $a_{ij} = -1$；当支路与节点不关联时, $a_{ij} = 0$。

基本回路矩阵 B_k 为

$$B_k = (b_{ij})_{(B-N-1) \times B} \tag{3-15}$$

式中,网络节点数为 N；管段数为 B。当 b_j 在基本回路 I_c 中,并与取向相同时, $b_{ij} = 1$；当 b_j 在基本回路 I_c 中,并与取向相反时, $b_{ij} = -1$；当 b_j 不在基本回路 I_c 中时, $b_{ij} = 0$。

设空间管网的基本回路数为 F,若满足

$$F = B - N + 1 \tag{3-16}$$

则有

$$A_k B_k^T = 0 \tag{3-17}$$

基于基尔霍夫定律建模,由节点连续性方程和环路能量方程有

$$A_k G_k = Q_k \tag{3-18}$$

$$B_k (\Delta p_k - H_k) = 0 \tag{3-19}$$

式中, $[G_k]_{B \times 1}$ 为管段流量列向量；$[Q_k]_{(N-1) \times 1}$ 为节点入流列向量；$[\Delta p_k]_{B \times 1}$ 为管段阻力损失列向量；$[H_k]_{B \times 1}$ 为水泵扬程列向量。

管段的阻力损失 Δp_k 用 Dracy-Weisbach 公式计算：

$$\Delta p_k = f_k \cdot \rho \frac{8 l_k (G_k)^2}{\pi^2 (d_k)^5} \tag{3-20}$$

式中,摩擦系数 f_k 用 Colebrook-White 方程求解：

$$\frac{1}{\sqrt{f_k}} = -2 \lg \left(\frac{\varepsilon / d_k}{3.76} + \frac{2.51}{Re \sqrt{f_k}} \right)$$

式中,符号含义同式(3-10)。

二次热网的热力模型可分别考虑：①管道与外部环境的热交换过程；②在三通等连接点的交汇或分流过程。

(1) 管道。沿管道 k 的稳态传热方程为

$$\dot{M}_k \bar{C}_p (T_k^{\text{in}} - T_k^{\text{out}}) = \lambda_k \left(\frac{T_k^{\text{in}} + T_k^{\text{out}}}{2} - T_{\text{soil}} \right) \tag{3-21}$$

式中，$\dot{M}_k$ 为管道 k 内的质量流量；T_k^{in} 为管道进口水温；T_k^{out} 为管道出口水温；λ_k 为管道与周围土壤的集总换热系数；T_{soil} 为土壤温度。当管网采用直埋敷设时，土壤温度取决于管道沿途的散热量、管道尺寸、保温层厚度、埋地深度等参数。

（2）节点。在连接点水流汇合时，认为水流在汇合点处将充分混合。混合后水流的比焓值为各管道水流以质量流量做加权的平均值。在连接点水流分流时，分流后的各管道中水流的比焓值为分流前管道中水流的比焓值。以三通为例，连接点流动状态如图 3-4 所示。

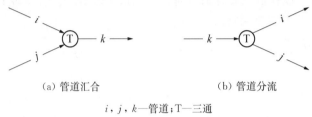

(a) 管道汇合　　　　　　　　　(b) 管道分流

i, j, k—管道；T—三通

图 3-4　连接点流动状态

管道 i 和 j 的水汇合到管道 k 时，其能量平衡方程为

$$\dot{M}_k h_k = \dot{M}_i h_i + \dot{M}_j h_j \tag{3-22}$$

管道 k 的水分流到管道 i 和 j 时，其能量平衡方程为

$$h_k = h_i = h_j \tag{3-23}$$

式中，$\dot{M}$ 为管道的流量；下标 i, j, k 为管道编号。

3.3.2.2　最优化模型

在二次热网中，可供运行调节的手段只有量调节。在分布式水泵的方式下，可供运行调节的手段是对每个热用户的变频水泵进行调速。一方面，热力站处的二次侧流量 Q_m^2 将由热网中的分布式水泵流量之和决定。当开启均压管后，热力站的水泵仅为克服本地阻力提供压头。所以，热力站的二次侧水泵流量并不是一个独立调节量。另一方面，热力站的二次侧供水温度 $T_m^{2;f}$ 是由换热器一次侧的供水温度 $T_m^{1;f}$、一次侧流量 Q_m^1、二次侧的回水温度 $T_m^{2;r}$、二次侧流量 Q_m^2 及换热站的换热能力 $A_m \cdot K_m$ 共五个因素共同决定的。其中，一次侧的温度和流量由一次热网调节确定。二次侧的回水温度 $T_m^{2;r}$ 由二次热网的供水温度、热用户散热器和管网散热损失等确定。因此，$T_m^{2;r}$ 在调节时只能通过现场仪表测量确定。那么，当换热能力 $A_m \cdot K_m$ 确定后，$T_m^{2;r}$ 将只取决于二次侧流量 Q_m^2。

为了让热网达到智慧运行，需要在各种可行的运行方案中挑选最优的方案。所谓最优方案，需要在特定的评价标准和约束下确定某种运行方案是否最优。因此，提出了一套对二次热网智慧运行的最优化模型，分别考虑三个方面的指标。

（1）热量费 $Cost_F$：

$$Cost_F = H_m \cdot Price_F \tag{3-24}$$

式中，$Price_F$ 为热力站获得单位热量的价格（元/GJ）；H_m 的单位为 GJ/h。

（2）水泵功耗 $Cost_E$。 系统中，所消耗的水泵功耗由热力站的二次侧水泵功耗和所有热用户处的水泵功耗组成。系统所有水泵功耗的费用指标 $Cost_E$ 为

$$Cost_E = \left(W_m + \sum_{n=1}^{N} W_n\right) \cdot Price_E \tag{3-25}$$

式中，$Price_E$ 为水泵电机的电价［元/(kW・h)］；若热力站和其他热用户的电价不同，则分别计算。$Cost_E$ 的单位为元/h。N 为热用户的数量。

（3）各热用户热需求的满足程度 Gap_H：

$$Gap_H = \gamma \cdot \left[\sum_{n=1}^{N} |H_n - H_n^{\text{need}}|\right] \tag{3-26}$$

式中，γ 为惩罚因子（元/GJ）；γ 值的大小体现了操作者对实际供热量与需求供热量之差的重视程度，当 γ 取值越大时，不满足供热需求的方案越有可能会被淘汰。对恰好满足供热需求的方案，$Gap_H = 0$。H_n 的单位为 GJ/h。Gap_H 的单位为元/h。

二次热网的综合最优化指标可定义为 $Cost$，计算公式为

$$Cost = p_F \cdot Cost_F + p_E \cdot Cost_E + p_H \cdot Gap_H \tag{3-27}$$

式中，p_H、p_F 和 p_E 为三项指标的权重。

当采用分布式水泵方式后，二次热网的各热用户流量将由其本地水泵变频调速确定。最优化模型的决策变量是各热用户处的循环流量 $Q_1 \sim Q_N$。 热力站的二次侧流量由所有热网中的热用户流量决定。所提出的最优化模型可总结为表 3-1。

表 3-1　二次热网智慧运行的最优化模型

目标函数	$\min\{Cost\}$
决策变量	Q_n，$n \in \{1, 2, \cdots, N\}$
约束条件	$Q_m^{\min} \leqslant Q_m \leqslant Q_m^{\max}$
	$\Delta H_m^{\min} \leqslant \Delta H_m \leqslant \Delta H_m^{\max}$
	$Q_n^{\min} \leqslant Q_n \leqslant Q_n^{\max}$
	$\Delta H_n^{\min} \leqslant \Delta H_n \leqslant \Delta H_n^{\max}$

表 3-1 中，$Q_m^{\min}/Q_m^{\max}$ 为热力站的循环流量上限和下限，由热力站的水泵容量及换热器类型确定。$\Delta H_m^{\min}/\Delta H_m^{\max}$ 为热力站的供/回水压力上限和下限，由热力站的水泵特性和换热器阻力特性确定。类似地，$Q_n^{\min}/Q_n^{\max}$ 为热用户的流量上限和下限。$\Delta H_n^{\min}/\Delta H_n^{\max}$ 为热用户的供/回水压力上限和下限。

上述提出的最优化模型具有非凸、非线性的特性，一般可采用遗传算法、粒子群算法等

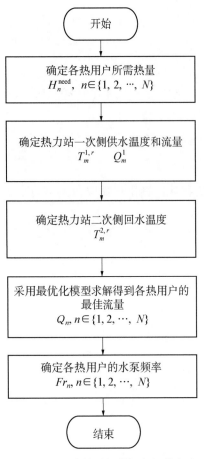

图 3-5　二次热网智慧运行调节方法

智能算法进行求解。由于遗传算法等已经在多个领域内被应用,对最优化问题的求解具有普遍性,所以这里不再展开详述相关算法的细节。

基于所提出的最优化模型,二次热网的智慧运行调节方法如图 3-5 所示。在开始调节时,首先要根据室外环境温度和热用户特点确定其所需的热量 H_n^{need}。然后,根据现场仪表获得热力站一次侧供水温度 $T_m^{1,f}$、循环流量 Q_m^1 及二次侧回水温度 $T_m^{2,r}$。然后根据上文所提出的最优化模型进行求解,获得各热用户的最佳流量 $Q_1 \sim Q_N$。结合各热用户处在最佳流量下的供/回水压力,以及水泵压头-流量特性曲线,即可得到各热用户水泵需要调节到的压头-流量工况点 $(\Delta H_n, Q_n)$。并由此可得到各水泵的运行频率 Fr_n。

通常,可根据二次热网的规模和室外气温的波动情况来确定调节周期。由于量调节的响应速度很快,对一个中等规模(如 10 万～20 万 m^2 供热面积)的二次热网,大约每 30 min 调节一次可满足热用户的负荷波动。

基于分布式水泵组态方式,本节提出了一种适用于二次热网进行智慧运行的最优化模型。该模型考虑二次热网的热量费用、水泵功耗费用和满足热用户的程度。这种模型可在满足热用户热需求的同时,尽量降低运行费用。为达到二次热网实现智慧运行,可采用所提出的模型选择最佳供热方案。

3.4　案例验证

3.4.1　案例一

3.4.1.1　案例概况

德州市供热管网采用动力集中式输配系统,已经运行了几十年。随着德州市的快速发展,计划将部分管网改造成分布式变频供热系统,扩大管网供热能力。德州市供热管网的拓扑结构如图 3-6 所示,该管网由 3 个热源、34 个热力站、若干管道还有连接件组成。热源 HS1 和热源 HS2 为热电联产,热源 HS3 为污水源热源。热源和热力站自身水力压损曲线根据历史数据拟合而成,分别如图 3-7、图 3-8 所示。管网中的部分主干管段长度和内径见表 3-2,管内壁绝对粗糙度的初始值设定为 0.5 mm。热力站的设计流量见表 3-3。定压点压力为 5.0 bar(1 bar=0.1 MPa)。

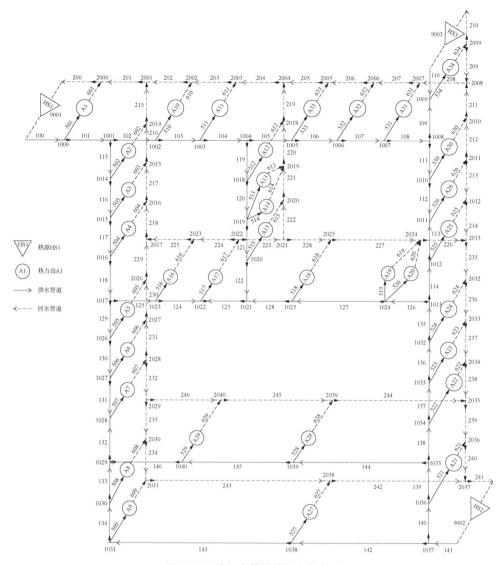

图 3 - 6　德州市供热管网拓扑结构

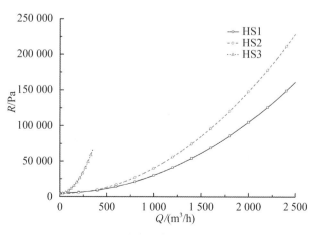

图 3 - 7　热源自身水力压损曲线

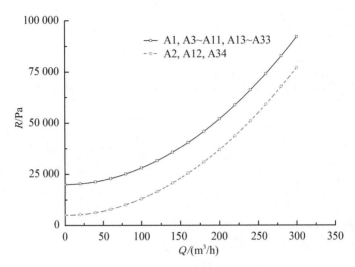

图 3-8　热力站自身水力压损曲线

表 3-2　管段长度和内径

编号	内径/m	长度/m	编号	内径/m	长度/m	……	编号	内径/m	长度/m
100	0.688	500	113	0.196	500		622	0.15	100
101	0.69	200	114	0.196	145		623	0.15	100
102	0.504	418	115	0.507	483		624	0.15	100
103	0.505	318	116	0.456	639		625	0.15	100
104	0.505	155	117	0.403	208		626	0.15	100
105	0.356	316	118	0.404	224		627	0.15	100
106	0.304	230	119	0.403	400	……	628	0.15	100
107	0.311	460	120	0.356	288		629	0.15	100
108	0.256	139	121	0.256	393		630	0.15	100
109	0.122	1 613	122	0.123	294		631	0.15	100
110	0.304	3 714	123	0.148	550		632	0.15	100
111	0.147	127	124	0.203	250		633	0.15	100
112	0.147	500	125	0.255	556		634	0.15	100

表 3-3　热力站的设计流量

编号	流量/(m³/h)	编号	流量/(m³/h)	编号	流量/(m³/h)	编号	流量/(m³/h)	编号	流量/(m³/h)	编号	流量/(m³/h)
A1	42.2	A4	147.3	A7	55.7	A10	126.5	A13	123.5	A16	99.9
A2	247.0	A5	103.0	A8	73.6	A11	84.3	A14	123.5	A17	146.1
A3	94.7	A6	134.5	A9	97.8	A12	262.8	A15	184.1	A18	42.1

续表

编号	流量/ (m³/h)	编号	流量/ (m³/h)	编号	流量/ (m³/h)	编号	流量/ (m³/h)	编号	流量/ (m³/h)	编号	流量/ (m³/h)
A19	73.6	A22	85.7	A25	135.7	A28	50.5	A31	50.4	A34	336.6
A20	73.6	A23	85.7	A26	112.2	A29	118.7	A32	57.9		
A21	20.3	A24	31.6	A27	76.9	A30	87.4	A33	150.5		

3.4.1.2　水力特性

热力站的热负荷都受到当地气候变化的影响,考虑室外温度的变化,假设所有热力站的流量同步变化且变化程度相同。热力站的流量由设计值降为零,见表 3-4。设计流量为 Q_m^0,$m \in [1, 2, \cdots, 34]$。其他供热工况的流量变化给出为 Q_m^i,$i = 1, 2, \cdots, 6$。在该 6 种工况下,分别采用动力集中供热系统和分布式变频供热系统,比较该供热管网的水力性能和节能效果。此处不考虑热源间的热负荷分配问题。

表 3-4　热力站供热工况流量变化

供热工况	0	1	2	3	4	5	6
(Q_m^i/Q_m^0)/%	100	80	60	40	20	10	0

1) 动力集中供热系统

在动力集中供热系统中,循环泵不仅安装在热源(HS1、HS2 和 HS3)处,而且定频运行。根据各循环泵的 ΔH-Q 曲线,可由水力仿真确定该供热系统的水力性能。供热工况 0~6 中热源处循环泵的水力性能曲线如图 3-9、图 3-10 所示。在动力集中供热系统中,当泵的转速固定时,在流量降低的过程中,每台泵的扬程都会增大。

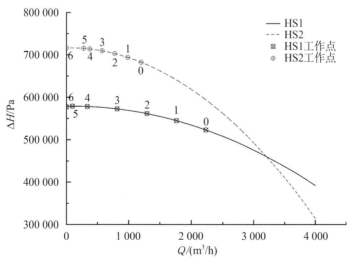

图 3-9　HS1 和 HS2 工作点循环泵的水力性能曲线

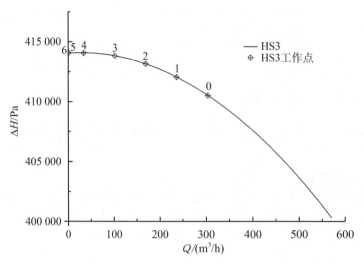

图 3-10 HS3 工作点循环泵的水力性能曲线

为了消耗多余的资用压头,热力站的调节阀会进行调节。34 个热力站在设计工况下的水力阻力如图 3-11 所示。由图可知,热力站 A34 处于最不利的水力支路,其超量水头仅为 4.6 kPa。考虑热力站一共有 34 座,无法一一说明不同工况下 34 个热力站的水力性能,故选择热力站 A15 作为代表,说明其在 0~6 供热工况下的水力性能,如图 3-12 所示。热力站 A15 的超量水头在供热工况 0~3 下有明显增加,这与水泵 ΔH-Q 曲线特点相关,供热工况 0~3 下水泵压头增加幅度较为明显。

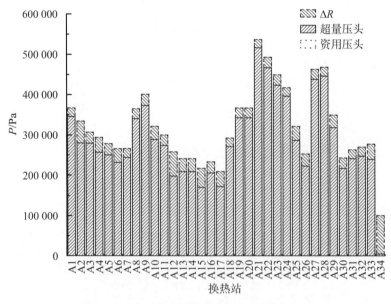

图 3-11 34 个热力站的水力阻力(设计工况下)

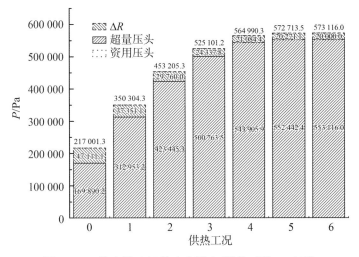

图 3-12　热力站 A15 的水力阻力(供热工况 0～6 下)

2) 分布式变频供热系统

在分布式变频供热系统中,变频泵安装在所有热源和热力站处,变频器调节泵的转速。利用数学模型求解管网水力性能,HS1、HS2 和 HS3 热源处水泵工作点的水力性能曲线分别如图 3-13～图 3-15 所示。较有代表性的热力站 A15 处泵的水力性能如图 3-16 所示。与传统供热系统相比,相同供热工况下,分布式变频供热系统中泵的工作点对应的扬程低很多。在分布式变频系统中,热源处的泵只提供热源自身的设备阻力。管网消耗的压力由热力站的泵提供。7 种供热工况下泵的转速比(n/n_0)如图 3-13～图 3-16 所示,泵的转速比为非线性变化。可看出相对于等量的流量差值,在较高的热负荷供热工况之间预期更多的转速比差值。例如,供热工况 1 至供热工况 2,HS1 中泵的转速比减小 0.194,而供热工况 3 至供热工况 4,转速比仅降低 0.172,说明在热负荷较高的供热工况中,变频泵具有更大的节能潜力。

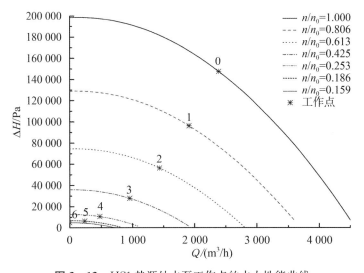

图 3-13　HS1 热源处水泵工作点的水力性能曲线

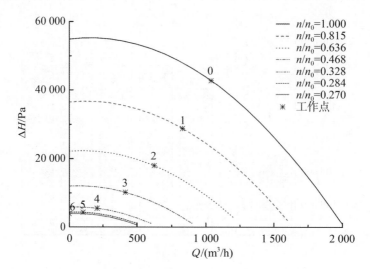

图 3‑14 HS2 热源处水泵工作点的水力性能曲线

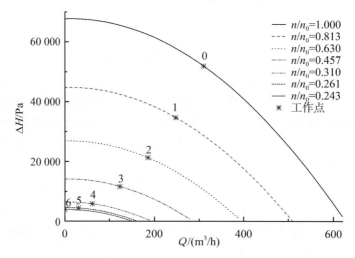

图 3‑15 HS3 热源处水泵工作点的水力性能曲线

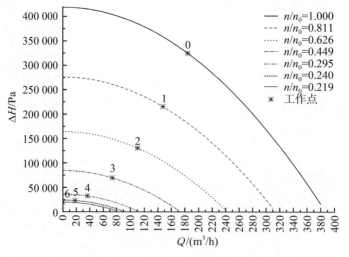

图 3‑16 A15 热源处水泵工作点的水力性能曲线

3.4.1.3 能耗分析

采用分布式变频泵代替热源循环泵和末端节流阀可实现系统节能。动力集中供热系统和分布式变频供热系统泵的耗电量对比见表 3-5。采用分布式变频供热系统的区域供热系统在设计工况 0 中可节电 22.6%，在 80% 的设计流量下可节能 50.4%，节能潜力较大。供热方案 0~3 的节能效果增加较为显著，当总流量从 100% 设计流量降至 10% 时，节能比从 22.6% 增加至 95.8%。

表 3-5 动力集中供热系统和分布式变频供热系统泵的耗电量对比

电力/kW	供热工况					
	0	1	2	3	4	5
$E_p^{动力集中式}$	781.9	645.9	497.6	340.1	176.8	94.1
$E_p^{分布式变频}$	605.2	320.1	138.1	50.5	11.5	4.0
r_e /%	22.6	50.4	72.2	85.2	93.5	95.8

节能比 r_e 如下所示：

$$r_e = \frac{E_p^{动力集中式} - E_p^{分布式变频}}{E_p^{动力集中式}} \times 100\% \tag{3-28}$$

式中，$E_p^{动力集中式}$ 为动力集中供热系统泵的总功耗；$E_p^{分布式变频}$ 是分布式变频供热系统泵的总功耗。

分布式变频供热系统与传统动力集中式供热系统相比具有优异的节能潜力，但是由于分布式变频供热系统自身的强耦合性，当应用于多热源环状管网时，系统的复杂性更为突出，对数学模型的性能也有着较高要求。本书作者基于"网络元"方法提出了可直接适用于分布式变频供热系统的水力模型。在环状拓扑网络和多热源的条件下，以 3 个热源、34 个热力站的实际供热系统为例，详细说明了不同工况下分布式变频供热系统的水泵运行性能，并且与传统动力集中式供热系统进行能耗对比。结果表示，在考虑室外温度变化的情况下，当系统总负荷为设计负荷的 10%~100% 时，分布式变频供热系统比动力集中供热系统的能耗可减少 22.6%~95.8%，节能效果显著。

3.4.2 案例二

3.4.2.1 案例概况

对某个采用分布式循环系统供热的一次热网，热网结构如图 3-17 所示。这是一个具有两个热源供热的多环结构。图 3-17 中，供水网在顶层平面上，由管段 1~22 组成。回水网放置在底层平面上，由管段 47~68 组成。含有热源和热力站的支路网由中间垂直管段 23~46 组成。在管段中间的箭头表示预设的水流方向。若水流方向与预设方向相同，则流量为正数；反之，流量为负数。

热源 S1 的设计水量为 720.0 m³/h，热源 S2 的设计水量为 1 080.0 m³/h。热力站的设

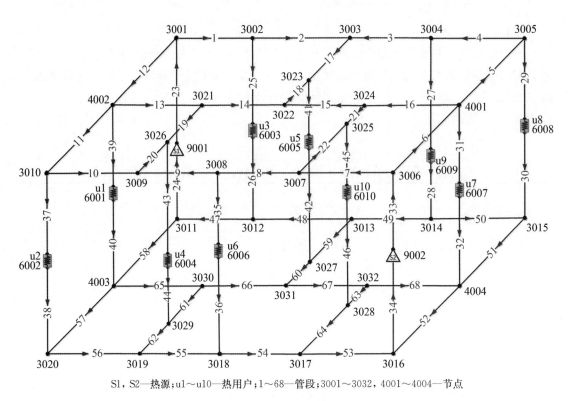

S1,S2—热源;u1~u10—热用户;1~68—管段;3001~3032,4001~4004—节点

图 3‑17 热网结构图

计水量均为 180.0 m³/h。设管段的绝对粗糙度均为 0.1 mm。部分热网管段的内径和长度见表 3‑6。设在热源 S1 处都采用均压管和补水泵定压。定压点的静压力(绝压)为 5 bar。

表 3‑6 热网管段的内径和长度

编号	内径/mm	长度/m	编号	内径/mm	长度/m	……	编号	内径/mm	长度/m
1	600	2 000	11	600	2 000		59	600	1 000
2	600	2 000	12	600	2 000		60	600	1 000
3	600	2 000	13	600	2 000		61	600	1 000
4	600	2 000	14	600	2 000		62	600	1 000
5	600	2 000	15	600	2 000	……	63	600	1 000
6	600	2 000	16	600	2 000		64	600	1 000
7	600	2 000	17	600	1 000		65	600	2 000
8	600	2 000	18	600	1 000		66	600	2 000
9	600	2 000	19	600	1 000		67	600	2 000
10	600	2 000	20	600	1 000		68	600	2 000

按照 3.3.1.3 节中调控方法的三个步骤对供热系统进行水力调节。

3.4.2.2　初始工况确定

为分析方便,设在第一次调节前所有水泵工作在频率 50 Hz。热源和各热力站水泵流量都在设计流量下。热源和热力站内部压损随通过流量减小而减少。因为水泵压头除了要保证供/回水压差之外,还需要克服热源和热力站内部压损,所以,热源和热力站的水泵压头是供/回水压差与内部压损之和。

根据管网的结构,可通过水力计算得到当前供热系统的水力工况下各水泵工作参数,见表 3-7。其中,热源 S1 处因为采用均压管,所以供/回水压差为 0。热源 S1 处水泵的压头只需要克服其内部阻力。在实际工程中,当前的水力工况是通过现场数据采集系统获得的。

表 3-7　当前供热系统的水力工况下各水泵工作参数

名称	供水压力 /Pa	回水压力 /Pa	供/回水压差 /Pa	内部压损 /Pa	水泵压头 /Pa	水泵流量 /(m³/h)	频率 /Hz
S1	500 000	500 000	0	40 000	40 000	720	50
S2	505 714	494 286	11 429	40 000	51 429	1 080	50
u1	494 344	505 656	11 312	30 000	41 312	180	50
u2	493 900	506 100	12 199	30 000	42 199	180	50
u3	494 885	505 115	10 229	30 000	40 229	180	50
u4	493 954	506 046	12 091	30 000	42 091	180	50
u5	494 132	505 868	11 737	30 000	41 737	180	50
u6	494 251	505 749	11 498	30 000	41 498	180	50
u7	495 636	504 364	8 729	30 000	38 729	180	50
u8	494 031	505 969	11 939	30 000	41 939	180	50
u9	493 869	506 131	12 263	30 000	42 263	180	50
u10	495 341	504 659	9 319	30 000	39 319	180	50

3.4.2.3　水力计算

以热力站 u5 的水泵变频调节为例,分析当某个热力站水量变化时各热源和各热力站的水泵调频方法。设热力站 u5 的水量从 180 m³/h 变化到 0 时,热源 S2 的水量从 1 080 m³/h 变化到 900 m³/h;其他热源和热力站的流量不变。表 3-8~表 3-13 分别给出了热力站 u5 的水量在 144 m³/h、108 m³/h、72 m³/h、36 m³/h、18 m³/h 和 0 时,热源和热力站各水泵的流量 Q-压头 P 的值。每次水力计算都是以上一次调节完毕后供热系统工况为初始工况。表 3-8 的水力计算是以表 3-7 的水力参数为初始条件;表 3-9 的水力计算是以表 3-8 的水力参数为初始条件,依此类推。

表 3-8　变工况下各水泵工作参数（u5 水量为 144 m³/h）

名称	供水压力 /Pa	回水压力 /Pa	供/回水压差 /Pa	内部压损 /Pa	水泵压头 /Pa	水泵流量 /(m³/h)	频率 /Hz
S1	500 000	500 000	0	40 000	40 000	720	50.000
S2	504 994	495 006	9 989	37 706	47 694	1 044	48.179
u1	494 310	505 690	11 379	30 000	41 379	180	50.035
u2	493 850	506 150	12 299	30 000	42 299	180	50.051
u3	494 915	505 085	10 171	30 000	40 171	180	49.970
u4	493 904	506 096	12 192	30 000	42 192	180	50.051
u5	494 743	505 257	10 514	19 560	30 074	144	42.110
u6	494 150	505 850	11 700	30 000	41 700	180	50.104
u7	495 449	504 551	9 101	30 000	39 101	180	50.197
u8	493 972	506 028	12 057	30 000	42 057	180	50.060
u9	493 851	506 149	12 299	30 000	42 299	180	50.018
u10	495 179	504 821	9 642	30 000	39 642	180	50.170

表 3-9　变工况下各水泵工作参数（u5 水量为 108 m³/h）

名称	供水压力 /Pa	回水压力 /Pa	供/回水压差 /Pa	内部压损 /Pa	水泵压头 /Pa	水泵流量 /(m³/h)	频率 /Hz
S1	500 000	500 000	0	40 000	40 000	720	50.000
S2	504 303	495 697	8 605	35 489	44 094	1 008	46.356
u1	494 279	505 721	11 441	30 000	41 441	180	50.067
u2	493 802	506 198	12 396	30 000	42 396	180	50.100
u3	494 942	505 058	10 116	30 000	40 116	180	49.941
u4	493 855	506 145	12 290	30 000	42 290	180	50.101
u5	495 233	504 767	9 534	11 440	20 974	108	34.769
u6	494 056	505 944	11 889	30 000	41 889	180	50.201
u7	495 273	504 727	9 453	30 000	39 453	180	50.382
u8	493 914	506 086	12 172	30 000	42 172	180	50.119
u9	493 827	506 173	12 345	30 000	42 345	180	50.042
u10	495 029	504 971	9 941	30 000	39 941	180	50.327

表 3-10　变工况下各水泵工作参数(u5 水量为 72 m³/h)

名称	供水压力 /Pa	回水压力 /Pa	供/回水压差 /Pa	内部压损 /Pa	水泵压头 /Pa	水泵流量 /(m³/h)	频率 /Hz
S1	500 000	500 000	0	40 000	40 000	720	50.000
S2	503 640	496 360	7 281	33 350	40 631	972	44.531
u1	494 250	505 750	11 499	30 000	41 499	180	50.097
u2	493 756	506 244	12 487	30 000	42 487	180	50.147
u3	494 968	505 032	10 065	30 000	40 065	180	49.914
u4	493 808	506 192	12 384	30 000	42 384	180	50.149
u5	495 601	504 399	8 797	5 640	14 437	72	28.457
u6	493 969	506 031	12 062	30 000	42 062	180	50.289
u7	495 109	504 891	9 782	30 000	39 782	180	50.555
u8	493 858	506 142	12 284	30 000	42 284	180	50.177
u9	493 799	506 201	12 401	30 000	42 401	180	50.071
u10	494 892	505 108	10 215	30 000	40 215	180	50.470

表 3-11　变工况下各水泵工作参数(u5 水量为 36 m³/h)

名称	供水压力 /Pa	回水压力 /Pa	供/回水压差 /Pa	内部压损 /Pa	水泵压头 /Pa	水泵流量 /(m³/h)	频率 /Hz
S1	500 000	500 000	0	40 000	40 000	720	50.000
S2	503 008	496 992	6 017	31 289	37 306	936	42.705
u1	494 224	505 776	11 552	30 000	41 552	180	50.124
u2	493 715	506 285	12 571	30 000	42 571	180	50.189
u3	494 991	505 009	10 018	30 000	40 018	180	49.890
u4	493 764	506 236	12 473	30 000	42 473	180	50.195
u5	495 845	504 155	8 310	2 160	10 470	36	24.176
u6	493 891	506 109	12 218	30 000	42 218	180	50.369
u7	494 957	505 043	10 086	30 000	40 086	180	50.714
u8	493 804	506 196	12 392	30 000	42 392	180	50.231
u9	493 768	506 232	12 464	30 000	42 464	180	50.103
u10	494 769	505 231	10 461	30 000	40 461	180	50.598

表 3-12　变工况下各水泵工作参数(u5 水量为 18 m³/h)

名称	供水压力/Pa	回水压力/Pa	供/回水压差/Pa	内部压损/Pa	水泵压头/Pa	水泵流量/(m³/h)	频率/Hz
S1	500 000	500 000	0	40 000	40 000	720	50.000
S2	502 705	497 295	5 410	30 288	35 697	918	41.793
u1	494 216	505 784	11 567	30 000	41 567	180	50.131
u2	493 696	506 304	12 609	30 000	42 609	180	50.209
u3	495 001	504 999	9 998	30 000	39 998	180	49.879
u4	493 744	506 256	12 512	30 000	42 512	180	50.215
u5	495 917	504 083	8 165	1 290	9 455	18	23.319
u6	493 856	506 144	12 289	30 000	42 289	180	50.405
u7	494 887	505 113	10 226	30 000	40 226	180	50.787
u8	493 777	506 223	12 445	30 000	42 445	180	50.259
u9	493 749	506 251	12 503	30 000	42 503	180	50.122
u10	494 717	505 283	10 566	30 000	40 566	180	50.653

表 3-13　变工况下各水泵工作参数(u5 水量为 0 m³/h)

名称	供水压力/Pa	回水压力/Pa	供/回水压差/Pa	内部压损/Pa	水泵压头/Pa	水泵流量/(m³/h)	频率/Hz
S1	500 000	500 000	0	40 000	40 000	720	50.000
S2	502 410	497 590	4 820	29 306	34 125	900	40.881
u1	494 207	505 793	11 586	30 000	41 586	180	50.141
u2	493 678	506 322	12 644	30 000	42 644	180	50.226
u3	495 010	504 990	9 980	30 000	39 980	180	49.870
u4	493 726	506 274	12 548	30 000	42 548	180	50.233
u5	495 954	504 046	8 092	1 000	9 092	0	23.623
u6	493 823	506 177	12 354	30 000	42 354	180	50.438
u7	494 821	505 179	10 358	30 000	40 358	180	50.856
u8	493 752	506 248	12 496	30 000	42 496	180	50.285
u9	493 731	506 269	12 539	30 000	42 539	180	50.141
u10	494 667	505 333	10 666	30 000	40 666	180	50.704

从表 3 - 7~表 3 - 13 可见，为了保持流量，除了 u5 之外，其他大部分热力站的水泵频率
（如 u1、u2、u4、u6~u10）上升，只有热力站 u3 的水泵频率下降。热源 S1 的流量和压力都没
有变化，所以水泵频率始终保持在 50 Hz。热源 S2 的水泵频率随流量下降逐渐下调。

3.4.2.4　调频

在表 3 - 7~表 3 - 13 中，根据水泵压头（第 6 列）和水泵流量（第 7 列）可得到水泵所在
的 Q - P 曲线对应的频率值。该频率就是水泵需要调节到的目标频率。结合热力站 u5 和热
源 S1 水泵的 Q - P 特性曲线，热力站 u5 水泵和热源 S2 水泵的频率调节过程分别如图 3 -
18、图 3 - 19 所示。

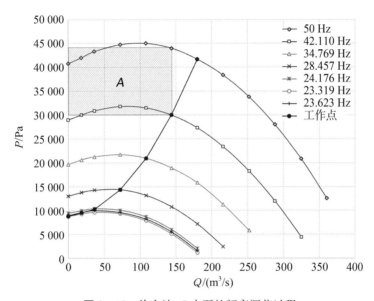

图 3 - 18　热力站 u5 水泵的频率调节过程

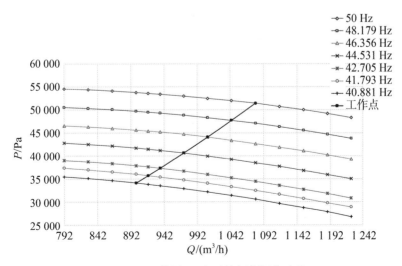

图 3 - 19　热源 S2 水泵的频率调节过程

图 3-18 中,热力站 u5 水泵在调频过程中的工况点(压头 P 和流量 Q)用曲线"工作点"表示。从这条曲线可明显看出,在热力站 u5 水泵的流量从 180 m³/h 减少到 0 的过程中,水泵压头也随着减少。该曲线与水泵各条 Q-P 曲线的交点就是在调频过程中对应的水泵频率值。当水泵频率调节到 23.623 Hz 时,水泵流量已经到 0,并非调频到 0 Hz 时水泵流量才为 0。这种现象说明,在多源、多热力站都采用调频水泵工作时,管网水力平衡取决于所有水泵的工作状态,仅某个热力站水泵的频率调节已不能决定该站所在支路的流量值。

与动力集中式系统相比,分布式变频泵供热系统中不再使用节流阀,从而避免了节流损失。从水泵的工况曲线"工作点"可直观地得出变频调节降低水泵能耗。图 3-18 中,阴影面积 A 就是热力站 u5 水泵从频率 50 Hz 到 42.110 Hz 过程中节约的能量。

类似地,图 3-19 给出热源 S2 水泵的频率调节过程。热源 S2 的流量从 1 080 m³/h 减少到 900 m³/h,水泵压头也随着减少。图 3-19 中曲线"工作点"表示热源 S2 在调节过程中的工况点,除热力站 u5 和热源 S2 水泵之外,其他水泵的频率变化很小,都在(50±1.0)Hz 以内。

参考文献

[1] Lund H, Werner S, Wiltshire R, et al. Integrating smart thermal grids into future sustainable energy systems [J]. Energy, 2014(68): 1-11.

[2] Yan A, Zhao J, An Q, et al. Hydraulic performance of a new district heating systems with distributed variable speed pumps [J]. Applied Energy, 2013(112): 876-885.

[3] Gu J, Wang J, Qi C, et al. Analysis of a hybrid control scheme in the district heating system with distributed variable speed pumps [J]. Sustainable Cities and Society, 2019(48): 101591.

[4] Wang Y, Shi K, Zheng X, et al. Thermo-hydraulic coupled analysis of meshed district heating networks based on improved breadth first search method [J]. Energy, 2020(205): 117950.

[5] Wang Y R, You S J, Zhang H, et al. Hydraulic performance optimization of meshed district heating network with multiple heat sources [J]. Energy, 2017(126): 603-621.

[6] 徐楠,王树刚.分布式变频调节管网系统的方案比较分析[J].中国勘察设计,2006(5):46-48.

[7] 孙多斌,王树刚,徐楠,等.分布式混水变频泵管网系统的运行节能分析[J].哈尔滨商业大学学报(自然科学版),2007(2):235-237,248.

[8] 秦冰,秦绪忠,谢励人,等.分布式变频泵供热系统的运行调节方式[J].煤气与热力,2007(2):73-75.

[9] 秦冰,秦绪忠,陈泓,等.浅析分布式变频泵系统的多热源联合供热[J].区域供热,2008(1):19-24.

[10] 罗骁勇.分布式水泵系统保持临界零压差状态运行的自动调节[D].哈尔滨:哈尔滨工业大学,2011.

[11] 张娇娇.分布式变频供热系统热网优化及节能策略研究[D].沈阳:沈阳建筑大学,2019.

[12] Yan Aibin, Zhao Jun, An Qingsong, et al. Hydraulic performance of a new district heating systems with distributed variable speed pumps [J]. Applied Energy, 2013(112):876-885.

[13] 王红霞,石兆玉,李德英.分布式变频热网输配系统的应用研究[J].区域供热,2005(1):31-38.

[14] 陈亚芹.分布式变频热网的运行调节方案[D].北京:清华大学,2005.

[15] 李鹏,方修睦,高立新,等.分布式循环泵供热系统最佳零压差点位置确定[J].煤气与热力,2015,35(2):31-34.

[16] 石兆玉,孙延峰.调速水泵在变流量供热系统中的应用[J].区域供热,1995(2):6-12.

[17] 石兆玉.水泵在变频调速应用中的几个技术问题[J].区域供热,2014(3):1-8.

[18] 李德英,孙海霞,张春蕾.分布式变频调节系统的工程应用[J].节能,2011,30(1):44-46.

［19］孙海霞,刁治国,李德英.分布式变频泵供热系统的控制策略研究［J］.建筑节能,2012,40(6):5 -
　　 7,11.

［20］Zhang Y C, Chen C X, Xia J J. Energy performance analysis of an integrated distributed variable-
　　 frequency pump and water storage system for district cooling systems ［J］. Applied Sciences,2017,7
　　 (11):1 - 16.

［21］Sheng Xianjie, Lin Duanmu. Energy saving analyses on the reconstruction project in district heating
　　 system with distributed variable speed pumps ［J］. Applied Thermal Engineering, 2016(101):432 -
　　 445.

［22］Sheng Xianjie, Lin Duanmu. Electricity consumption and economic analyses of district heating system
　　 with distributed variable speed pumps ［J］. Energy and Buildings,2016(118):291 - 300.

［23］毛欣欣,冯建新,张仲平,等.深化运行调节在供热节能中的作用 ［J］.区域供热,2016(1):58 - 61.

［24］孙志勇,鞠松洋.分布式循环水泵供热系统的设计实例［J］.节能,2013,32(4):64 - 67.

［25］李鹏,方修睦,张鹏.多级循环泵供热系统节能分析［J］.煤气与热力,2008,28(10):15 - 18.

［26］王超前,刘学来.分布式变频泵供热系统的节能性分析［J］.科技资讯,2012(10):143.

［27］刘晓敏.浅谈分布式变频调节系统［J］.科技情报开发与经济,2003(10):259 - 260.

［28］于希增,陈泓,秦冰,等.分布式变频泵系统实例浅析(二)［J］.区域供热,2007(1):55 - 59.

［29］张旭,宋军,潘立平.分布式变频供热系统改造实践(运行篇)［J］.区域供热,2011(5):50 - 54,58.

［30］赵志刚.分布式二级循环泵供热系统的应用［J］.煤气与热力,2008,28(10):19 - 20.

［31］Wang H, Wang H, Zhou H, et al. Modeling and optimization for hydraulic performance design in
　　 multi-source district heating with fluctuating renewables ［J］. Energy Conversion and Management,
　　 2018(156):113 - 129.

第 04 章

供热系统全网平衡技术及应用

近年来,中国供暖系统运行过程中经常会出现供热质量不达标的情况,造成了民众不断投诉。冬季进行供热工作时,各个热用户的设计室温情况都有所不同,如果供暖出现不均匀,就会引起水力供热失调的情况。很多公司供暖时,近端热用户的相关运行水流量是标准设计的 2～3 倍,而远端热用户的实际运行水流量仅仅为标准设计的 20％～30％,这就导致距离锅炉房较近的热用户冬季室温能够达到 20℃,而远端的热用户仅仅能维持在 10℃。实际进行锅炉房设备改造工作时,很多工作人员都会忽视对原有系统及运行的初步调节功能,这就容易加重水力失调的运行,引起整个供热体系的运行不当,供热效果差异较大,供热管网处于水力不平衡的状态。针对供热系统水力失调及冷热不均的问题,目前中国城镇以热水为介质的供热系统中,大多数采用了"自动化"控制系统。不过,这些"自动化"控制系统中,仅有少部分实现了换热站(又称热力站)的自动控制,大多数仍然是由人员根据天气、热量、流量情况进行远程操控。由于热网、换热站供热系统是不断变化、互相耦合、滞后、复杂的系统,数百个换热站之间的调控不仅耗费人力,还存在调整精度、调整时效上的偏差,进而导致热网不平衡以及热量的浪费。

针对上述缺点,同时根据现有的互联网、物联网和通信技术,采用远程无线电调试的方法已经被大多数企业所接受。另外由于流量测量具有烦琐、精度较低的缺点,因此供热系统水力平衡宜采用"无线通信＋全网平衡＋电动调节"的理念,将数据集中上传至服务器或云端,以此来实现统一调节。本章将从热网水力平衡和全网平衡控制两个方面对供热系统普遍存在的水力失衡及冷热不均问题做深刻分析,并采用 PF－DH 软件对多热源供热系统的水力平衡进行模拟分析。

4.1 问题提出

4.1.1 热网水力失调

4.1.1.1 供热系统水力平衡失调原因分析

水力失调现象分为两种,一种为水平失调;另一种为垂直失调。其中,水平失调是指由于管网中各立管的环路总长度不一样,压力损失不平衡,流量分配不均,导致距离换热站近的建筑物内室内温度高于室内计算温度,距离换热站远的建筑物内室内温度低于室内计算温度,从而导致各热用户之间的热力工况不同,影响了热用户的满意度。在水平失调的情况下,室内温度过高的热用户会采取开窗等方式进行温度调节,造成极大的浪费;室内温度偏低的热用户为了保证室内温度,采取一些辅助供暖措施,也造成能量的浪费。此外,流量分配不均匀导致管网散热能力降低,总回水温度偏高,进而影响了热源的正常运行。

引起供热系统水力平衡失调有很多因素。这些因素联合导致目前供热系统管网中水力失调度高、民众投诉率高,经分析具体原因有以下几点:

(1) 很多供热工程建设初期,都会由专业的设计人员进行科学规划。工作人员需要对与水力相关的管网平衡进行详细的计算,同时选择合格的管径,为后期的施工打好基础。但是目前施工人员施工过程中实际管网经常与预先设计的图纸存在出入较大的情况,无法实现科学标准的规范,这样会降低施工的精准度,从而引起后期的水力供应平衡失调的情况。

(2) 实际方案不科学。工程在开展之前进行的适当设计工作需要紧密联系水力工程中的相关运行理论,根据基础性的计算选择适当的数据运行,但是实际管道参数与标准数值存在差异时就会导致标准的数值与基础性的内容出现较大差异。很多设计者设计相关管网前期都会出现管径增大的情况,这是影响供暖远端热用户和近端热用户水力运行系统不平衡的主要原因。一般来说,近端的实际系统水流量远远超过前期的设计情况,而远端水流量又会远远小于前期设计。因此做好科学设计方案非常重要,这样才能够保证后期的水力系统运行平衡。

(3) 部分管网附件出现磨损老化的情况。供热管网在长期运行过程中经常会出现一些附件磨损的情况,比如常见的有基础性阀门会由于经常处于工作状态而产生失灵。很多供热管网运行过程中出现腐蚀、结垢的情况,这在一定程度上增加了管网的实际运行阻力,打破了原有系统内部的平衡现象,进而引起水力工程失调。

(4) 供热系统进行常规维修及定期改造过程中,没有重视基本的设计工艺。经常发生工作人员随意改变管道运行的基本线路、限制管道直径及篡改连接等情况,还可能出现随意增加阀门的情况,这些也是造成水力失调的主要因素。

(5) 供暖系统应用过程中还会采用并网工程。对于一些新的小区采取基本的连接操作,但是没有充分考虑实际并网后的热负荷影响情况,规划系统应用不当,这些均导致系统运行出现水力失调的情况。

(6) 个别热用户存在偷窃系统供热用水、擅自改动室内管线布置、擅自对室内的散热器加片等情况。这些都将增大管网的阻力系数,加大管路实际流量与理论设计流量的偏差,对供热管网的水力工况产生很大影响。

4.1.1.2 水平失调的水力模型

为探讨水平失调对水力工况的影响程度,建立共有 n 个建筑物的管网模型,其中干管的长度为 L,支管的长度为 l。一次热网的模型简图如图 4-1 所示。

在热水供热管网中,由于流体的流动状态处于阻力平方区,所以流体的压降与流量的关系为

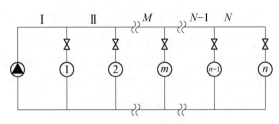

图 4-1 一次热网的模型简图

$$\Delta P_m = R_m l_m = S_m G_m^2 \tag{4-1}$$

式中，ΔP_m 为第 m 个管段的压降（Pa）；R_m 为第 m 个管段的比摩阻（Pa/m）；S_m 为第 m 个管段的阻抗 $[\text{Pa}/(\text{m}^3/\text{h})^2]$；$G_m$ 为第 m 个管段的流量（m^3/h）。

比摩阻 R_m 代表单位管长的沿程损失，与管径 d 以及流量 G 有关，其公式如下：

$$R_m = 6.25 \times 10^{-2} \frac{\lambda}{\rho} \frac{G_m^2}{d_m^5} \tag{4-2}$$

式中，d 为第 m 个管段的内径（m）；λ 为管道内壁的摩擦阻力系数；ρ 为水的密度（kg/m^3）。

将式（4-2）代入式（4-1）中，可得

$$S_m = 6.88 \times 10^{-9} \frac{K_m^{0.25}}{d_m^{5.25}} l_m \rho \tag{4-3}$$

式中，K_m 为管道内壁当量绝对粗糙度，对于热水管网来说，$K_m = 0.5 \times 10^{-3}$ m；d_m 为管段的管径（m）；l_m 为管段的长度（m）。

从式（4-3）中可以看出，管段的阻抗与管径、管长等管段本身特性有关，而与管段中的流量等无关。将管道阻抗与阀门阻抗加在一起，即为支路管段 $1, 2, 3, \cdots, n$ 的总阻抗，而主管段 Ⅰ，Ⅱ，Ⅲ，Ⅳ，$\cdots$，N 的阻抗按管段阻抗计算即可。

由于管网处于水力平衡状态时各支路管段的阻抗值较难确定，故通过求干管上的压力损失、最不利热用户的压力损失以及热源处的压力损失之和，计算供热管网的水泵作用压力损失，计算公式如下：

$$H_p = S_{re}\Big(\sum_{m=1}^{n} G_{p,m}\Big)^2 + S_{\mathrm{I}}\Big(\sum_{m=1}^{n} G_{p,m}\Big)^2 + \cdots + S_o\Big(\sum_{m=o}^{n} G_{p,m}\Big)^2 + \cdots + S_n G_{p,n}^2 \tag{4-4}$$

式中，H_p 为水力平衡状态下循环水泵作用压力（Pa）；S_{re} 为热源处阻抗 $[\text{Pa}/(\text{m}^3/\text{h})^2]$；$S_{\mathrm{I}}$ 为支路 Ⅰ 的阻抗 $[\text{Pa}/(\text{m/h})^2]$；$S_o$ 为支路 o 的阻抗 $[\text{Pa}/(\text{m}^3/\text{h})^2]$；$S_n$ 为热用户 n 的阻抗 $[\text{Pa}/(\text{m}^3/\text{h})^2]$；$G_{p,m}$ 为水力平衡状态下第 m 个建筑物的流量（m^3/h）。

当供热管网处于水力平衡状态时，各建筑物的流量 $G_{p,m}$ 与设计值相同，则第 m 个建筑物的流量按下式计算：

$$G_{p,m} = \frac{3.6Q'}{c(t_g' - t_h')} \tag{4-5}$$

式中，Q' 为设计热负荷（W）；c 为流体的质量比热，对于热水来说，$c = 4\,187\,\text{J}/(\text{m}^3 \cdot ℃)$；$t_g'$ 为

设计供水温度(℃);t_h' 为设计回水温度(℃)。

　　假设水平失调状态下循环水泵的作用压头与水力平衡状态下的作用压头相同,故可根据循环水泵的作用压头以及水平失调状态下的总阻抗求出供热管网的总流量,计算公式为

$$G_s = \sqrt{\frac{H_p}{S_s + S_{re}}} \tag{4-6}$$

式中,S_s 为水平失调状态下管网总阻抗$[Pa/(m^3/h)^2]$。

　　由于模型中总管段与管段Ⅰ为串联关系,其计算公式为

$$S_x = S_{x,(1-n)} + S_{s,\text{I}} \tag{4-7}$$

式中,$S_{s,(1-n)}$ 为水平失调状态下第一个热用户之后的管网总阻抗(即热用户 1 到热用户 n 的总阻抗)$[Pa/(m^3/h)^2]$;$S_{s,\text{I}}$ 为水平失调状态下支路Ⅰ的阻抗$[Pa/(m^3/h)^2]$。

　　热用户 1 与之后的管段为并联关系,则计算公式为

$$\frac{1}{\sqrt{S_{x,(1-n)}}} = \frac{1}{\sqrt{S_{s,(\text{II}-n)}}} + \frac{1}{\sqrt{S_{s,1}}} \tag{4-8}$$

式中,$S_{s,1}$ 为水平失调状态下第一个热用户的阻抗$[Pa/(m^3/h)^2]$;$S_{s,(\text{II}-n)}$ 为水平失调状态下支路Ⅱ的管网总阻抗(支路Ⅱ后的总阻抗)$[Pa/(m^3/h)^2]$。

　　根据上述规律,可以得出支路Ⅱ之后各管段的阻抗值如下所示:

$$\left. \begin{aligned} S_{s,(\text{II}-n)} &= S_{s,(2-n)} + S_{s,\text{II}} \\ &\cdots\cdots \\ \frac{1}{\sqrt{S_{s,[(n-1)-n]}}} &= \frac{1}{\sqrt{S_{s,(N-n)}}} + \frac{1}{\sqrt{S_{s,(n-1)}}} \\ S_{s,(N-n)} &= S_N + S_{s,n} \end{aligned} \right\} \tag{4-9}$$

式中,$S_{s,N}$ 为支路 N 的阻抗$[Pa/(m^3/h)^2]$;$S_{s,n}$ 为水平失调状态下第 n 个热用户的阻抗$[Pa/(m^3/h)^2]$。

　　由于管段有供水管路及回水管路,所以干管的阻抗应为供水管段与回水管段的阻抗之和,即

$$\left. \begin{aligned} S_M &= S_{M,g} + S_{M,h} \\ S_N &= S_{N,g} + S_{N,h} \end{aligned} \right\} \tag{4-10}$$

式中,$S_{M,g}$ 为干管 M 供水管路的阻抗$[Pa/(m^3/h)^2]$;$S_{M,h}$ 为干管 M 回水管路的阻抗$[Pa/(m^3/h)^2]$;$S_{N,g}$ 为干管 N 供水管路的阻抗$[Pa/(m^3/h)^2]$;$S_{N,h}$ 为干管 N 回水管路的阻抗$[Pa/(m^3/h)^2]$。

　　供热管网一般为并联环路,各建筑物的流量比值与其管段的阻抗 S 值有关,根据管段的阻抗值可以求出建筑物的流量与总流量的比值,故可以根据各建筑物的相对流量比求出水平失调状态下各建筑物的实际流量计算如下:

$$G_{s,m} = \sqrt{\frac{S_{s,(1-n)} \cdot S_{s,(2-n)} \cdot S_{s,(3-n)} \cdot \cdots \cdot S_{s,(m-n)}}{S_{s,m} \cdot S_{s,(\text{II}-n)} \cdot S_{s,(\text{III}-n)} \cdot \cdots \cdot S_{s,(M-n)}}} \cdot G_s \tag{4-11}$$

为确定水力失调情况,应用水力失调度对建筑物的水力情况进行说明,其计算公式为

$$x_{s,m} = \frac{G_{s,m}}{G_{p,m}} \qquad (4-12)$$

式中,$x_{s,m}$ 为第 m 个建筑物的水力失调度。

在水力平衡状态下,管网中各建筑物的流量 $G_{p,m}$ 与设计流量相等,且根据供热干管的阻抗以及最不利热用户所需作用压头可得出循环水泵的作用压头,则供热管网的总电耗按下式计算:

$$N_p = \frac{H_p \cdot \sum\limits_{m=1}^{n} G_{p,m}}{\eta} \qquad (4-13)$$

式中,N_p 为水力平衡状态下管网所需电耗(W);η 为水泵效率。

水平失调下的总耗电量计算如下:

$$N_s = \frac{H \cdot G_s}{\eta} \qquad (4-14)$$

根据式(4-13)与式(4-14)可以得出水平失调状态与水力平衡状态下的电耗偏差率,按下式计算:

$$\Delta N = \frac{G_s - \sum\limits_{m=1}^{n} G_{p,m}}{\sum\limits_{m=1}^{n} G_{p,m}} \qquad (4-15)$$

4.1.1.3 水力失调的热力模型

当管网处于水力平衡状态时,对于有 n 个热用户的供热管网来说,供热量是所有建筑物所需供热量的总和,具体计算公式为

$$Q_p = cG_p(t'_g - t'_h) \qquad (4-16)$$

式中,Q_p 为水力平衡状态下供热管网所需总供热量(W);G_p 为水力平衡状态下管网总设计流量(m^3/h);c 为流体的质量比热,对于热水来说,$c = 4\,187\ \text{J}/(\text{kg} \cdot \text{℃})$;$t'_g$ 为设计供水温度(℃);t'_h 为设计回水温度(℃)。

根据 4.1.1.2 节的推导,可以得出当供热管网处于水平失调状态时各建筑物的实际流量 $G_{s,m}$,同时根据下式对室内实际温度 t_n 及实际回水温度 t_h 进行求解:

$$\frac{t_n - t_w}{t'_n - t'_w} = \frac{(t_{pj} - t_n)^{1+b}}{(t'_{pj} - t'_n)^{1+b}} = x_s \frac{t_g - t_h}{t'_g - t'_h} \qquad (4-17)$$

式中,t_n 为室内温度(℃);t_w 为室外温度(℃);t'_n 为供暖室内计算温度(℃);t'_w 为供暖室外计算温度(℃);t_{pj} 为实际工况下散热设备内的热媒平均温度(℃);t'_{pj} 为设计工况下散热设备内的热媒平均温度(℃);t_g 为供水温度(℃);t_h 为回水温度(℃);b 为实验确定的系数;x_s 为相对流量比,指实际流量与设计流量的比值。

对于式(4 - 17)中的散热设备内热媒平均温度与室内温度的差值,一般采用算术平均温差,但这种公式只适用于流量变化不大的情况。而由于水平失调造成的流量波动会导致远端建筑物的流量小于设计流量,回水温度降低,散热设备出口温度与室内温度相近。对散热设备来说,当室内温度较低时,利用算术平均温差比利用对数平均温差计算所得的耗热量要大许多,最大可达 57.7%,引起的误差也比较大。所以,当散热设备内循环流量较小、进出口温差较大时,散热设备内热媒平均温度与室内温度的差值采用对数平均温差进行计算,其计算公式如下:

$$\frac{t_n - t_w}{t_n' - t_w'} = \left(\frac{\dfrac{t_g - t_h}{\ln \dfrac{t_g - t_n}{t_h - t_n}}}{\dfrac{t_g' - t_h'}{\ln \dfrac{t_g' - t_n'}{t_h' - t_n'}}} \right)^{1+b} = x_s \frac{t_g - t_h}{t_g' - t_h'} \tag{4 - 18}$$

根据式(4 - 18)可以得到室内实际温度 t_n' 及实际回水温度 t_h' 的公式,其中式(4 - 19)由于在等式两边均有变量,故须采取迭代的方式对其进行求解,如式(4 - 20)所示:

$$t_{n, sm} = \left(\frac{\dfrac{t_{n, s, m} - t_m}{t_n' - t_w'} \cdot (t_g' - t_h') \cdot \dfrac{1}{x_m}}{\ln \dfrac{t_g - t_{n, s, m}}{t_g - \dfrac{t_{n, s, m} - t_m}{t_n' - t_w'} \cdot (t_g' - t_h') \cdot \dfrac{1}{x_m} - t_{n, s, m}}}{\dfrac{t_g' - t_h'}{\ln \dfrac{t_g' - t_n'}{t_h' - t_n'}}} \right)^{1+b} \cdot (t_n' - t_w') + t_w \tag{4 - 19}$$

$$t_{h, s, m} = t_g - \frac{1}{x_{s, m}} \cdot (t_g' - t_h') \cdot \frac{t_{n, s, m} - t_w}{t_n' - t_w'} \tag{4 - 20}$$

式中,$t_{h, s, m}$ 为水力失调状态下第 m 个建筑物的回水温度(℃);$t_{n, s, m}$ 为水力失调状态下第 m 个建筑物的室内温度(℃)。

为确定各建筑物的热力失调情况,应用热力失调度对建筑物的水力情况进行说明。热力失调度为实际室内平均温度与规定温度的比值,计算公式如下:

$$x_{r, m} = \frac{t_{n, s, m}}{t_{n, p, m}} \tag{4 - 21}$$

式中,$x_{r, m}$ 为第 m 个建筑物的热力失调度;$t_{n, p, m}$ 为水力平衡状态下第 m 个建筑物的室内温度(℃)。

因此,在水平失调状态下管网的总供热量为总循环流量与二次网总供/回水温差的乘积,其中总回水温度是各热用户的混合回水温度,其计算公式如下:

$$t_{h, s} = \frac{\displaystyle\sum_{m=1}^{n} G_{s, m} t_{h, s, m}}{G_s} \tag{4 - 22}$$

则水平失调状态下供热管网的总供热量按下式计算：

$$Q_s = cG_s(t_g - t_{h,s}) = cG_s\left(t_g - \frac{\sum\limits_{m=1}^{n}G_{s,m}t_{h,s,m}}{G_s}\right) \tag{4-23}$$

根据式(4-16)与式(4-23)可以得出水平失调状态与水力平衡状态下的供热量差异率，按下式计算：

$$\Delta Q = \frac{G_s\left(t_g - \dfrac{\sum\limits_{m=1}^{n}G_{m,s}t_{h,m,s}}{G_s}\right) - \sum\limits_{m=1}^{n}G_{m,p}(t_g' - t_h')}{\sum\limits_{m=1}^{n}G_{m,p}(t_g' - t_h')} \tag{4-24}$$

4.1.2　热网平衡控制

国外的供热系统发展比较早，例如北欧地区国家不仅供热，还会提供生活热水。他们通过热源的燃烧控制、热力站的流量控制、室内的恒温控制，实现大型供热系统的水力平衡和保证各个热用户的热舒适。通常他们会保证最不利环路的供/回水压差不小于给定值，在此基础上，使全网的循环流量达到设计值；而针对热用户的供热量调节，是通过热源处的供水温度、热力站循环流量的局部调节和散热器处的个别调节即温控阀实现的，目前以模型预测控制为代表的多种智能控制方法在节能环保等方面取得了良好的效果。而中国热电厂与热网分开管理，往往导致低负荷期供热量偏高、高负荷期供热量不足、供热量和需求量不协调的矛盾长期存在，同时中国很少有热用户采用温控阀管理，经常出现热用户冷热不均、热用户满意度低的情况。

供热系统的优化运行调节，根据调节位置的不同分为集中调节、局部调节、个别调节。集中调节是指在热源端进行调节，由热源控制总供水温度和总循环流量，这种调节方式调节范围较大，能够方便地运行管理，但是不能针对热力站的变化热负荷进行精细化调节；局部调节是指在热力站进行调节，当个别区域热用户的用热要求不同时，通过局部调节满足其需求，较多学者选取不同的控制量和被控量对换热站局部调节进行了研究；个别调节是指在散热设备处进行调节，用来满足个别热用户的用热要求，可调节散热器支管上的手动阀门或温控阀门来实现，分户计量热用户根据室温自行调节以满足热需求。

在大型城市的供热系统运行调节中，一般采用集中调节。集中调节的方式又分为四种：质调节、量调节、分阶段改变流量的质调节和分阶段改变流量的间歇调节。

(1) 质调节。当室外温度变化而引起热用户的热负荷变动时，保持系统的循环水量不变，而只调节系统热源供水温度满足热需求。质调节的优点是控制调节较为方便，运行管理简单，系统的水力工况比较稳定，而由于系统的循环水量保持不变，消耗的电能较高。但有热用户对于热负荷有多重需求时，该调节方式可能无法满足其需求。

(2) 量调节。当室外温度变化引起热用户的热负荷变动时，保持系统的供水温度不变，而只调节系统热源处的循环水泵、改变系统流量,来达到改变供热量的目的。量调节在实际运行中多次变化循环水量,容易造成系统的水力不稳定。

（3）分阶段改变流量的质调节。根据室外温度的变化将整个供暖季分为几个阶段,当室外温度较低时,保持较大的循环水量;当室外温度较高时,保持较低的循环水量。每个阶段内循环的流量不变,只改变供水温度。这种方法可减少水泵的电能消耗,但是当流量变动较大时,仍会造成水力热力失调的情况。

（4）分阶段改变流量的间歇调节。在供热的初寒期和末寒期,由于热用户的热负荷需求不高,可以保持系统的循环水量和供热温度不变,而减少每天的供热时间。这种调节方法是一种辅助的调节手段,不具有普遍性。

全网平衡控制是一种以换热站为单位的均匀性控制方式,即热网内符合条件的换热站以某一控制参数目标为基准,通过调节泵或调节阀达到目标值,使各个换热站的供热状态趋于一致。供热管网水力平衡调控是各供热公司运行的重点工作之一,目前管网水力平衡调控方案主要有设备平衡调节和自控平衡调节两类解决方案。针对设备类型和自控平衡系统在投资、效果、便利性及寿命等方面进行对比,水力平衡措施的性能评价见表4-1。

表 4-1　水力平衡措施的性能评价

序号	对比项目	静态平衡阀	自力式平衡阀	孔板球阀	大阻力平衡阀	自控平衡系统
1	初投资/(元/m²)	0.6~1.0	1~1.5	0.5~0.8	0.6~1.0	1.5~2.0
2	平衡效果/分	70	80	90	95	100
3	调节方便性/分	70	80	80	95	100
4	循环泵节电	5%~10%	5%~10%	10%~20%	10%~20%	15%~25%
5	循环泵变频对平衡效果的影响	无	较大	较小	较小	无
6	通常使用寿命/年	10	5~10	20	20	5~10
7	维护	免维护	少量	免维护	免维护	专业人员维护
8	方便性	方便	方便	方便	方便	技术门槛高

目前传统的控制平衡方案是通过电动调节阀结合自控系统解决水力平衡调控问题。在控制系统方面,中国供热企业普遍采用基于温度参数的PID反馈控制来实施一次管网的水力平衡调控,具体可以跟踪热力站的供水温度、回水温度或供/回水平均温度,该控制方法优势在于控制逻辑简单、可操作性强,便于运行人员进行阀门和水泵的调节。但是基于温度参数进行控制存在以下不足:首先,温度参数有很大滞后性,热力站之间具有耦合性难以快速调节;其次,反馈控制策略出发点是基于各热力站局部最优来实施控制的,当工况参数变化大时,可能导致各站点的局部控制策略互相冲突,导致多热力站之间发生"抢水"现象。

改进反馈调节控制是对传统PID反馈调节控制的优化升级,对现有软硬件设施改造少,可以缓解水力振荡。目前,国内自控厂家采用改进反馈调节控制方案缓解水力平衡振荡问题。

改进反馈调节控制方案对阀门调节器可同时设定"压差"和"流量"两种控制目标值,代替传统的控制平衡方案中仅能给定"流量"目标值或"压差"目标值。采用两项目标值的优势很明显,可更适用于多种复杂的流动工况。所采用的控制器可分别对两种指标设定 PID 参数。特别有利于缓解调节器振荡现象,提高系统控制品质。类似地,改进方法可直接计算获得水泵调节所需的压头和流量双项目标值。水泵变频器可直接基于水泵特性曲线,直接设定新的变频目标,从原理上避免了反馈调节的超调现象,缓解水力振荡。

现场工程中,采用这种改进方案可利用绝大部分原有的控制设备。主要工作是对原控制系统监督层进行升级改造,几乎无须添加传感器即可适用于新的控制系统。改造后,虽然不能完全避免水力振荡现象,但改进方案的投入成本较低,可作为一种无缝升级方案。传统反馈调解方案与改进反馈调节方案分别如图 4-2、图 4-3 所示。

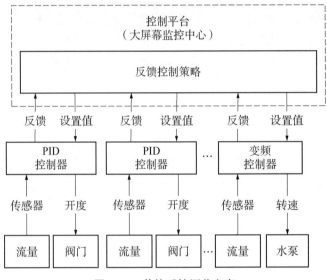

图 4-2 传统反馈调节方案

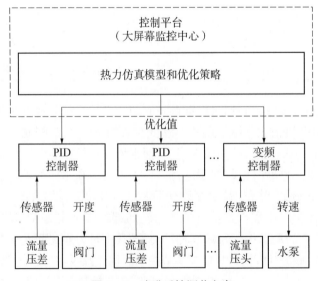

图 4-3 改进反馈调节方案

供热规模的不断增长对控制系统提出了新的要求,这就需要发挥先进信息技术和工业互联网平台优势,实现在线水力优化和基于负荷预测的动态调控。

4.1.3 多热源优化控制

早期的集中供热系统为简单的单热源枝状管网。随着技术的发展,集中供热系统演化出双热源枝状管网,例如,在管网的某处多增加一个热源进行供热,或者在同一城市的两个单热源供热区域增设连接装置,例如敷设管路等手段,将其变化为多个热源供热的系统,使其成为一个整体,从而提高了管网的后备能力和供热的保障率。当两个供热系统中的热源无故障时,各系统独立运行。若两者之间的某个热源出现问题,则开启联通门,热网又变为单热源供热,充分保证系统正常运行。随着自控技术的发展和集中供热规模的扩大,多热源环状管网逐渐占据集中供热的主流。这是因为,多热源联网供热能在保证供热质量条件下,不仅各个热源负担的区域可以随意切换,而且能够投入基本热源先满足初期的供热,后续投入调峰热源满足峰值负荷需求,这样既降低了能源的浪费,又提高了能源利用的效率;当各个热源能效相同时,多热源联网也可以通过分配各个热源流量,降低系统水泵的能耗,降低运行成本;系统中的热源可以互为备用,当管网某处出现故障时,只需关闭故障管段两侧阀门就可进行抢修,从而提高了供热的可靠性。

4.2 研究现状

4.2.1 水力失调研究现状

4.2.1.1 水力失调分析
造成系统水力工况不平衡的原因是多方面的,下面将常见的几种原因分析如下:
1) 恒压点压力变化

水泵型号、管网阻力系数均未发生任何变化。系统流量未有变化,即无水力失调现象,因此水压图形状不变,只是随恒压点压力变化而沿纵坐标轴上下整体平移,如图4-4所示。图4-4中虚线代表原水压图,实线代表变动后的水压图。此时流量无变化,但系统压力却变化很大,可能造成水压不能满足系统运行的基本要求。

2) 循环泵出口阀门关小

热网示意图如图4-5所示。某一热水供热系统当关小循环泵出口处阀门时,网路的总阻力数增大,总流量将减小(为了便于分析,假定网路循环泵的扬程不变)。由于热用户1~5的网路干管和热用户分支管的阻力数没有改变,因而各热用户的流量分配比例也不变,即都按统一比例减小。网路产生一致的等比失调。循环泵出口阀门关小后网路的

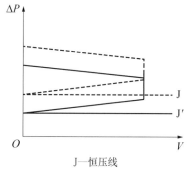

图 4-4 恒压点压力变动

J—恒压线

水压图如图 4-6 所示。图 4-6 中虚线为正常工况下的水压图,实线代表循环泵出口阀门关小后的水压图。由于各管段的流量均减小,因而实线的水压曲线比原来的水压曲线平缓一些。各热用户的流量是按统一比例减小的。因而,各热用户的资用压差也是按相同的比例减小,造成流量按相同比例减少。

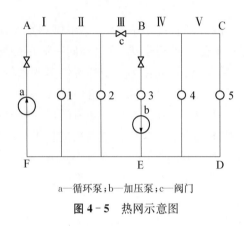

a—循环泵;b—加压泵;c—阀门

图 4-5 热网示意图

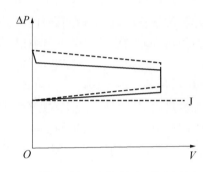

图 4-6 循环泵出口阀门关小后网路的水压图

3) 供热系统某一热用户阀门开大

某一热水供热系统(图 4-5),当热用户 3 阀门开大时,水压图的变化如图 4-7 所示,图 4-7 中虚线代表正常工况下的水压图,实线代表工况变化后的水压图。当热用户 3 阀门开大,则系统的总阻力数减少,系统总流量增加。Ⅰ干管动水压线变陡,热用户 1 资用压头减小,流量也减小。Ⅱ干管流量增大,水压线变陡,热用户 2 资用压头减小,流量减小。Ⅲ干管流量增加最多,水压线斜率最陡,热用户 3 流量增加。在热用户 3 之后,热用户 4、5 的流量将成比例地减小,Ⅳ、Ⅴ干管水压线变得平缓一些。根据分析,热用户 3 阀门开大后,只有热用户 3 流量增大,系统其他热用户流量都将减小。热用户 3 以后的各热用户流量是一致的等比失调;热用户 3 以前各热用户流量是一致不等比失调,离热用户 3 越近的热用户,水力失调度越大。

如果热用户 3 阀门关小,水利工况的变动有类似情况,不同的是热用户 3 的流量减小,其他热用户流量增加。其他热用户阀门的开大和关小,其变动水力工况也可做类似的定性分析。

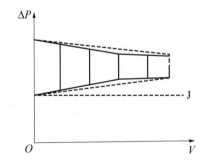

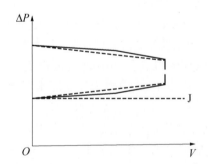

图 4-7 热用户 3 阀门开大时水压图的变化　　图 4-8 热用户 3 阀门关闭时水压图的变化

4) 供热系统某一热用户阀门关闭

某一热水供热系统(图 4-5),当热用户 3 阀门关闭时,水压图的变化如图 4-8 所示,图 4-8 中虚线代表正常工况下的水压图,实线代表工况变化后的水压图。当热用户 3 阀门关闭,则系统总阻力数增加,系统总流量减小。从热源到热用户 3 之间的供水管和回水管的水压线将变得平缓一些,如假定网路水泵的扬程不变,在热用户 3 处供、回水管之间的压差将会增加,热用户 3 处的作用压差增加相当于热用户 4 和 5 的总作用压差增加,因而使热用户 4、5 的流量按等比例增加,并使热用户 3 以后的供水管和回水管的水压线变得陡些。

在整个网路中,除热用户 3 以外的所有热用户的作用压差和流量都会增加,出现一致失调。对于热用户 3 后面的热用户 4 和 5,是一致等比失调。对于热用户 3 前面的热用户 1 和 2,是一致不等比失调。

5) 供水干管上阀门关小

某一热水供热系统(图 4 - 5),当干管上阀门 c 关小时,水压图的变化如图 4 - 9 所示,图 4 - 9 中虚线代表正常工况下的水压图,实线代表工况变化后的水压图。当干管上阀门节流,则系统总阻力增加,系统总流量减小。供水管和回水管的水压线将变得平缓一些,并且供水管水压线将在 c 处出现一个急剧的下降。

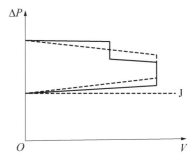

图 4 - 9　干管上阀门 c 关小时水压图的变化

水力工况的这个变化,对于阀门 c 以后的热用户 3、4、5,相当于本身阻力数未变而总的作用压力却减小,同时流量也按统一比例减小,出现一致等比失调。对于阀门 c 之前的热用户 1、2,可以看出热用户流量将按不同的比例增加,它们的作用压差都有增加但比例不同,这些热用户将出现一致不等比失调。

对于全部热用户来说,流量有增有减,整个网路的水力工况就发生不一致水力失调。

6) 热水网路未进行初调节

由于网路前端热用户的作用压差很大,在选择热用户分支管路的管径时,又受到管道内热媒流速和管径规格的限制,其剩余作用压头在热用户分支管路上难以全部消除。如网路未进行初调节,前端热用户的实际阻力数远小于设计规定值,网路总阻力数比设计的总阻力数小,网路的总流量增加。位于网路前端的热用户,其实际流量比规定流量大得多,网路干管前部的水压曲线,将变得较陡;而位于网路后部的热用户,其作用压头和流量将小于设计值,网路干管后部的水压曲线将变得平缓一些。由此可见,热水网路投入运行时,必须很好地进行初调节。

7) 热用户增设加压泵

在热水网路运行时,由于种种原因,有些热用户或热力站的作用压头会出现低于设计值的情况,热用户或热力站的流量不足。在此情况下,热用户或热力站往往要求增设加压泵,可设在供水管或回水管上。

下面定性地分析某一热水供热系统(图 4 - 5),在热用户增设加压泵后,如热用户 3 回水管上装设一加压泵 b,整个网路水力工况变化的状况,如图 4 - 10 所示。图 4 - 10 中虚线代表未增设加压泵之前的水压曲线,热用户 3 未增设加压泵 b

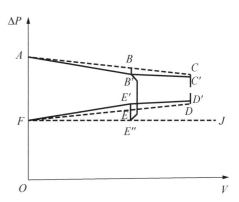

图 4 - 10　热用户 3 增设加压泵时整个网路水力工况变化

时的作用压头为 ΔP_{BE}，低于设计要求。增设加压泵后，可以视为在热用户 3 及其支线上（管段 BE）增加了一个阻力数为负值的管段，其负值的大小与水泵工作的扬程和流量有关。由于在热用户 3 上的阻力数减小，在所有其他管段和热用户未采用调节措施、阻力数不变的情况下，整个网路的总阻力数必然相应减小，则热网总流量增加。热用户 3 前的干线 AB 和 EF 的流量增大，动水压曲线变陡，热用户 1 和 2 的资用压头减少，呈非等比失调。热用户 3 后面的热用户 4 和 5 的作用压头减少，呈等比失调。整个网络干线的水压曲线如图 4 - 10 中虚线 $AB'C'D'E'F$ 所示。热用户 3 由于回水加压泵的作用，其压力损失 $\Delta P_{B'E'}$ 增加，流量增大。

由此可见，在热用户处装设加压泵，能够起到增加该热用户流量的作用，但同时会加大热网总循环水量和前端干线的压力损失，而且其他热用户的资用压头和循环水量将相应减小，甚至使原来流量符合要求的热用户反而流量不足。因此，在网路运行实践中，不应只从本位出发，在热用户处任意增设加压泵，而是必须有整体观念，仔细分析整个网路水力工况的影响后才能增设加压泵。

4.2.1.2　具体工程措施

水力失调是热力失调发生的根源。目前，针对热网水力、热力失调，国内常采用大流量运行方式解决。然而，大流量运行方式不能从根本上解决供热系统的水力热力失调问题，反而因为增加了水泵流量，导致系统运行能耗增加、供热系统调节性能变差。据有关统计和分析显示，若管网水力失调问题得到有效控制，可节省总耗热量的 30%，这个比例是非常可观的。另外，当循环流量增加之后，不仅将直接导致运行水耗增加，并且由于循环水泵的功率和热网循环流量的三次方成正比，电能消耗也势必随着管网循环流量的增加而大幅上升。

1）水力失调的解决方案

（1）加大施工监督管理力度，实行工程质量终身责任制。加强对施工过程的监督管理，严格按设计图纸施工，对须变更设计的一定要经设计人员确认后，方可按照设计变更单的要求更改。

（2）对供热管网中已损坏、失灵的附件要及时维修或更新，确保系统水力平衡。供热管网实行定期检查、专人负责，尤其对有突出问题的位置要重点巡查，发现"冒滴漏"立即抢修，保证设施的完好性。

（3）加大供热执法监察力度。严格按照国家相关法规和条例的规定，对私自更改管路及增加散热设施的热用户，进行严厉的处罚，恢复供热系统原始形式和散热器设置数量，切实有效地杜绝人为造成的系统管网失调。

（4）在锅炉房并网工程中，要根据并网后热负荷新的分布情况，进行管网的水力平衡校核计算，重新设计调整，使管网达到新的平衡。其次要采取一定的技术措施，依靠科学方法，有效地进行管网的初调节，消除管网的水力不平衡。

2）初调节方法

初调节的方法有如下 10 种：阻力系数法、预定计划法、比例法、计算法、模拟分析法、补偿法、模拟阻力（CCR）法、温度调节法、自力式调节法和简易调节法。

（1）阻力系数法。指反复测试系统各热用户的流量和供/回水压力差，根据 $\Delta P =$

SQ_2（ΔP 为系统水压损失，S 为阻力系数，Q 为系统水流量），进而计算出相应的阻力系数，直到热用户的实测阻力系数与设计值误差在可接受范围内为止。

（2）比例法。其调节原理是，两个热用户之间的流量比不仅取决于上游热用户（按供热水流动方向）之后管段的阻抗，而且与上游热用户和热源之间的阻抗无关；也就是说，对系统上游热用户流量的调节将会引起该系统下游热用户之间的流量成比例的变化。比例法原理既比较简单，也有比较好的调节效果。但操作过程中需要将所有楼门处热力入口开至最大后再逐个进行调节，不仅操作量大，而且对于往年调节过流量的系统，会完全打破已经接近于平衡的状态，额外增加了工作量。

（3）模拟分析法。与其他初调节方法相比，采用模拟分析法调节时，投资较少并且比较容易操作。此外，通过实际管网的调节和实验室的管网运行都验证了模拟分析法在调节后效果良好。对于大型管网，这种方法可以提高初调节的效率，对管网一次调节就能达到合理的流量分配。

模拟分析法虽有快速准确的优点，但其具有计算量大的缺点。该方法主要依靠计算机进行编程计算。其主要以流体网络为基础，通过计算机模拟供热管网的运行情况，根据管网的网络拓扑结构实现各管段的相互关联与制约，快速准确地预测各管段水力失调的情况，然后计算得出各管段达到水力平衡时的理想阻力系数值，进而得出相应的流量和压降值，得到最终的调节方案。在现场，通过便携式超声波流量计（能从管子外表直接测出流量值）测量管段流量值进行调节。

当然，如果管网配置的阀门与流量和阀门开启度有关，或者通过实验能够得到流量和阀门开启度的普遍规律，那么在调节过程中，就不需要流量计测，直接调节并观察阀门开启度，便可知道管段的流量，从而达到理想的调节效果。因此，模拟分析法是以计算机为基础而发展的一种新的供热管网水力平衡调节思路。其不仅计算快速，而且能够预测到初调节后各管段的运行情况，值得广泛推广应用。

（4）补偿法。为瑞典 TA 公司推荐的一种方法。该方法通过调节热网上游端的平衡阀，改善热网下游端的平衡阀因调节引起的阻力变化。补偿法只需要对每个热用户管段的平衡阀调节一次，但是同时需要两套测量仪表，并且要求三组测量人员同时在调节现场观察调节，并且在调节过程中三组测量人员需要同时知道对方管段的情况。补偿法也是一种能获得较为准确结果的方法，但其弊端是需要较多人员参与，不适用于调节面积大、人员有限的情况。

（5）其他方法。计算法、模拟阻力法等方法虽然计算和结果方面准确、快速，但是对调节人员的专业技术和仪器设备水平有较高的要求，大多数的供热企业尤其是进行实际操作的一线工作人员难以满足要求。

几种初调节方法的优缺点对比，见表 4 - 2。

如果通过流量平衡调节来解决上述问题，使流量在各支路入口处按需分配，就能够从根本上解决末端不利的问题。在热源温度不变的前提下，使后端热用户温度达到设计温度，这样既能节省供热系统流量，又可以兼顾前、后端热用户的供热效果，从而达到整个供热系统节能降耗的目的。

表 4 - 2　几种初调节方法的优缺点对比

调节方法	调节原理	调节效果	优　点	缺　点
比例法	调节管网上游的管段引起各热用户的一致等比失调	良好	效果显著,原理简单	两套智能仪表,工作人员需要实时沟通信息;平衡阀多次测量
补偿法	依靠调节热网上游端的平衡阀,改善热网下游端的平衡阀因调节引起的阻力变化	良好	平衡阀操作一次;降低循环水泵扬程;节省运行费用	两套智能仪表;现场需要两组工作人员实时沟通信息
模拟分析法	将所有需要调节管段的实际阻力数调节到设计值	良好	操作一次;一套智能仪表及工作人员;冷态下也可以调节	需要调节人员具备较高的识别网路特性的能力
温度调节法	调节各热用户平均温度达到一致	一般	测量参数单一;调节费用较少	温度变化滞后
自力式调节法	自动进行流量调节(自力式调节阀)	良好	工作量少,无须对调节阀进行手工调节	初投资高;变流量的系统不适宜
简易调节法	通过实际调节的经验总结	一般	调节快速,方法简单	与设计工况相比,存在误差

4.2.2　平衡控制研究现状

基于负荷预测以及仿真模型技术,采用模型预测控制(model predictive control,MPC)方法,根据实时数据对全网进行在线水力平衡分析,计算在目标条件下,管网获得最佳平衡控制方案,确定每个热力站参数,自动将控制数据下达至每个控制器中,实现管网自动平衡控制。根据供热现状,模型预测控制方案分为"阀泵联合"型和"分布式水泵"型。

4.2.2.1　"阀泵联合"方案

(1)适用场景。本方案针对采用阀泵进行水力平衡调控,且信息化程度较高的供热系统;对于多热源环网等大型供热系统更能够发挥独特优势。

(2)方案概述。模型预测控制基于机理模型和负荷预测,不再采用传统反馈控制模式,直接进行阀泵联合控制的先进控制方式。本方案需要准确的管网、设备信息,同时对信息化程度要求高,不仅需要水泵、阀门等设备具有较好的调节能力,同时要求其具有足够的数据采集点和数据精度,必要时根据仿真模型需要加装温度、压力和流量传感器。

智慧供热系统具备 DCS(distributed control system,分布式控制系统)、SCADA、GIS等先进的信息系统支持,部分最新系统甚至还有物联网系统支持。在这些信息系统的支持下,热力系统可采用由智能大脑指挥调度的"模型预测控制"方案。模型预测控制基于新一代水力热力耦合模型,提出全面解决水力失衡的新方案。

在模型预测控制方案中,控制平台的监测控制策略充分考虑来自环境和热力系统的所有可收集数据,通过热力系统的负荷预测模块和仿真模型参数校核模块对最优化模型提供优化参数。在最优化模型中,调用水力热力仿真计算及人工神经网络等智能算法获得实现动态平衡所需的仿真结果。这些仿真结果直接下发到各地控制器来控制阀门/水泵,模型预测控制方案可以直接完成管网平衡调节,或者作为粗调节手段用本地反馈控制方式完成平衡调节。

模型预测控制方案可与智慧供热云平台信息系统进行对接与整合,该方案最大程度上减少了水力振荡和温度漂移,保证了系统的稳定、高效、节能运行。

4.2.2.2 "分布式水泵"方案

(1)适用场景。本方案适用于热力站采用分布式变频泵,且信息化程度较高的供热系统;对于多热源环网等大型供热系统更能够发挥独特优势。

(2)方案概述。分布式水力方案采用"以泵代阀"调控模式,结合模型预测控制实现全网水力平衡。

某可再生能源热力有限公司在热力站处设置了变频水泵,布置方案和水力线分别如图4-11、图4-12所示。这些水泵完全代替热力站用于平衡的减压阀门。采用"以泵代阀"方式运行全网水力循环,可大幅降低电耗。

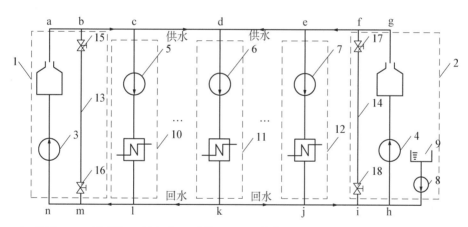

1、2—热源;3~7—循环泵;8—补水泵;9—水箱;10~12—换热站;13、14—水力连接件;15~18—开关阀

图4-11 布置方案

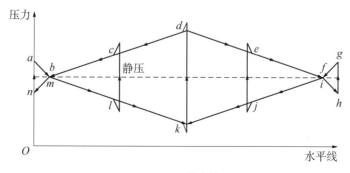

图4-12 水力线

如果各水泵是在自动控制系统的作用下进行调节,那么很可能会引起各支路水泵在相互影响的水力耦合过程中反复调节各自的运行频率。这是一种自动控制系统振荡现象。多个水泵反复调节的过程很容易引发管路水锤现象而对水泵和管网造成破坏。因此,水泵调频必须避免发生这种反复调节的情况。

"分布式水泵"模型预测控制方案并非采用控制系统解决水力平衡。这种方案是从工艺上全面克服出现水力失衡的可能性。但是,这种方式需要众多水泵配合。对大型系统,往往有几百个热力站需要同时进行水泵调节。此时,对水泵选型和水泵运行变频精度要求很高。基于高精度的水力热力耦合仿真模型,结合云计算服务,实现快速精度调节。

"分布式水泵"模型预测控制方案包括以下步骤:首先根据实时数据确定初始状态,其次通过在线水力计算模型进行全网水力计算,获得热源和各热力站循环水泵的压头和流量,最后根据水泵的特性曲线获得水泵的目标频率值,将所有水泵同时调节至目标频率值。在水力调节时,由于实际供热系统并非工作在一种稳态流动工况下,需要重复调节才能达到目标工况。具体方法是:保持调节目标不变,重复上述调节过程后,供热系统各水泵的目标频率将稳定在某个值。"分布式水泵"模型预测控制方案可以直接完成管网平衡调节,或者作为粗调节手段再结合本地反馈控制系统精调节完成平衡调控。

模型预测控制技术能够根据在线水力平衡分析结果,确定全网综合调节控制方案,计算全网最不利点及其参数,可以对全网所有热力站进行综合分析,能够查询全网热源、管道和热力站等的运行数据,包括压力、温度、流量和比摩阻等。找到全网供热参数最高的热力站,以及全网不符合供热参数条件的热力站,为管网自动调节、控制提供基础参数。

在供暖准备期及运行期,系统能够根据全网负荷、管网特性、热源参数等,自动进行全网调节,计算出每个热力站阀门开度,并将阀门、水泵参数下达至控制器中,或者模型预测控制作为粗调节手段再结合反馈控制方式,在较短时间内建立起管网水力工况,保证为所有热用户提供及时准确的供热服务。

4.2.3　优化控制研究现状

早在 20 世纪 60 年代,国外众多学者便开展多热源联合供热系统的相关研究,而中国这方面起步较晚,进入 20 世纪 90 年代后才开始研究。国内外众多学者对具有不同种类热源联合供热系统的稳定性、可靠性、优化设计、优化管理及优化运行调度等开展了多方面的研究分析。城镇供热方面技术先进的北欧各国,在多热源供热方面已摸索出一套完备的技术和理论。

多热源供热系统的优化调度体现在管网阀门的调节以及各个热源的负荷分配,这些都离不开供热管网的水力工况分析以及参数辨识,集中供热管网的水力工况直接影响供热系统的输配效率和运行调节质量。集中供热管网的水力特性建模、计算和工况分析技术,是研究集中供热系统运行特性和制定调节方案的有效手段和重要方式。国内外专家利用水力特性建模和水力工况分析技术,取得了许多研究成果。

国外学者对多热源供热系统水力工况计算和优化调度的研究开展较早。20 世纪 60 年代,苏联开始大力发展多热源环状热网,并借助计算机来对多热源环状管网联合供热系统进行水力计算研究,实现了将机器语言同供热管网水力计算和热力计算的耦合。

　　20 世纪 70 年代后北欧一些国家的学者开始尝试多热源联合供热系统的研究。其中,芬兰的 Tampere 采用 9 个热电厂联网,为全市 70% 以上的供热区域进行供暖。同样借助计算机来进行水力计算,根据系统中各个热源的供热能效,确定负荷变化时各个热源投入或退出的次序,提出优化运行调度方案,在达到预期供热需求的同时节约供热能源消耗。欧洲的相关学者还提出一种能够对供热系统参数进行预测的方法,当供热系统运行为处于不同供热模式时,可以对相应的供热系统进行预测计算,也对供热系统的运行调节进行了深入研究。

　　国内众多学者对多热源供热系统水力工况计算和优化调度的研究起步较晚,但研究力度却很大,取得了丰富的研究成果。

　　石兆玉引入网络图论的概念,借助图论对热网进行水力工况模拟计算,并开发了计算程序,在此基础上提出了集中供热管网初调节的模拟分析法。此外还率先利用网络图论研究并开发了适用于环状网供热系统水力计算的 HXW 程序,实现了给定管网结构、设计供/回水温度和热用户热负荷等系统参数时,即可计算出各段管径、比摩阻、节点压力和多热源循环水泵扬程的目标。

　　江亿首次给出了变流量调节时各热用户支路可调性和水力稳定性的定量定义、计算与实测方法;针对不同形式的供热管网,定义可及性分析的概念,深入研究得出如下结论:在环路管段有效地布置阀门或改变阀门的开度,可以有效改良管网的水力工况,发挥输配系统的效果并降低能耗,减少运行投资。

　　李祥立基于图论知识,针对枝状管网,建立了水力工况模拟分析的数学模型。同时利用计算机编程,开发了一套计算管网流量和压力等参数的程序,最后通过一个算例,进行水力工况的分析。

　　王晓霞提出了一套新的水力计算和管网分析方法,该方法可以对不同工况的热网进行计算分析。

　　田斌根据供热基本理论提供了一套可以进行管网水力平衡和计算的方法,基于一个实际算例的计算和事故工况的分析,提供了保证系统正常供热的措施。

　　刘永鑫提出了基于矩阵广义求逆的供热管网阻抗辨识方法,通过求解辨识方程组的最小二乘解来获得阻抗值。该方法与现有阻抗辨识方法相比,具有较高的辨识精度和计算效率。这将大大提高系统仿真模拟的精度,有利于系统运行调度的优化。多年来中国学者对多热源供热系统的水力工况计算、系统参数辨识及其运行调度的深入研究,使得中国供热事业更加完善。

　　多热源供热系统的优化调度研究集中体现在各个热源的负荷优化分配。如何实现在满足各个热用户的负荷需求前提下,合理分配各个热源的流量,使整个系统优化运行,国内外众多学者对此展开了诸多研究,尝试运用了众多的系统优化算法,例如线性规划、非线性规划和动态规划等。但是,当面对复杂的多热源集中供热系统时,以上基于数学规划的优化算法的求解将变得十分困难。人工智能优化算法的实现过程是一种基于概率的搜索,受系统复杂度的影响较小,于是近年来众多学者开始尝试运用人工智能优化算法来处理越来越复杂的集中供热系统。

　　20 世纪 80 年代以来,人工智能优化算法得到了迅速发展,其中人工神经网络模拟了人脑的组织结构,可以处理复杂的优化问题;蚁群优化算法提出是因为受到蚂蚁寻找食物的路径方式的启发;禁忌搜索模拟了人类产生记忆的过程;遗传优化算法借鉴了自然界优胜劣汰的进化理论;模拟退火优化算法的思路源于物理学中固体的退火过程;20世纪90年代中期,学者们提出了一种新的粒子群优化算法,其基本思想是受到鸟群行为研究结果的启发。遗传优化算法发展较早,应用比较成熟,具有很强的并行搜索能力,但由于单纯的遗传优化算法效率较低,故而常常与其他寻优的方法结合。

Mackle 和 Savic 将遗传优化算法应用于供水管网的优化研究,最终发现该优化方法完全适合于对大规模非线性问题的求解,相比纯数学规划求解,其有着极大的优势。

Chang 将人工神经网络和遗传优化算法相结合。首先运用人工神经网络进行负荷预测,随后利用遗传优化算法将预测结果分配到热源机组,用来提升机组负荷优化调度的时效性。

P. Subaraj 对遗传算法进行了改进,采用改进的自适应遗传优化算法来对热电负荷进行分配,大大提高了算法的计算速度。

李玉云综合人工神经网络在 HVAC(heating, ventilation, air-conditioning and cooling,空气调节)系统领域的研究现状,着重分析了集中供热系统供热负荷预算、故障分析、能源管理、系统辨识与控制等方面的应用。

刘立军利用人工神经网络,对集中供热系统建立了 BP 神经网络供热负荷预测模型。

郭民臣等基于改进粒子群优化算法,分析在考虑室外温度以及供热参数变化影响下的热电负荷分配问题。

江亿利用混合遗传优化算法对系统水力工况优化求解,开发了复杂集中供热系统水力优化软件,利用该软件对多个大规模的热网进行计算和研究。

4.3 解决方案

4.3.1 水力平衡改造

1) 合理改变二次管网敷设路由

在节能改造路由设计时,首先,根据用热负荷变化的合理预测,进行管网总体布局、全面规划,管网路由尽可能地靠近用热密集区,即热源和主干线尽量位于"负荷中心";其次,为降低投资,高效利用现有资产,改造时尽量利用原有管线,或者利用原有管沟进行微调、扩建。

2) 严格根据用热负荷调整管径

严格根据用热负荷调整管径,是实现管网水力平衡的基础。采暖设计热负荷计算公式为

$$Q_h = q_h \cdot A \tag{4-25}$$

式中,Q_h 为采暖设计热负荷(W);q_h 为采暖热指标(W/m^2);A 为采暖建筑物的建筑面积(m^2)。

根据计算出来的设计热负荷,计算管网流量。管网流量计算公式为

$$G = 3.6\{Q/[c(T_g - T_h)]\} \times 10^3 \tag{4-26}$$

式中,G 为设计流量(t/h);Q 为设计热负荷(MW);c 为水的比容,$c = 4.1868\,\text{kJ}/(\text{kg} \cdot ℃)$;$T_g$ 为设计供水温度;T_h 为设计回水温度。根据各管段流量和管网推荐的经济比摩阻,查《热力网路水力计算表》,得到管径和实际比摩阻。推荐:主干线流速≤2 m/s,比摩阻 R 取 $30 \sim 70\,\text{Pa/m}$;支线流速≤3.5 m/s,$R \leqslant 300\,\text{Pa/m}$。

另外,计算出管径后,可根据设计管径进行管线阻力复核,以检查原有换热站循环设备是否能满足需求。管网阻力损失计算公式为

$$\Delta P = RL(1 + \alpha) \times 10^3 \tag{4-27}$$

式中,ΔP 为阻力损失(kPa);R 为管道平均比摩阻(Pa/m);L 为管道长度(m);α 为局部阻力占沿程阻力比例。

3) 在热交换站近端管路回水处加装数字锁定平衡阀

在热交换站近端管路回水处加装数字锁定平衡阀,并进行阀门"开度-流量"调节。数字锁定平衡阀是一种静态水力工况平衡用阀,它具有等百分比的流量特性曲线,适用于集中量调节。该种调节阀同以往闸阀、蝶阀最大的不同是其理论流量特性曲线为等百分比特性曲线即线性调节曲线,流量可以按照阀门手柄打开的圈数核定通过阀门的流量,也就是将通过阀门的热量定量。具体阀门流量 Q、阀门流通能力 kV、压降 ΔP 之间的关系可通过查阀门配套厂家的特性曲线得到,从而可以方便地选型。

4) 合理选用管网补偿方式

供热管网补偿采用套筒补偿器和自然弯相结合的方式,优先选用自然弯补偿,若有必要,加装套筒补偿器,此举兼顾了管网的水力阻力小和可补偿性能高的特性。

钢管补偿器补偿量计算公式为

$$A = 0.012 \times \Delta T \times L \tag{4-28}$$

式中,A 为管段补偿量(mm)。ΔT 为管网运行温度与安装温度之差(℃);该项目取 70℃,即安装温度 15℃,运行温度 85℃。L 为固定管段长度(m)。

4.3.2 平衡控制路线

对于新建的智慧热力系统,或者需要改造为智能化运行的热力系统,基于 4.2.2 节所述本章提出了一种模型预测控制方案。智慧热力系统普遍具备 GIS、SCADA 等先进的信息系统支持,部分最新系统甚至还有物联网系统支持。在这些信息系统的支持下,热力系统可采用由智能大脑指挥调度的模型预测控制方案。模型预测控制方案采用全新的控制机理,可全面整合大数据挖掘技术与人工智能策略。基于新一代水力热力耦合模型,本节提出全面解决水力失衡的新方案,模型预测控制(MPC)实施路径如图 4-13 所示。

(1) 数据采集方面,一般可从供热云平台中心或 SCADA 系统中获取环境和设备数据信息。

(2) 根据具体项目开展建模仿真和负荷预测。

(3) 参数校核。参数校核模型将基于历史数据和最新压力、流量、温度等数据,采用相

应算法校核管网阻力和散热量等关键参数,还需要对管网设备进行测试:

① 循环水泵特性测试。测试循环水泵在不同频率/转速条件下的流量和压差分布,形成水泵不同频率的运行曲线。

② 阀门特性测试。测试各调节阀在不同开度下的管路流量和压差数据,形成阀门不同开度的特性曲线。

(4)通过系统收集到的数据,展开水力校核。水力校核模型将基于历史数据和最新压力、流量、温度等数据,采用相应算法校核管网阻力和散热量等关键参数。

(5)基于全新的水力热力耦合模型进行水力和热力计算。模拟计算的结果提供给决策模块来判断最优化方案。

(6)优化方案。通过仿真模拟计算并设置优化目标条件(多热源经济运行、水泵节能、最不利环路压差等),结合人工神经网络等智能算法,获得实现平衡调控所需的仿真结果。

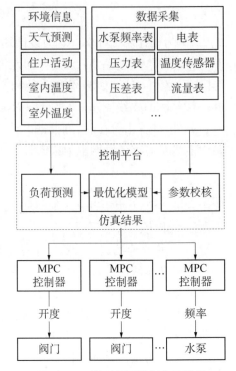

图 4-13 模型预测控制实施路径

(7)MPC控制。优化方案生成阀门开度和水泵频率等控制信息,并将控制方案传输至供热云平台指挥调度系统中,运行人员根据推荐数值进行调节,或者通过直接下发控制信息完成调控。

在 MPC 方案中,控制平台的监测控制策略充分考虑来自环境和热力系统的所有可收集数据。通过热力系统的负荷预测模块和参数校核模块,对最优化模型提供优化参数。在最优化模型中,调用水力热力仿真计算及人工神经网络等智能算法,获得实现动态平衡所需的仿真结果。这些仿真结果直接下发到各地 MPC 控制器来控制阀门/水泵。这里,MPC 控制器是一种成本更低但更智能化的专用控制器。

具体的实现过程如图 4-13 右侧流程图所示。输入参数为各热力站预测热负荷与运行参数:热力站一网供水温度、管网二次网循环流量、二网回水温度,由换热器模型计算得出当前时刻下热力站的一网循环流量与一网供/回水温差;并作为管段模型的已知值来求解管网的三个基本控制方程:质量守恒定律、动量守恒定律、能量守恒定律,进而模拟出当前时刻各热力站末端压差。在求解得到各热力站末端压差后,即可根据调节阀的物理模型求解当前时刻的开度值,同时需要对求解的阀门开度值做约束判断,约束条件为阀门开度处于 0~100% 之间,其中必定包括一个最不利末端的热力站开度值为 100%。基于此判断条件与构建的循环泵模型,可计算出热源侧水泵须提供的最小运行压差,对一次热网的循环泵进行调频、实现能耗最优目标,约束条件为水泵运行频率在 25~50 Hz 之间。循环泵提供的压头主要消耗在一次热网的输运压力损耗、各个热力站的压力损失和热源本身的压力损失。

每个热力站对应一个 MPC 控制器,分别反馈出此时各热力站的最佳阀门开度,同时热源处的 MPC 控制器可反馈出热源水泵的最佳运行频率。通过此种基于负荷预测的一次热网优化平衡控制方法,可大大改善供热系统水力热力失调的运行现状,实现供热系统的热量需求与热量供给的平衡,降低整个供热系统的电耗与热耗。且在满足各支路水力平衡的前提下,给出各热力站的阀门开度与热源循环泵的运行频率,相比传统反馈控制的方法,可避免反复调节热力站的阀门开度而产生的水力振荡,直接提供循环泵频率和阀门开度的最优参考值,特别适用于具备多个无人值守站的大型热力系统。

控制器不再采用 PID 类反馈控制方式,而是有学习设备性能功能的直接控制器。这种控制器内含设备性能曲线,可通过仿真结果直接给出阀门开度和水泵变频频率。由于无须反馈,这种控制方式从机理上避免了发生水力振荡现象。而且,无须添加反馈模块,控制器学习曲线直接来自上层控制平台,控制器的成本降低。更进一步,上层控制平台也可直接采用"云平台"。这样,对应企业每年管网规模增长,均可灵活配置算法和硬件,支持手机终端,大幅降低服务部署和升级成本。现场工程中,采用 MPC 方案可直接支持最新的智慧热力平台,主要工作是对 GIS、SCADA 或 BIM 等信息系统的接口和整合。值得一提的是,智慧热力平台可充分利用收费信息整合运行和维护能力。MPC 方案完全不会产生水力振荡,可快速实现动态水力平衡,特别适用于具备多个无人值守站的大型热力系统。

通常在供暖准备期,MPC 方案为供热系统管网平衡的初调节提供决策参考,通过方案实施后水力稳定状态验证方案的准确性和稳定性。在供暖初、末寒期,热源和热力站可通过在局部或全部热力系统管网上展开模拟验证和有限时间等方案展开研究。管网平衡调控过程中始终保证最不利环路的热量,热源与热力站之间通过分批次、逐步执行方案,并根据调节情况改进运行方案直至达到管网平衡调控,通过水力稳定情况验证方案可行性。

4.3.3　优化控制路线

在此背景下,供热系统的"优化调度"应运而生。它是多热源供热系统在能耗最优等多控制目标下实现对热源位置、热源类型、热源启停、热源供水温度和热源循环流量等参数的优化。

优化调度改善传统的反馈调节方法,原先将流量数据通过传感器输入到 PID 控制器,随后反馈给控制平台并设置阀门的开度和水泵的转速,并通过 PID 控制器控制阀门、变频控制器进而控制水泵。而智能优化调节方法则是将流量压差传递给 MPC 控制器,并结合控制平台通过热力仿真模型和优化算法得出的优化值来控制阀门的开度和水泵的转速。这相比传统的调节方法更加精确、全面。

智能优化调度的基础由规划法、优化算法和仿真模型三部分组成。规划法包括动态规划法、线性规划法和非线性规划法等,优化算法包括遗传算法、粒子群算法和模拟退火算法等,最后一部分则是多热源工况下高精度、高效率的仿真计算模型。将三者结合计算出最优温度和流量压力,从而在满足热需求的条件下实现节能、安全、低碳等目标。

本节提出一种基于粒子群优化算法的供热系统优化控制方法,该步骤具体流程如下:

（1）初始化热源供水温度 T_2^1、T_2^2、$\cdots$、T_2^r 与热源循环流量 m_1^1、m_1^2、$\cdots$、m_1^{r-1}。其中,上标代表共有 r 个热源;T_2 为热源回水温度,m_1 为热源循环流量。

（2）就实际供热系统而言,负荷预测通常是基于历史运行数据的统计分析,通过不同方法建立特征值与热负荷的预测模型,但对于影响负荷变化的因素与条件缺少明确的量化计算过程,基本采用黑箱或者灰箱的方法进行预测。若热力站存在热用户增加、节能改造、历史供热量过大或过小的问题,则基于历史数据的负荷预测值很可能存在误差,那么基于固定负荷预测值所做的优化模型也将存在误差。通过引入负荷预测余量 x_m 来描述预测负荷与实际所需负荷的偏差。正值表示预测负荷值偏大,存在历史数据供热温度过高或建筑节能改造等情况;负值表示预测负荷值偏小,存在历史数据供热温度过低或热用户量增加等情况。具体计算公式如下:

$$x_m = Q_m^{pre} - Q_m^{pre'} = Q_m^{pre} - Q_m^{need} \qquad (4-29)$$

式中,Q_m^{pre} 表示基于历史数据的预测热负荷值;$Q_m^{pre'}$ 表示考虑负荷预测余量的预测负荷值即为实际系统所需热负荷。因此,如果需要优化 m 个热力站末端的供/回水温差 Δt 与循环流量 m,可以增加 $2m$ 个优化参数为 m_1、m_2、$\cdots$、m_m、Δt_1、Δt_2、$\cdots$、Δt_m。

管道热损失可由式(4-30)计算:

$$Q_{管损}^i = \frac{T_1^i - T_0}{R_{管道} + R_{保温}} + \frac{T_2^i - T_0}{R_{管道} + R_{保温}} \qquad (4-30)$$

式中,上标 i 为管道编号;T_1 为供水温度;T_2 为回水温度;T_0 为室外温度;$R_{管道}$ 为管道热阻;$R_{保温}$ 为管道保温层热阻。

热源 r 的循环流量可由式(4-31)、式(4-32)计算:

$$M = \frac{Q_{负荷}^1 + Q_{负荷}^2 + \cdots + Q_{负荷}^n}{c \times \Delta T} \qquad (4-31)$$

$$m_1^r = M - m_1^1 - m_1^2 - \cdots - m_1^{r-1} \qquad (4-32)$$

式中,上标 n 表示为 n 个热用户;$Q_{负荷}$ 为热源负荷;ΔT 为热源 r 的供/回水温差;c 为热水比热。

(3) 各热源供水压力 P_2^r 与回水压力 P_1^r,以及热源的供热量 $Q_{源}^r$ 计算公式如下:

质量方程

$$\frac{\partial \rho}{\partial t} + \frac{\partial (\rho u)}{\partial x} = 0 \qquad (4-33)$$

动量方程

$$\frac{\partial (\rho u)}{\partial t} + \frac{\partial (\rho u^2)}{\partial x} = -\frac{\partial \rho}{\partial x} - \frac{f\rho}{2d} u \mid u \mid - \rho g \sin\theta \qquad (4-34)$$

能量方程

$$\frac{\partial (\rho E)}{\partial t} + \frac{\partial}{\partial x}\left[\rho u \left(E + \frac{p}{\rho} \right) \right] = \Delta q v \qquad (4-35)$$

式中,ρ 为水的密度(kg/m^3);t 为时间(s);u 为水的流速(m/s);x 为管内轴向长度(m);p 为水的绝对压力(Pa);g 为重力加速度(m/s^2);θ 为管道与水平方向的夹角(rad);f 为摩擦阻力系数(无量纲);E 为单位质量的水的能量(J/kg);$\Delta q v$ 为单位体积的水的热损失(W/m^3)。

(4) 目标函数值根据下式计算:

$$Y = \frac{(P_2^r - P_1^r) \times m_1^r}{367 \eta_{水} \eta_{电}} \times E_{电} + Q_{源}^r \times E_{热} \tag{4-36}$$

式中，P_2 为热源回水压力（Pa）；P_1 为热源供水压力（Pa）；$Q_{源}$ 为热源提供的热量（GJ）；上标 r 表示 r 个热源；$\eta_{水}$ 为水泵效率；$\eta_{电}$ 为电机效率；$E_{电}$ 为电费；$E_{热}$ 为热耗费用（元/GJ）。

针对不同类型的热源，其热费用价格不等。针对负荷预测余量不等于 0 的情况，通过在目标函数中增加惩罚项来定量表示负荷预测余量的影响，在此范围内寻找最优解，系统的可优化空间增大，也可结合实际情况进行负荷预测值的修正，从而更满足实际热需求。目标函数包括整个管网的运行费用和末端预测负荷与实际负荷相差的惩罚费用，此时目标函数由式（4-37）计算：

$$Y = \frac{(P_2^r - P_1^r) \times m_1^r}{367 \eta_{水} \eta_{电}} \times E_{电} + Q_{源}^r \times E_{热} + \sum |x_m| \times E_{惩罚因子} \tag{4-37}$$

式中，x_m 表示热力站 m 的负荷预测余量（W）；$E_{惩罚因子}$ 表示负荷不匹配的惩罚因子（元/kW）。

（5）更新粒子的速度和位置，重新计算目标函数值，直至达到迭代次数或者计算目标值最优则计算停止，最终输出最优热源供水温度 T_2^1、T_2^2、$\cdots$、T_2^r 与热源循环流量 m_1^1、m_1^2、$\cdots$、m_1^{r-1}，此时整个供热系统的电耗与热耗费用降到最低。其计算公式如下：

$$V_{i+1} = \omega \times V_i + c_1 \times random() \times (pbest_i - X_i) + c_2 \times random() \times (gbest_i - X_i) \tag{4-38}$$

$$X_{i+1} = X_i + V_{i+1} \tag{4-39}$$

式中，V_i 为第 i 次迭代速度；V_{i+1} 为第 $i+1$ 次迭代速度；$random()$ 为随机数函数；X_i 为第 i 次迭代位置；X_{i+1} 为第 $i+1$ 次迭代位置；ω 为惯性因子；c_1 为个体学习因子；c_2 为群体学习因子；$pbest_i$ 为第 i 次迭代的个体最优解；$gbest_i$ 为第 i 次迭代的群体最优解。

相比传统的算法，粒子群优化（PSO）算法没有交叉和变异运算，依靠粒子速度完成搜索，并且在迭代进化中只有最优的粒子把信息传递给其他粒子，搜索速度快；PSO 算法还具有记忆性，粒子群体的历史最好位置可以记忆并传递给其他粒子；且 PSO 算法须调整的参数较少，问题解的变量数直接作为粒子的维数，结构简单，易于工程实现。但对于固定的惯性因子，PSO 算法易陷入局部最优，导致收敛精度低或不易收敛。另外，在参数控制方面，对于不同的问题如何选择合适的参数来达到最优效果，也是 PSO 算法的问题之一。

4.4 案例验证

4.4.1 案例一

4.4.1.1 设计工况
某市区域供热管网现有 3 个热源，分别是西郊热电厂（HS1）、南郊热电厂（HS2）和北郊热电厂(HS3)。在建设初期,3 个热源各自构成枝状管网独立供热。为了改善供热可靠性,需要基于原有的枝状网改造成环形网。在设计工况下,某市区域供热管网布置图如图 4-14 所示,其中热源编号为 HS1、HS2 和 HS3,热用户编号为 A1~A34,管段编号为 1~88。已知条件为初始选定管径、管长和热用户的用量信息,设计工况水力计算见表 4-3。表中,l 为管长,D 为管径。供/回水设计温度为 120 ℃/70 ℃,供/回水管网对称布置。该市改造工程中管网的地势高差变化较小,模拟计算时按照同一高差计算。在管网设计和事故分析计算时,按照《城镇供热管网设计规范》(CJJ 34—2010),一般可以采用稳态流动分析,此时高程差的影响较小。

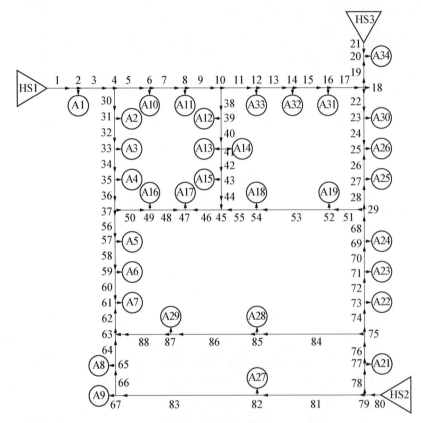

图 4-14 案例一某市区域供热管网布置图

表 4-3 设计工况水力计算

元件编号	l/m	D/m	$q_\text{m}/(\text{t/h})$	$\Delta p/\text{Pa}$	$R/(\text{Pa/m})$
1	500	0.688	2 170.94	18 554.09	37.11
3	200	0.69	2 129.88	7 036.816	35.18
5	418	0.504	1 220.86	25 037.61	59.90
7	318	0.505	1 097.86	15 252.95	47.97
9	155	0.505	1 015.89	6 368.791	41.09

元件编号	l/m	D/m	$q_{\text{m}}/(\text{t/h})$	$\Delta p/\text{Pa}$	$R/(\text{Pa/m})$
11	316	0.356	345.75	9 447.40	29.90
13	230	0.304	199.45	5 258.988	22.87
15	460	0.311	143.15	4 829.484	10.50
......					
88	226	0.098	15.07	11 681.05	51.69

在设计工况下,已知热用户 A1~A34 的最大循环水量和热源循环水泵的 p - q_{m} 特性曲线。设管网的唯一定压点在热源 3 循环水泵的入口处。设计工况下的水力计算是按照热用户最大热需求核定热水用量的。根据《城镇供热管网设计规范》的要求可知,当热水管道材质为钢管时,取当量粗糙度为 0.000 5 m,主干线管段比摩阻采用 30~70 Pa/m。

由表 4 - 3 中可知,HS1 的供水流量为 2 170.94 t/h;HS2 的供水量为 1 166.52 t/h;HS3 的供水量为 295.30 t/h;各管段的压降 Δp、流量和比摩阻 R 见表 4 - 3。流量或进出口压差出现负数,表明计算结果与初始选定的流向相反;水力交汇点在 20 点、23 点、43 点、47 点、59 点,共五处。图 4 - 14 中,初设的水力交汇点为 20 点、25 点、47 点、61 点共四点。与初设的水力交汇点相比,所有的水力交汇点都向热源 HS1 靠近,这说明由 HS1 供热的管段阻力偏大或 HS1 提供的压头偏低。可以适当增加比摩阻较大管段的管径或提高 HS1 的供水压头。从表 4 - 3 中的比摩阻计算结果可知,部分管段比摩阻过大,超过规范推荐的 70 Pa/m 的上限,应增加管径,如管段 28、管段 55 等;还有部分管段比摩阻偏小,可以适当减小管径,如管段 44、管段 46 等。表 4 - 3 中的结果是根据初始选定的管径进行计算得到的,最终管径值需要整合到公称管径值。在设计阶段部分尚未敷设的管道,可以利用平均截面法或最小平方和法等不断调整管径。然后利用软件 PF - DH 进行水力计算校核,直到水力交汇点和管段的比摩阻都满足要求。

4.4.1.2　事故工况水力计算结果和分析

事故工况分析主要是考虑热源停止供热或主干管道发生故障需要检修时,热用户的供热情况和可及性。根据《城镇供热管网设计规范》的要求可知,在事故工况下能够提供热用户 70% 的供热。在计算时对所有热用户都按照 70% 的热水量进行供热。分析以下两种故障工况下管网的水力工况:①热源 HS2 停止供热;②主管段 5 隔断检修。故障工况水力计算结果见表 4 - 4。

1) 事故工况①分析

与设计工况相比,在热源 HS2 停止供热时大约有 30% 的热水不能提供。此时,全部热用户由热源 HS1 和 HS3 提供相应的热量,这是多热源环网的优势。从表 4 - 4 中可知,HS1 热源须提供 2 247.34 t/h 的热水量,比设计工况供水量提高 3.52%,可以满足要求。在设计工况下,一些管段由热源 HS2 供热时是近热源段,但由热源 HS1 供热就成为远热源段,管段的比摩阻变得很大。如编号为 22、24 和 55 的管段,比摩阻远超过设计推荐值的范围,可以考虑适当加大管径或增加输水管路,保证热源 HS2 停运时的供热要求。

2）事故工况②分析

管段 5 是供热管网的主干管段之一，在设计工况下承担热源总供水量约 1/3 的输水量。若此管段发生故障需要检修时，仍须保持各热用户 70% 的热水用量，则管网干线管段的水力工况会发生较大变化。在保持所有热源循环泵工作曲线不变时，计算结果见表 4-4。显然，管段 5 附近热用户受到的影响最大。由于管段 5 是构成环网的基础管段之一，切断此管道将使得整个管网的环路减少 1 个，这也使得管网中多个管段的流向发生改变。

从表 4-4 中可以看出，管网所消耗的压头大幅提高。对环状管网的干线管段特别是靠近主要热源的管段，由于所承担的输水量份额很大，需要特别保护。可以采用敷设副线的措施提高抗风险能力，保证所有热用户的可及性。

表 4-4　故障工况水力计算

管段编号	① 热源 HS2 停止供热			② 主管段 5 隔断检修		
	$q_m/(t/h)$	$\Delta p/Pa$	$R/(Pa/m)$	$q_m/(t/h)$	$\Delta p/Pa$	$R/(Pa/m)$
1	2 247.34	9 850.40	19.70	1 649.91	10 735.20	21.47
3	2 218.60	3 793.48	18.97	1 562.17	1 083.94	20.42
5	1 155.71	10 903.03	26.08	—	—	—
7	1 069.61	7 120.21	22.39	−86.03	−98.86	−0.31
9	1 012.23	3 134.56	20.22	−143.41	−131.09	−0.85
11	461.21	8 172.23	25.86	−194.56	−3 010.99	−9.53
13	358.80	8 053.08	35.01	−296.97	−11 618.44	−50.51
15	319.39	11 645.94	25.32	−336.38	−26 435.09	−57.47
……						
88	−93.04	−159 706	706.66	−137.88	−964 917.91	−4 269.55

4.4.1.3　热用户用量变化对多热源水力工况的影响

在多热源的情况下，热用户用量（负荷）变化都会影响热源的工况。在多热源环网中，由于受到两个热源混合水温的影响，水力交汇点处的热用户供热不易稳定，在水力交汇点处的热用户用量发生变化对环网中供给该处的热源也有影响。下面分析在水力交汇点 59 处的用量变化对热源 HS1 和 HS2 供热水量的影响。设水力交汇点 59 的用量 q_{m59} 在 24 h 内的变化如图 4-15 所示。因热源 HS3 不供应水力交汇点 59 处的热水且热源 HS3 的供水量较少，可以假设热源 HS3 和其他各热用户处流量不变，则热源 HS1 和 HS2 的供水量 q_{mHS1}、q_{mHS2} 变化如图 4-16 所示。

由于热用户水量变化占总供水量不大且变化过程时间较长，属于慢瞬变流动水力工况。在计算时，热源循环泵转速保持不变，按设计工况的 p-q_m 工作曲线校核水泵工作点。由图 4-16 中可知，水力交汇点 59 的用量变化同时影响 HS1 和 HS2 的供水量变化。在不同的用量条件下，每个热源对交汇点 59 处提供的流量不同。若水力交汇处的两股热水温度有

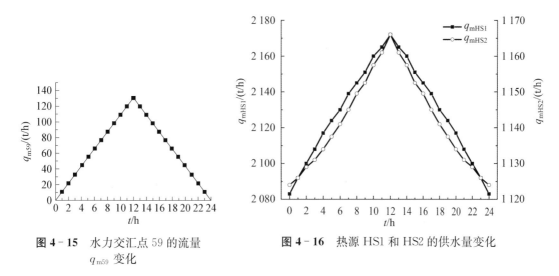

图 4‑15　水力交汇点 59 的流量 q_{m59} 变化

图 4‑16　热源 HS1 和 HS2 的供水量变化

差异,则必然导致该处的混合水温有波动,使得供热调节更困难。多热源环状管网的供热形式可以提高水力交汇处的水力稳定性,但供水温度可能发生波动。

4.4.2　案例二

4.4.2.1　模型建立

本研究案例为中国某地区的一次供热管网,其承担的供热面积约为 $4\,554\,563\ \mathrm{m}^2$,管网主干线总长度约 $164.5\ \mathrm{km}$。包括 136 个热力站设备机组,其中 22 个热力站未投用,136 个调节阀,1 座热源厂,1 台循环泵运行,38 个二通、262 个三通、26 个四通、44 个管帽。其管网拓扑连接如图 4‑17 所示,各个热力站的电调阀均为等百分比阀门。

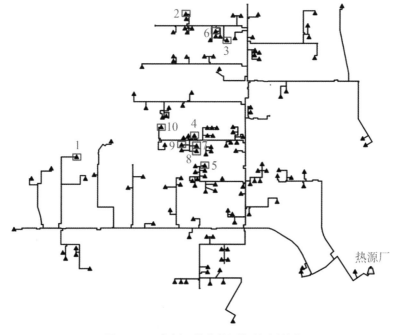

图 4‑17　案例二供热管网拓扑连接图

在对管网进行平衡调节前,须对模型的准确性进行验证,并通过实际 SCADA 系统监测的运行数据对计算模型进行仿真误差分析,验证模型中的拓扑连接关系、阀门开关状态、负荷分配关系等设置的合理性,确保建立的管网模型与实际管网匹配度较高。

本研究案例选取了较稳定的严寒期 12 月的运行工况,对模拟的准确性进行验证。分别选取严寒期 2020 年 12 月 14 日 9:00、10:00、11:00 三个时间点的实际运行工况,模拟对比结果见表 4-5。各项参数平均误差均在 5% 左右,其中阀门开度平均误差相对较大是因为有部分热力站其本身阀门开度很小,导致误差百分比相对偏大,但属于工程可接受范围。因此,可认为此供热管网模型与实际运行工况较相似,从而进一步对控制方案进行验证。

表 4-5　以运行实际参数模拟时热力站和热源的参数误差

时间	各热力站-网流量平均误差	各热力站-网温差平均误差	各热力站阀门开度平均误差	热源回水温度平均误差
2020 年 12 月 14 日 9:00	5.12%	3.4%	8.2%	0.55%
2020 年 12 月 14 日 10:00	5.71%	4.98%	7.47%	0.55%
2020 年 12 月 14 日 11:00	4.89%	5.75%	8.60%	0.45%

控制方案验证选取 2020 年 12 月 14 日 9:00 的运行工况做具体分析。目前采取的控制策略为 PID 反馈控制,各热力站设置二网供水温度为目标值,调节一次侧回水管道的电调阀开度,达到增大/减少流量的目的,从而来增加/减少换热量,以达到设定的二网供水温度。此种控制策略往往存在"抢水"的状况,靠近热源的热力站循环流量大,热量充足,而远离热源的热力站循环流量小,热用户室内温度低,热量不足。目前该时刻大部分热力站均处于过量供热的情况,尤其是 1~5 号这五座热力站,其平均热负荷分别为 72 W/m²、61 W/m²、65 W/m²、105 W/m²、61 W/m²;而 6~10 号这五座热力站则处于热量严重不足的状况,其平均热负荷分别为 27 W/m²、28 W/m²、28 W/m²、28 W/m²、26 W/m²,投诉率较高,特别是 7 号和 9 号热力站阀门的开度已达到 100%,仍不能满足热用户的热量需求。

4.4.2.2　热网对比分析

可通过本章提出的控制策略(策略 B)对全网的热力站阀门开度进行重新调节,使热量达到供需平衡。基于本节提出的控制方法,将传统方案(策略 A)与策略 B 进行对比。

策略 A:基于二网供水温度通过 PID 反馈控制进行一网热力站阀门开度调节;

策略 B:水泵变频,基于负荷预测通过模型预测的控制方法进行热力站阀门开度调节,且保证最不利末端的阀门开度为 100%。

两种策略运行参数对比见表 4-6,电耗计算时假定水泵的效率均为 70%,电动机效率均为 98%。

从表 4-6 中结果可以看出,基于负荷预测通过模型预测控制的方法可以达到节电和节热的效果,能使水泵电耗节约 17.99%、系统总热耗节约 5.01%。

表 4 - 6　两种策略运行参数对比

控制策略	最大阀门开度/%	水泵扬程/mH₂O	循环流量/(m³/h)	水泵频率/Hz	每小时电耗/(kW·h)	每小时热耗/GJ
策略 A	100%	20.00	3 500.86	44.49	278.11	581.94
策略 B	100%	18.33	3 132.58	41.95	228.07	552.80

策略 A 为目前供热系统采用的传统控制策略,设定二网供水温度反馈控制,此时虽然不利末端 7 号热力站开度为 100%,但是不能满足不利末端的热量需求。

策略 B 可满足所有热力站的实际热负荷需求,大大改善了过量供热而个别热力站热量不足的情况,降低了系统热耗;并对所有热力站的阀门开度进行判断,使最不利末端的热力站阀门开度保持最大开度 100%,最大限度地实现节电,并且降低各热力站的水力热力失调度。两种控制策略下热源水泵运行工况点如图 4 - 18 所示。

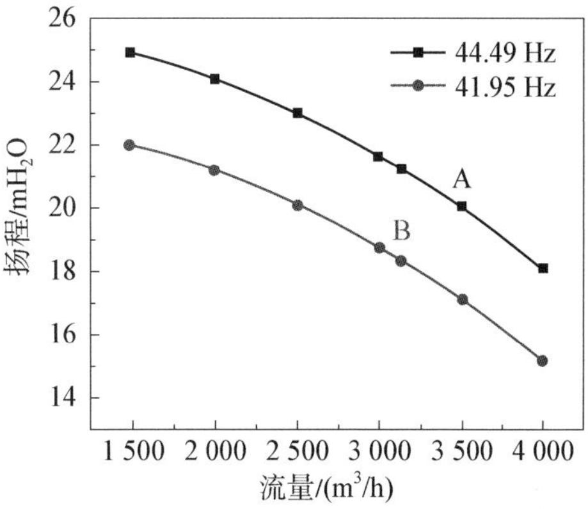

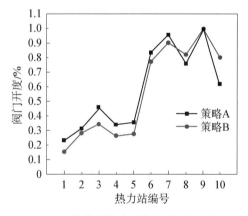

图 4 - 18　两种控制策略下热源水泵运行工况点

4.4.2.3　热力站对比分析

对 10 个典型热力站在传统 PID 控制策略与本节提出控制策略下的阀门开度进行对比,如图 4 - 19 所示。阀门开度大小与阀门两端压差、阀门型号、流通阀门的流量有关;同一阀门型号下,阀门消耗压差越大,其开度就越小。其中过量供热的 5 座热力站,其阀门开度均变小,在阀门上消耗的阻力增大;热量不足的 6～10 号热力站阀门开度并非全部增大,须根据全网水力模型计算的末端消耗阻力进行精确调节,以保证所有的热力站达到负荷预测的热量需求。

图 4 - 20 为在两种控制策略下 10 个典型热力站的耗热量对比,传统 PID 控制阀门开度的策略下存在热量分配不均的现象,而此方法是

图 4 - 19　两种控制策略下热力站阀门开度对比

根据热力站的预测热负荷重新调节了所有阀门开度与热源运行频率,各热力站耗热量已达到其实际热需求。此时各热力站的平均热负荷均在 35～45 W/m² 之间,降低了各热力站的水力热力失调度,很好地改善了供热量分配不均的现状,提高了热用户满意度,降低了投诉率。

本节提出了一种基于负荷预测的一次热网优化平衡方法,可在满足热力站热负荷的需求下,实现对热力站阀门开度和热源处循环水泵的控制,并与传统基于二网供水温度的 PID

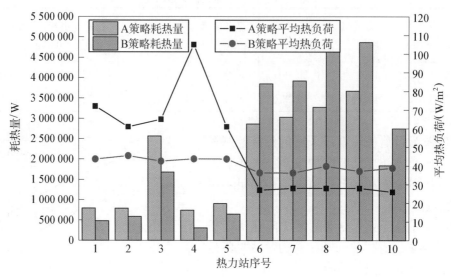

图 4 - 20 在两种控制策略下 10 个典型热力站的耗热量对比(参见彩图附图 2)

控制策略进行对比,证明此种控制策略具有以下优点:

(1) 在保证热力站热量需求的前提下,尽可能减少了因阀门产生的不必要的水力损失,实现最大限度的节电,提高热用户满意度。

(2) 相比 PID 反馈控制的方法,模型预测控制的方法可以避免循环泵频率和电调阀开度的振荡,直接提供循环泵频率和阀门开度的参考值,具有较好的水力稳定性。

(3) 此种模型预测控制的方法基于所有热力站的负荷预测,热力站负荷预测越准确,提供的阀门开度与循环泵频率参考价值越高。

但是,此种方法仍具有很大的改善空间。目前采用的换热器模型为稳态换热器模型,对于瞬时的流量需求预测可能会产生一定的误差;另外此方法对于供热系统的信息化程度要求较高,不仅需要水泵、阀门等设备具有较好的调节能力,而且同时要求其具有足够的数据采集点和数据精度,必要时须加装温度、压力和流量传感器。

4.4.3 案例三

4.4.3.1 案例背景

某区域共有 5 个热源,287 个热用户。供热管网如图 4 - 21 所示。其中主热源 HS0 为基础热源,在初寒期与末寒期可承担基础负荷。严寒期热用户热负荷增加,须开启四个调峰热源 HS1～HS4 进行调峰,且主热源以最大流量供热。相关参数供/回水温度设置为 100 ℃/55 ℃,基础热源以最大供热能力进行供热。$\Delta P_{\min} = 80\,000\,\text{Pa}$,系统定压点为 300 000 Pa。各个热源的最大供热能力及热价见表 4 - 7。不考虑热源供水温度变化,下面研究如何分配调峰热源流量使电耗和热耗费用最低,并探究四个调峰热源的占比和最优循环流量随负荷的变化。

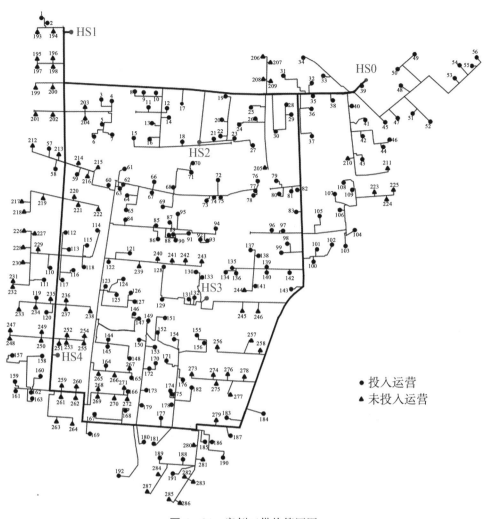

图 4-21 案例三供热管网图

表 4-7 热源最大供热能力及热价

热源	最大供热能力/MW	热源热价/(元/GJ)
HS0	380	22
HS1	76	55
HS2	58	55
HS3	76	55
HS4	90	55

4.4.3.2 计算过程

采用粒子群算法进行如下计算：

步骤一:初始化热源供水温度 T_2^1、T_2^2、T_2^3、T_2^4 与热源循环流量 m_1^1、m_1^2、m_1^3。其中,上标代表各个热源;T_2 为热源供水温度,m_1 为热源循环流量。

步骤二:根据式(4-31)、式(4-32)计算热源 HS4 的循环流量 m_1^4。

步骤三:根据式(4-33)~式(4-35)计算各热源供水压力 P_2^r 与回水压力 P_1^r,以及热源的供热量 $Q_源^r$。其中 r 代表各个热源。

步骤四:根据式(4-36)计算每个粒子的适应度函数值。

步骤五:根据式(4-38)、式(4-39)更新粒子的速度和位置,重新计算目标函数值,直至达到迭代次数,或者计算目标值最优时计算停止,联立式(4-40)~式(4-45),最终输出最优热源供水温度 T_2^1、T_2^2、T_2^3、T_2^4 与热源循环流量 m_1^1、m_1^2、m_1^3,此时整个供热系统的电耗与热耗费用到最低:

$$Q_1 + Q_2 + Q_3 + Q_4 = Q_{负荷}^1 + Q_{负荷}^2 + Q_{负荷}^3 \tag{4-40}$$

$$Q_1 < Q_{max1} \tag{4-41}$$

$$Q_2 < Q_{max2} \tag{4-42}$$

$$Q_3 < Q_{max3} \tag{4-43}$$

$$Q_4 < Q_{max4} \tag{4-44}$$

$$Q_1 + Q_2 + Q_3 + Q_4 = Q_{负荷}^1 + Q_{负荷}^2 + \cdots + Q_{负荷}^j - Q_0 \tag{4-45}$$

式中,j 表示 j 个热用户。

计算得出电耗达到最优费用为 861.97 元/h,热耗费用为 80 815.01 元/h。费用最低时热源的各项参数见表 4-8。

表 4-8　案例三费用最低时热源的各项参数

热源	循环流量/(kg/s)	供水压力/Pa	回水压力/Pa	热负荷/MW
HS0	1 997.35	701 325	401 325	377.5
HS1	400	693 226	409 412	75.6
HS2	159.1	681 883	420 788	30.1
HS3	400	672 480	430 129	75.6
HS4	372.47	695 516	407 157	70.4

4.4.3.3　调峰热源随负荷变化的趋势

费用最低时四个调峰热源占比随负荷变化趋势如图 4-22 所示。四个调峰热源最优循环流量随负荷的变化如图 4-23 所示。

分析图 4-23,可以得出如下结论:

(1) 最优目标函数下,HS3 均以最大供热能力进行供热。

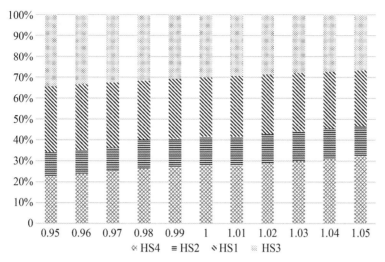

图 4-22　费用最低时四个调峰热源占比随负荷变化趋势

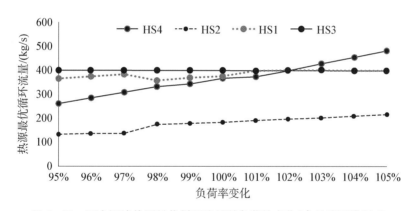

图 4-23　四个调峰热源最优循环流量随负荷的变化(参见彩图附图 3)

（2）随负荷增加，HS1 循环流量逐步增大至最大供热能力范围，HS4 循环流量增速较快，HS2 循环流量增速较慢。

（3）负荷增大，HS4、HS2 费用占比逐步增加，HS1、HS3 费用占比逐步降低。原因分析为受最大供热能力的约束。

4.4.4　案例四

4.4.4.1　案例背景

某区域共有 3 个热源，20 个热用户。其管网如图 4-24 所示。各个热用户的负荷见表 4-9。$\Delta P_{min} = 40\,000\,Pa$，系统定压点为 $300\,000\,Pa$。考虑热源供水温度变化，下面探究如何分配调峰热源流量使电耗和热耗费用最低，并讨论 ω 对热源优化结果的影响。

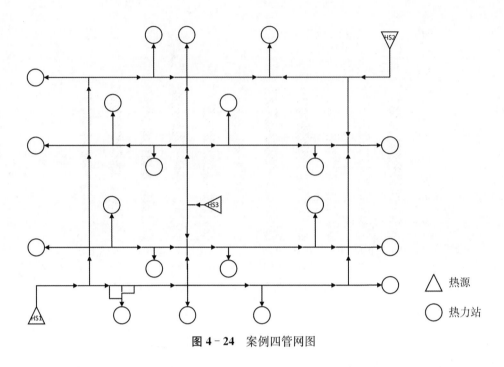

图 4-24 案例四管网图

表 4-9 各个热用户的负荷

名称	热用户负荷/W	名称	热用户负荷/W
H1	2 520 000	H11	2 100 000
H2	2 100 000	H12	1 260 000
H3	2 520 000	H13	2 100 000
H4	2 520 000	H14	840 000
H5	2 100 000	H15	2 100 000
H6	2 520 000	H16	840 000
H7	1 260 000	H17	1 680 000
H8	2 100 000	H18	1 260 000
H9	1 680 000	H19	1 680 000
H10	1 680 000	H20	1 260 000

4.4.4.2 计算过程

根据粒子群算法,进行如下计算:

步骤一:初始化热源供水温度 T_2^1、T_2^2、T_2^3 与热源循环流量 m_1^1、m_1^2。其中,上标代表各个热源;T_2 为热源供水温度,m_1 为热源循环流量。

步骤二:根据式(4-30)计算管道热损失,根据式(4-31)、式(4-32)计算热源 HS3 的循环流量 m_1^3。

步骤三:根据式(4-33)~式(4-35)计算各热源供水压力 P_2^r 与回水压力 P_1^r,以及热源的供热量 $Q_源^r$。其中 r 代表各个热源。

步骤四:根据式(4-36)计算每个粒子的适应度函数值。

步骤五:根据式(4-38)、式(4-39)更新粒子的速度和位置,重新计算目标函数值,直至达到迭代次数,或者计算目标值最优时计算停止,最终输出最优热源供水温度 T_2^1、T_2^2、T_2^3 与热源循环流量 m_1^1、m_1^2,此时整个供热系统的电耗与热耗费用到最低。

达到最优费用时电耗费用为 72 元/h,热耗费用为 5 607.04 元/h。此时热源的各项参数见表 4-10。

表 4-10 案例四费用最低时热源的各项参数

名称	供水温度/℃	回水温度/℃	循环流量/(kg/s)
热源 1	94.25	67.48	98.37
热源 2	94.61	67.26	109.36
热源 3	99.00	69.69	123.63
名称	供水压力/Pa	回水压力/Pa	热源耗热量/W
热源 1	561 253.53	300 000.00	11 081 528.28
热源 2	578 531.03	282 722.50	12 586 670.67
热源 3	519 703.89	341 549.63	15 269 562.35

此时管网热源处的耗热量总和为 38 937 761.3 W,则管道热损失为 2 817 761.304 W,占总耗热量的 7.24%。

4.4.4.3 ω 对热源优化结果的影响

ω 称为惯性因子,其值为非负;较大时,全局寻优能力强;较小时,全局寻优能力弱,局部寻优能力强。通过调整 ω 的大小,可以对全局寻优性能和局部寻优性能进行调整。

分别采用三种不同的 ω 变化策略,计算相同负荷下的热源优化结果。三种策略如下:

(1)策略一。常规粒子群优化算法 ω 为定值:$\omega = 0.5$。

(2)策略二。典型线性递减策略的 ω 计算如下:

$$\omega = \omega_{\max} - \frac{\omega_{\max} - \omega_{\min}}{t_{\max}} \times t \tag{4-46}$$

(3)策略三。线性微分递减策略的 ω 计算如下:

$$\frac{\mathrm{d}\omega}{\mathrm{d}t} = \frac{2(\omega_{\max} - \omega_{\min})}{t_{\max}^2} \times t \tag{4-47}$$

三种策略下粒子群优化算法的适应度函数曲线如图 4-25 所示。

分析图 4-25,可以得出如下结论:

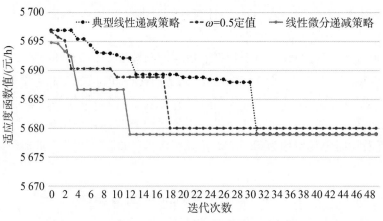

图 4-25　三种策略下粒子群优化算法的适应度函数曲线

（1）策略一的适应度函数最优值为 5 680.05 元/h；策略二的适应度函数最优值为 5 679.04 元/h；策略三的适应度函数最优值为 5 679.00 元/h。策略一的误差相对较大，可能陷入局部最优解。

（2）策略三的优化收敛速度更快，且适应度函数值最小，是三种算法中的最优选择。

4.4.5　案例五

本案例与 4.4.2 节中案例二为相同管网，因此不再赘述管网规模。下面考虑部分热力站负荷的变化，探究如何使电耗和热耗费用最低，并讨论惩罚因子 x_m 的确定范围。

4.4.5.1　计算过程

根据粒子群算法，进行如下计算：

步骤一：初始化热源供水温度 T_2^1、T_2^2、T_2^3 和热源循环流量 m_1^1、m_1^2。其中，上标代表各个热源；T_2 为热源供水温度，m_1 为热源循环流量。本案例中热力站 H69、H61、H68、H42、H70、H60、H112、H57、H41、H59 因存在历史供热温度过高、建筑节能改造或历史供热温度过低等问题，基于历史供热数据进行负荷预测的准确性较低，因此选取这十个站进行预测负荷余量的计算。初始化参数中加入循环流量 m_1、m_2、$\cdots$、m_{10}，供/回水温差 Δt_1、Δt_2、$\cdots$、Δt_{10}。其中惩罚因子选择 1 元/GJ，其余负荷以固定的预测负荷值计算寻优。热源 A 的热耗费用为 50 元/GJ，热源 B 和 C 的热耗费用分别为 40 元/GJ。

步骤二：根据式（4-30）计算管道热损失，根据式（4-32）～式（4-34）计算热源 HS4 的循环流量 m_1^4。

步骤三：根据式（4-33）～式（4-35）计算各热源供水压力 P_2^r 与回水压力 P_1^r，以及热源的供热量 $Q_源^r$。其中 r 代表各个热源。

步骤四：根据式（4-37）计算每个粒子的适应度函数值。

步骤五：根据式（4-38）、式（4-39）更新粒子的速度和位置，重新计算目标函数值，直至达到迭代次数或者计算目标值最优时计算停止，最终输出最优热源供水温度 T_2^1、T_2^2、T_2^3 与热源循环流量 m_1^1、m_1^2，此时整个供热系统的电耗与热耗费用到最低。

达到最优费用时电耗费用为 106.58 元/h,热耗费用为 13 858.96 元/h。此时热源的各项参数见表 4-11。

表 4-11　案例五费用最低时热源的各项参数

名称	供水温度/℃	回水温度/℃	循环流量/(kg/s)
热源 1	79.6	53.36	1 550.0
热源 2	84.44	58.37	518.7
热源 3	82.15	54.42	668.7

名称	供水压力/Pa	回水压力/Pa	热源耗热量/W
热源 1	669 915	540 102	47 325 421
热源 2	662 751	547 265	10 865 204
热源 3	669 135	540 882	13 834 661

此时管网热源处的耗热量总和 72 025 287 W,则管道热损失为 3 114 812 W,占总耗热量的 4.3%。

4.4.5.2　惩罚因子 x_m 的选择

惩罚因子与负荷预测余量的乘积定量描述,基于历史数据的负荷预测误差对于系统寻优结果的影响。固定的预测负荷不再直接等于热用户的热需求,而是介于设置的最大值与最小值之间,若无法明确某热力站的实际负荷范围,则惩罚因子的大小对寻优结果影响较大。不同惩罚因子下各热源的优化结果见表 4-12。惩罚因子不同时,质量-流量调节优化模型的结果发生变化,其中惩罚因子等于 1 或 10 元/kW 时热源循环流量与供热量保持一致,热源 A 均不参与供热,热源 B 与热源 C 的供热量接近。对优化后不同惩罚因子下各项费用进行对比见表 4-13,惩罚因子等于 10 元/kW 时,运行费用最低为 5 614.65 元/h,与惩罚因子等于 1 元/kW 时的结果接近;当惩罚因子小于 1 时,系统寻优结果的热耗电耗费用极低,这是因为供热量与所需热负荷差距较大。但惩罚费用较低,系统寻优不再满足热用户热需求,这与供热须满足热用户热需求相矛盾,因此惩罚因子不适合选择小于 1 元/kW。

表 4-12　不同惩罚因子下各热源的优化结果

惩罚因子 /(元/kW)	热源 A 流量 /(kg/s)	热源 B 流量 /(kg/s)	热源 C 流量 /(kg/s)	热源 A 供热量/W	热源 B 供热量/W	热源 C 供热量/W
0.1	30.76	106.64	101.02	2 958 960	11 914 563	10 795 528
1	0.00	147.42	151.93	0	19 654 696	18 787 705
10	0.00	159.47	151.99	0	18 645 503	19 686 157
100	72.36	142.71	86.05	9 255 524	18 716 248	11 287 475
1 000	49.13	137.19	117.62	5 916 886	17 654 224	15 774 860

表 4-13 优化后不同惩罚因子下各项费用进行对比

惩罚因子 /(元/kW)	电耗费用 /(元/h)	热耗费用 /(元/h)	惩罚费用 /(元/h)	运行费用 /(元/h)	目标函数 /(元/h)
0.1	35.55	3 696.34	1 330.52	3 731.90	5 062.41
1	81.02	5 535.71	896.26	5 616.73	6 512.98
10	94.89	5 519.76	14 976.87	5 614.65	20 591.52
100	71.06	5 653.33	93 313.08	5 724.39	99 037.47
1 000	72.04	5 665.82	922 579.56	5 737.86	928 317.42

对不同惩罚因子下热力站负荷进行对比如图 4-26 所示。从图 4-26 中可以发现:当惩罚因子大于 1 元/kW 时,热用户负荷预测余量很小,此时的预测负荷与基于历史数据的负荷预测值较为接近,各个热力站的负荷值集中在虚线框内,偏差很小;而当惩罚因子等于 0.1 元/kW 时,此时的预测负荷大大偏离了之前的预测值,最大的负荷预测余量甚至达到了一半的预测负荷值,此时虽然系统运行费用最小,但优化结果已不具有参考性,热用户投诉率极高。

因此,惩罚因子过小时,负荷预测余量过大,考虑负荷预测余量的预测值过小,可能会偏离实际热负荷需求;惩罚因子过大时,考虑负荷预测余量的预测值无限接近初始固定预测值,但目标函数惩罚费用占比过大,将影响热源循环流量和供水温度的寻优。综合下来惩罚因子选择 1~10 元/kW 为最佳。

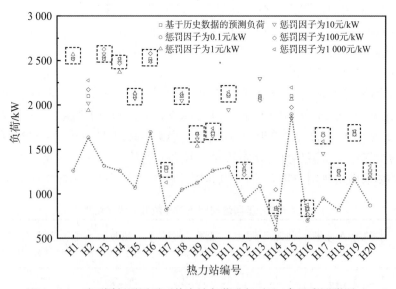

图 4-26 对不同惩罚因子下热力站负荷进行对比(参见彩图附图 4)

参考文献

[1] Bojic M, Trifunovic N, Gustafsson S I. Mixed 0-1 sequential linear programming optimization of heat distribution in a district-heating system [J]. Energy and Buildings, 2000,32(3): 309-317.

［2］江亿.集中供热网控制调节策略的探讨［J］.区域供热,1997(2):10-14.

［3］张晶.供热一次网的水力平衡调节方式对比与运行优化研究［D］.西安:西安建筑科技大学,2015.

［4］姜惠文.集中供热热网控制调节技术分析［J］.科技风,2019(19):128.

［5］石兆玉.石兆玉教授论文集:供热技术研究［M］.北京:中国建筑工业出版社,2015.

［6］李祥立,刘学,李国辉,等.一种热网络方程计算方法的改进［J］.大连理工大学学报,2012,52(2):239-245.

［7］王晓霞,赵立华,邹平华,等.基于图论的空间热网拓扑结构［J］.计算物理,2014,31(2):207-215.

［8］田斌.供热管网水力计算软件的设计与实现［D］.西安:西安电子科技大学,2009.

［9］刘永鑫.基于矩阵论的供热管网阻力系数辨识研究［D］.哈尔滨:哈尔滨工业大学,2011.

［10］李玉云,王永骥.人工神经网络在暖通空调领域的应用研究发展［J］.暖通空调,2001(1):38-41.

［11］刘立军,戴维葆.利用神经网络预测供热负荷［J］.黑龙江电力,2007(6):428-429.

［12］郭民臣,樊雪,彭新飞,等.改进粒子群算法应用于热电联产负荷优化分配［J］.汽轮机技术,2013,55(3):229-231.

［13］詹泽梅.一种基于动态规划法的关键路径算法［J］.电脑知识与技术,2019,15(31):215-217.

［14］朱国成,庄乐,陈粟宋.解决多属性群决策问题的一种线性规划法［J］.顺德职业技术学院学报,2021,19(1):23-29.

［15］冯泽民,李乔,谭陆西,等.模型预测控制器权重参数整定非线性规划法［J］.重庆大学学报,2022,45(4):111-121,154.

［16］于丰源.基于遗传算法与粒子群算法的供水管网水力模型校核对比研究［D］.邯郸:河北工程大学,2021.

［17］董晶.基于粒子群算法的可再生能源供给系统优化设计［J］.无线互联科技,2022,19(5):121-122.

［18］贾天理,喻若舟,王思凯,等.函数最值计算的模拟退火算法设计与应用研究［J］.黑龙江科学,2022,13(1):149-151.

［19］Kennedy J,Eberhart R. Particle swarm optimization［D］. Piscataway:IEEE Service Center,1995.

［20］Eberhart R,Kennedy J. A new optimizer using particle swarm theory［D］. Piscataway:IEEE Service Center,1995.

第 5 章

供热系统智慧诊断技术及应用

集中供热系统是由热源、热网和热用户三个部分组成的，其中热网是供热系统最重要的一个组成部分。热网的主要作用是将热源产生的热量输送到管网末端的各个热用户处。但是，在整个供热系统中，热网也是最为薄弱的一个环节。我国供热系统起步较早，因此很多管网的使用年限已经很长，随着这些管网使用年限的继续增长，新旧管网规模不断增大，近些年来各地管网故障频频发生，其中以供热管网老化、堵塞和泄漏事故最为普遍。

当前，区域集中供热已向自动控制、经济运行的方向发展。随着集中供热规模的不断扩大，实现供热管网与计算机技术结合，形成网络监管及时调控已势在必行。建立供热管网故障诊断系统，当监测到故障发生后及时抢修，防止造成更大范围的影响，努力降低突发事故带来的损失。热网智慧诊断方法的健全和体系化，是保证热网安全运行和提高热网自控、管理水平的有效手段。

5.1 问题提出

5.1.1 管道老化

城市供热管网管理粗放造成大量的能源浪费，目前随着"智慧供热"和精细化管理的提出，城市供热行业已不满足传统的管理手段，希望寻求新技术的应用突破。建立符合实际供热管网运行规律的仿真模型，是实现其现代化管理的有效手段。它不仅能帮助相关管理人员更好地进行网络的日常维护运营，而且是将来开展管网故障诊断和制定应急抢修方案的基础。对于供热管网建模来说，结构参数（各管道连接关系、端点标高等）通常较为容易得到，而管道内壁的粗糙度是随时间缓慢变化的，因此水力建模的核心工作就是利用各种方法得到准确的管壁粗糙度。管壁粗糙度反映了管壁的光洁程度及形变状况对流动过程的影响，随着管网投入使用后管网年限的增加，管道锈腐程度逐渐加重，管壁粗糙度不断发生变化，进而影响管网运行特性。选择合理的方法对管网进行粗糙度辨识，是建立可靠管网模型的前提，也是对管网进行水力计算分析、供热运行调节和故障诊断的关键。

5.1.2　管道泄漏

　　每一个供热城市都普遍存在供热管网的泄漏。供热管道的爆裂或泄漏主要是由于管道部件材质、敷设方式、施工及管理等诸多综合因素造成的,并且泄漏发生的时间与地点往往难以快速找到,这极大地影响了管网的正常运行和维护,给供热管网冬季安全运行带来了巨大隐患。泄漏故障不仅会影响供热部门的经济效益,同时也给热用户冬天的采暖带来很大的不便,很容易造成社会性问题,影响城市的正常运作。热网泄漏事故如图 5-1 所示。

图 5-1　热网泄漏事故图

　　中国北方地区如北京市和河南省的供热时间达 4 个月,而黑龙江省位于中国最北部,属于严寒地区,冬季平均气温极低,属于中国供暖地区中最寒冷的省份,供热时间可达 6 个月或更长。最近几年内,由于管网老化造成了冬季多起大面积停暖事故,严重影响了民生工程的建设。2020 年 12 月 18 日,黑龙江省哈尔滨市松北区发生一处泄漏事故,导致 400 多万平方米的 4 万多热用户停止供热,出动 40 台大型抢险车辆,连续施工长达 2 天后开始恢复供热。2021 年 12 月 25 日,河南省洛阳市涧西区发生大型泄漏事故,热水喷涌近 2 米高,沿街浓雾飘散,对周边交通和行人安全造成威胁,此次事故出动工程车辆 12 辆、维修人员 65 名,恢复供热时长近 2 天。2022 年 11 月 20 日,北京市朝阳区发生泄漏事故,造成地下室 2 名居民死亡。2022 年 12 月,河南省南阳市在半个月内发生泄漏事故 3 次,多次影响本地居民的正常生活。由此可见,由于供热管网泄漏造成的停热事件不在少数,事故给人民生活、工业生产和社会的安定和谐都带来了较大的影响。

　　供热管网绝大部分的事故并不是突然出现的,而是由于供热管道、阀门、补偿器等腐蚀而逐渐形成的,在一段时期内是一个渐变、缓慢的过程,即大事故的发生是由热网的小泄漏作为前兆的,如果能够在事故前期发现这些小的泄漏,及时排除故障,就可以避免由小泄漏发展成大事故,而各热力公司目前大多采取的人工检漏方法易受到各方面因素的影响,很可能贻误排除故障的时机、增加故障的危害和影响,因此对供热管网中的小泄漏进行诊断具有很重要的实用价值。

5.1.3 管道堵塞

集中供热管网系统堵塞现象时有发生,尤其是对于管线距离长、供热面积大、分支节点多、热用户结构复杂的大型管网,常因施工或运行不当使石、灰、砖、瓦、砂和棉等滞留管中,堵塞管网。供热管网系统堵塞多发生在弯头、三通、四通、变径、接头和阀门等部位。管网堵塞引发水力失调,造成居民住宅冷热不均,部分热用户室内温度达不到基本要求,而部分热用户室内温度过高,开窗通风调节温度。因此,管网堵塞不仅降低供热质量,影响热用户体验,而且降低供热系统效率,造成较大能源浪费,从而及时有效地诊断系统堵塞尤其重要。当前诊断供热管网堵塞的方法有改变循环水泵运行工况、改变膨胀水箱系统连接方式,根据供/回水管压力变化进行判断,或者单独诊断循环水泵入口处除污器、入户供/回水干管压力等方式,上述方法对于判断供热系统管网是否堵塞较为有效,但是对于定位结构复杂的大型管网堵塞点具有较大的局限性。

5.2 研究现状

5.2.1 国外管网故障检测研究情况

1) 基于硬件的故障诊断方法

随着无人机技术的发展,因无人机具有更精密的控制手段、更长的飞行时间,故而人工红外巡检将有望被无人机红外巡检替代。无人机红外成像技术采用图像处理技术对无人机搭载的红外摄像机获取的地面温度场图像进行处理,进而直接找到供热管网发生泄漏的地点,该方法的难点是后期处理大量的图像数据以及排除其他热源的干扰,但结合人工智能图像识别技术,该方法的难点有望被攻克。Ola Friman 等介绍了利用无人机热像仪检测供热管网泄漏的计算机图像分析方法,提出了一种自适应设置泄漏检测阈值温度的方法;此外,还提出了一种对热图像中的建筑物进行分割的方法,以减少误报。Kabir Hossain 等提出了一种使用卷积神经网络(CNN)和其他机器学习分类器的供热管网泄漏检测方法。红外无人机采集的原始图像序列是 16 位,使用 DRR 算子转换成 8 位格式,采用区域提取算法提取图像小块。对于机器学习分类器,将输入图像分割成固定的网格点,然后提取一组 SIFT 和 SURF 描述进行训练和测试。对于 CNN,可以直接将输入样本送入网络进行泄漏检测。CNN 模型对 16 位和 8 位的平均准确率分别为 0.886 和 0.884;相比 8 种不同的传统机器学习分类器,CNN 的平均准确率提高了 10.75%、11.48%,16 位和 8 位的假阳性率分别降至 7.00%、8.29%,16 位的性能略优于 8 位。结果表明,CNN 比传统的机器学习分类器性能更好,而机器学习分类器所需的计算资源更少。Zhong Yanfei 等提出了利用遥感热红外图像、可见光图像和 GIS 数据的多源数据供热管网泄漏检测方法。因为泄漏点周围是一个局部的高温区域,在红外图像中比较明显,其利用 LGSA 方法对红外图像中的管道泄漏进行异常目标检测。LGSA 方法利用泄漏的显著特征在局部和全局尺度上建立显著映射,将局部显著图与全局显著图相结合,可以实现目标增强、提高检测精度,而多源数据融合则降低了虚警率。在 GIS 数据可用时,可以建立管道缓冲区,排除管道周围的潜在泄漏点;GIS 数据不可用时,则将可见光图像中的道路提取结果作为管道缓冲区以消除误报。为了验证该方法,在瑞典等中高纬度地区进行多源数据实验。现场实验表明,所提出的 LGSA 方法成功检测出地埋管道泄漏,检测准确率达 90%,同时在减少误报方面优于现有方法。

2) 基于模型的故障诊断方法

基于模型的故障诊断方法在国外已有大量的研究。K. E. Abhulimen 和 A. A. Susu 基于 Liapunov 稳定性定理建立了管道故障检测的标准,提出了一个新的模型来检测液体管道的故障,并将该模型应用于一个原油输送管道。实验表明,对于故障来说压力差比流量差更敏感,流量差对于较大的故障显示出良好的性能。X. J. Wang 以分析解法为基础,提出了一个针对管段发生一个小故障的管道瞬态分析的时域分析解决方案,可用于检测并定位管网中的故障,其相比声学故障检测方法有更好的效果。A. L. H. Costa 介绍了管网监控系统的参数估计方法,首先建立一个参数估计程序来校准管网动态仿真模型,校准后通过在线仿真模拟来更新输入数据,通过比较预测结果和测量输出变量之间的差值来检测出故障。

基于物理模型的方法对特定管道建立流体模型,通过比较模型的模拟结果与管道的监测数据,来判断是否发生泄漏。Song Junyuan 等采用了一种基于压力梯度的方法来提高输油管道泄漏检测的准确性,利用基于输油管道质量流量平衡法的泄漏检测原理及流体的连续性,分析和推导了输油管道压力损失的数学模型和边界条件,然后对输油管道压力损失进行分析,找出造成压力损失的主要因素。在此基础上,通过提出泄漏模型和推导出泄漏点定位公式,深入研究了泄漏对整体运行状况的影响。该方法利用泄漏处前后两段管道实际测得的压力值计算出压力梯度,避免了使用理论公式时难以实时测量重要参数而产生的定位误差。Peng Shanbi 等提出了一种基于瞬态模型的泄漏检测方法,改进了传统典型线法的差分方法,实现了管道从头到尾和从尾到头的实时仿真,然后比较两次仿真的结果,判断是否存在泄漏,并确定泄漏位置。利用该方法建立管道瞬态模型,仿真过程中节省了从初始到稳定的时间,提高了仿真系统的适应性,解决问题速度快,能够对泄漏进行及时准确的报警,定位误差小于 1%。Zheng Xuejing 等提出了一种快速、准确的长距离供热管道泄漏检测技术。该技术利用瞬态水力数值模型和粒子群优化算法来寻找泄漏点,在 20 km 的长距离供热管道上进行模拟实验,研究了测量仪器误差和数据采样频率对泄漏检测精度的影响。结果表明,当采样频率大于 0.1 Hz 时,检测到的漏点区域和漏点位置的相对误差分别小于 2.73%和 2.40%。

Lu Yang 等进行三维稳态 CFD 模拟,研究了堵塞直径、堵塞长度和堵塞位置的影响,预测了压降与堵塞特性之间的关系,提出了一种堵塞检测与定位的预测模型。将模拟结果与实测数据进行比较,结果表明,CFD 结果与实验数据吻合较好。Yuan Zongming 等改变管道中的一部分管径来模拟堵塞,建立了适用于天然气干线的变径管道的物理模型和简化模型,采用 Sturm-Liouville 理论和傅里叶变换对数学模型进行求解,最后给出堵气管道压力分布的解析解。与商业软件结果进行比较,结果显示了较好的准确性。在输入值相同的情况下,成功地计算进口压力波动且长距离局部堵塞的输气管道中瞬态压力的分布。Emilia Blasten 等提出了一种基于边界测量的枝状网络中管道截面面积的重建算法。Fedi Zouari 等提出了一种检测方法,假定堵塞无规则形状,然后重建无约束形式的内部管道区域。结果表明，该方法能够以较低的计算代价准确识别任意形状和尺寸的多个局部堵塞。将所述方法与区域重建方法和堵塞特征识别方法进行比较，结果表明，该方法比其他方法具有更高的精度和效率。Ignacio 等提出了一种基于隐式非线性有限差分建模和输出误差最小化的堵塞定位方法。仿真结果表明，这种方法存在测量噪声时仍然有效。

国外学者利用负压波方法进行了大量的研究。P. V. John 等提出了一种基于逆瞬态方法的故障检测和校准技术，利用逆瞬态方法结合遗传算法来检测故障以及管网系统中的摩擦因子，发现逆瞬态方法结合遗传算法技术能够有效地判别故障点及故障程度。M. Taghvaei 等利用管道内波反射现象来辨识包含堵塞在内的各种管道故障的不同特征，最新的方法是用小波滤波信号来分析故障情况下的峰值特征。M. Taghvaei 利用小波来过滤压力反射波信号，然后通过倒谱分析方法来确定发射波和反射波之间的时间延迟，并将此技术应用于实验室，结果表明，该方法不仅可以确定故障位置，同时也可以确定故障程度，而且对大直径的管道检测准确率更高。I. A. Shidhani 利用水锤实验来确定反射波的适用性，在此基础上提出了一种基于小波变换的程序来确定故障的严重性。通过管网模拟验证表明：这种检测故障严重程度的方法在许多工业应用方面有巨大潜力。S. B. M. Beck 等利用一个增强的信号处理技术，即使用电磁阀来产生压力波以提高故障检测率，事实证明，通过扩展相关分析，比传统方法采用更少的传感器就可以达到识别功能，该测试确定的故障位置精度大于95%。

信号分析方法通过高频率传感器采集连续的信号，在时域通过波分解等方法提取特征，或是变换到频域，分离异常信号与正常信号。所分析的信号特征主要是信号的异常波动，用压力传感器采集管内流体的压力变化、用声波传感器采集声波，或者是其他对震动敏感的设备。Kang Jian 等针对长输管道平稳波动的特点，提出了一种基于嵌入式逻辑推理算法的负压波法来捕获管道泄漏时的异常压力，利用状态耦合关系提高故障检测灵敏度，降低误报率。在捕获异常信号和列出诊断结果之间增加相关设备的实时状态识别步骤。M. M. Gamboa-Medinaa 等采用特征值统计分析和分类方法，验证利用特征向量区分有无泄漏的可行性。Sanghyun Kim 提出了一种能同时处理泄漏、局部堵塞和管道参数的综合检测方案，推导同时存在泄漏和堵塞的管道系统压力和流量的频域表达式，然后在频域推导响应函数，并将其相应的时域表示集成到反瞬态分析的启发式算法中，目标函数为最小化观测压力和计算压力之间的均方根误差，实现同时预测异常的位置和大小以及管道的参数。Li Hongwei 等提出了一种基于改进小波去噪和短时傅里叶变换的泄漏检测方法，用于管网泄漏的实时检测，该方法能准确判断管网是否发生泄漏。Xu Tao 等提出了一种基于声压传感器的长距离大直径供热管道泄漏检测方法。研究了长距离大直径供热管道中动态声压信号的泄漏特性，比较基于不同小波基函数对管道中声压信号的去噪能力。结果表明，haar 小波是长距离、大直径供热管道信号滤波的最佳方法。因此，声学方法适用于长距离、大直径加热管道的泄漏检测。Sun Jilong 等提出了一种结合经验模态分解和希尔伯特变换的瞬态压力信号分析方法，以更好地识别和检测管道中的异常，如泄漏、堵塞和元件故障。针对一个简单的管道系统进行实验室实验，初步实验结果和分析表明，该方法能有效地识别和准确定位简单管道中的多种管道故障。Duan Huanfeng 研究了枝状网和环状网对系统瞬态频率响应的影响，并将其与系统中其他部件的影响和可能的泄漏故障分离。采用传递矩阵法分析推导了具有不同管道结构的系统瞬态泄漏响应，以此分析了系统的管道泄漏情况。最后在分析和数值计算的基础上,讨论了基于瞬态频率响应的泄漏检测方法的适用性、准确性以及在实际应用中的局限性。

　　机器学习技术在数据识别上有着显著的优势,将难以直接判断的信号处理后用于训练机器学习模型可以识别出信号中隐藏的故障模式。Qu Zhigang 等提出了一种基于光纤干涉仪和 SVM 算法的管道泄漏检测预警系统。在该系统中,光缆与管道在同一沟渠中平行敷设,三根单模光纤构成分布式振动传感器。该传感器基于 MZ 光纤干涉仪,可以实时检测管道沿线的振动信号,采用基于小波包分解的能量模式法提取振动信号的特征向量。然后通过 SVM 识别特征向量,判断是否有异常事件发生。若发现异常事件时,则进一步定位。现场实验表明,该系统具有良好的定位识别精度和实时性,识别率一般为 95%,定位精度一般为 200 m,该系统已经成功运行在总长约 150 km 的四条管道上。Liu Jinhai 等提出了一种小型泄漏检测和定位方法,对管内负压波的混沌特性采用 HKLS-SVM 模型,能较好地检测出管道中的小型泄漏,通过对 Logistic-Map 数据和实际管道数据的仿真验证了该方法的有效性。Zhou Mengfei 等首先提出了一种改进的样条局部均值分解方法来消除噪声干扰,与改进的局部均值分解方法相比,该方法具有更高的泄漏定位精度。其次,提出了一种利用卷积神经网络进行泄漏检测的图像识别方法,该方法利用重构信号转换后的图像作为 AlexNet 模型的输入,能够自适应提取泄漏信号特征,有效地检测不同的泄漏孔径。最后,通过广义互相关分析确定负压波泄漏和传播引起的上下游压力传感器之间的信号时延,从而得到泄漏位置。实验结果表明,该方法对泄漏检测和定位是有效的。Lang Xianming 等提出了一种改进的局部均值分解信号分析方法减少噪声干扰,对重构信号进行小波分析,去除重构信号中的噪声。在此基础上,根据时域特征和波形特征提取信号特征,输入最小二乘双支持向量机进行管道泄漏识别。最后根据小波去噪后的重构信号,通过互相关函数得到管道末端负压信号的时延估计,将时延与泄漏信号传播速度相结合,计算出泄漏位置。实验表明,该方法能有效识别不同工况,准确定位泄漏点。Morteza Zadkarami 等采用管道进口压力和出口流量作为训练数据,利用统计、小波和统计-小波特征的方法提取了由出口流量和进口压力信号组成的输入向量的特征,然后由多层感知器神经网络分类器进行识别。对比表明,基于融合的特征提取方法使该分类器得到了更准确的结果。

　　Zhao Ming 等采用计算流体动力学方法研究了堵塞长度对管道流动瞬态波的影响。Li Xingbo 等介绍了一种利用超声波检测技术检测天然气管道中水合物堵塞的装置和分析方法,装置利用示波器接收并记录水合物表面的反射信号。结果表明,该仪器可以从管道外部准确测量管壁厚度和水合物堵塞厚度。H. F. Duan 等研究了瞬态波与堵塞的相互作用及其在管道中的影响,在管道中观察到堵塞引起的系统共振频率的变化。首先通过波扰动分析对频移进行检查和解释,为实验结果提供理论基础。不同于局部堵塞,长距离堵塞会导致系统的频移。此外,推导出一个用于检测堵塞属性和共振频率变化之间关系的分析表达式。通过数值模拟和实验室实验验证研究结果,并测试该方法的准确性和不足。Yang Jingzong 等提出了一种基于完全集成经验模态分解(CEEMD)和鲁棒独立分量分析(RobustICA)的降噪方法。首先对 CEEMD 得到的本征模态函数(IMF)进行分析,然后对相关 IMF 分量进行重组,构造虚拟信道。最后,将虚拟信道和原始信号作为盲源分离信号输入,使用 RobustICA 将信号源和噪声分离,从而达到降低噪声的目的。通过对仿真信号和管道声学堵塞检测信号的降噪效果分析,结果表明,该方法在降噪效果和性能指标上均优于 FastICA

和 EEMD 降噪方法。Chu Jiawei 等针对输气管道建立了描述气体中压力波传输的衰减模型,综合考虑非线性效应和黏滞耗散对波形畸变和吸收的影响,提出了一种简化的耦合波衰减方法。结果表明,该模型提高堵塞的预测精度,将误差从 9.0% 降低到 4.2%。C. Massari 等利用瞬态检测输水管道局部堵塞的随机模型进行测试。该模型是一种用于探测地下非均质形态的随机逐次线性估计方法,估计局部堵塞管道内的直径分布,并量化与这些估计相关的不确定性。结果表明,通过快速关闭阀门的测试,可以较好地初步估计堵塞的程度和大小。N. L. T. Lile 等利用振动测量方法研究了圆形管道堵塞的影响,利用加速度计测量振动参数,观察堵塞程度与振动信号之间的关系。研究发现,管道内的振动随流动面积的减小而增大。Raheleh Jafari 等提出了一种基于扩展卡尔曼滤波观测器的管道堵塞检测与定位方法。Enbin Liu 等提出了一种基于负压波法的堵塞检测方法。当管道完全堵塞时,增加管道压力,使其成为压力容器,再在管道起点实施泄压。然后采集管道的压力信号,利用小波变换方法获取压力信号的突变信息,记录负压波通过传感器的双向时间,实现定位管道堵塞。该方法具有性价比高、操作简单、不需要复杂设备等优点。Wang Xiaojian 等分析了局部堵塞对管道瞬态特性的影响,管道摩擦和局部堵塞都会对流体瞬态产生阻尼。摩擦阻尼和堵塞阻尼对于每个谐波分量都是指数型的。对于每个谐波分量,堵塞引起的阻尼取决于堵塞的大小和位置,与测量位置和瞬态事件无关。在解析解的基础上,提出了一种利用瞬态阻尼检测堵塞的新方法。阻尼率的大小表示堵塞的大小,不同阻尼率的比值用来定位堵塞。P. K. Mohapatra 等提出了一种利用频率响应法检测单管道局部堵塞的方法。采用传递矩阵法对下游阀门周期性开启和关闭所产生的稳态振荡流进行频域分析,得到了阀门处的峰值压力频率响应。若在管道系统中有单个局部堵塞,则可以通过峰值压力频率响应中的峰值模式和峰值数量来检测其位置,平均峰值压力波动确定局部堵塞的大小。对于两个局部堵塞,堵塞的有效尺寸可由峰值压力频率响应确定。知道系统前后的频率响应可以检测另一个部分阻塞的位置和大小。Pedro J. Lee 等提出,利用流体瞬变化来定位输送管道中的堵塞。通过频率响应图的形式提取系统的行为,响应图峰值上的振荡模式显示了管道内的局部堵塞;提出了一个简单的解析表达式,用于检测、定位和确定局部堵塞,并适用于系统中存在多个堵塞的情况。T. C. Che 等研究了非均匀堵塞特性对能量传递的影响。结果表明,非均匀堵塞的阻力与频率有关,在高频波中阻力变小。说明非均匀堵塞对高频波传播的阻碍作用较小。S. Meniconi 等采用压力信号分析和频率响应分析两种技术对不同材料和特性的管道系统进行实验测试。结果表明,压力信号分析定位堵塞更准确,而频率响应分析确定堵塞的大小和长度更准确。并进一步提出了两种方法的耦合。实验结果表明,采用耦合方法提高了检测精度和计算效率。Chu Jiawei 等开发了一套压力脉冲波堵塞检测实验系统,用于在实验室中利用压力脉冲波的传播进行堵塞检测和研究。快速动作电磁阀产生压力脉冲波,产生的信号被三个动态压力传感器接收。通过实验,验证该系统在堵塞检测和压力脉冲波传播的实验研究中具有实际应用价值。X. F. Yan 等研究了输水管道中瞬态压力波与粗糙管壁和堵塞的相互作用。通过对管道瞬态流动的多尺度波扰动分析,推导出粗糙堵塞管道中波动传播的解析表达式。从波包络衰减和波相变化的角度研究了管壁粗糙度、摩擦力和管道堵塞对波散射的相对重要性。Sanghyun Kim 采用多重局部堵塞函数来表示多重堵塞条件,降低现有方法考虑多堵塞的复杂性。与传统阻抗方法相比,该方法在模型精简方面具有突出的性能。Ahmed M. Sattar 等提出了一种利用频率响应检测管道局部堵塞的方法。在系统频率响应中,局部堵塞增加均匀次谐波处的压力振荡幅值,其频率和振幅可用于预测局部堵塞的位置和大小。该方法只需要一个位置上的压力瞬变序列,比其他一些可用的技术更有优势。实验结果表明,该技术能够成功地在一些堵塞尺寸小 10% 的简单系统中检测出堵塞的位置。

基于人工神经网络检测管道故障的方法,能够运用自适应能力学习管道的各种工况,对管道运行状况进行分类识别,是一种基于经验的类似人类认知过程的方法。P. K. Satija 和 A. Kumar 结合使用了统计技术和压力测试点分析评估方法,同时利用了人工神经网络技术来预测故障点的位置,并应用于实际管网中,该方法有效地缩短了故障定位和修复时间。S. Belsito 利用数据处理和人工神经网络建立了一个管道的故障检测系统,来检测故障的大小和位置。该系统可以检测并定位低至管道流量 1% 的故障,实验结果表明,模型的正确预测率超过 50%。A. H. Kassem 等利用遗传算法优化技术来优化神经网络。所构建的神经网络不直接使用传感器读数,而是采用多项式法来生成混合输入,从而优化神经网络的性能,实验表明该模型提高了管道故障检测的准确性。J. Takeuchi 在流体管网故障定位问题中使用多层感知器建立了分类程序,将整个管网系统分成有限个区域或管段组。通过训练多层感知器来建立测量值和故障地区之间的关系,从而估计出每个区域的故障可能性。数值仿真结果表明该方法的有效性。J. H. Li 提出了一种基于 BP 神经网络的新方法来预测摩擦系数,这种方法适用于正在运行的管道。将该方法应用于实验室管网中,研究结果表明能够成功定位故障点。J. Yang 等从故障声信号产生的机理出发,分析了故障声信号具有"不可重复"特征的机理;以近似熵值来量化故障信号"不可重复"的特征,并将该值作为 Elman 神经网络输入,辨识故障的发生情况,研究结果表明发现故障的准确率高于其他故障检测方法。

J. Mashford 和 D. De Silva 等将支持向量机引入管网故障诊断技术,介绍了一种基于支持向量机的数据挖掘方法。该项研究中,支持向量机是模型中的模式识别器,其训练和测试数据都来自水流模拟测试系统。对支持向量机的性能评估显示:预测的故障大小和位置的准确性都能控制在合理的范围内。H. L. Chen 和 H. Ye 等根据压力曲线中的负压波可以显示管道的故障原理,利用支持向量机学习来检测压力曲线中的负压波。该方法中,负压波的检测被描述为一个有监督学习问题,并且利用支持向量机方法来建立检测算法。实验结果表明,相对于小波的方法,所提出的支持向量机方法显示出更好的性能。N. Liu 和 Y. Y. Zhao 针对声发射信号特征提取的噪声和传输的复杂性问题,通过分析发射信号的特点来获取有效的波信号,利用小波包来建造和重建信号,提取特征向量来建立训练样本,并建立了支持向量机的故障分类诊断。实验结果表明,在管道故障方面的识别率可以达到 100%。Y. Terao 等开发了一种基于声学方法的支持向量机模式识别系统,在学习阶段,分类器对所有地点故障的声音模式进行训练,训练完成后,可以通过对训练声音模式的识别比较来辨别位置未知的故障点。X. J. Fan 认为不确定因素、很少的故障样本、复杂的非线性管道系统是管道故障检测系统经常出现的问题,提出了一种支持向量机来分类小样本。首先利用支持向量机分类算法来确定故障形式,然后进行进一步诊断。实验表明,支持向量机分类器有较高的识别率。此外,还将支持向量机预报结果与神经网络方法进行比较,在分类性能和泛化性能方面,支持向量机比神经网络具有更优的性能。认为支持向量机更适用于管道故障检测。Y. Y. Zhao 对基于支持向量机的一个特征选择方法进行研究,可以解决小样本、非线性、高维的实际问题。实验研究和分析表明,当参数的峰值幅度特征值作为输入时,管道状态检测支持向量机可以达到更好的效果。

基于数据驱动的方法对常规监测数据(压力、流量等)进行数据分析,常用的手段是通过机器学习建立数据与特定模式之间的映射。E. J. Perez-Perez 等提出了一种利用人工神经网络技术来对压力和流量的监测数据检测和定位管道泄漏的方法。该方法设计了一个两级神经网络,第一个神经网络利用进口和出口的流量来计算摩擦系数,第二个神经网络利用前面的信息以及进口和出口的压力来确定泄漏位置。训练神经网络使用的数据来自实验场地的已校核数值模型。在实验场地上的模型布置近、中、远三种泄漏情况,对其进行实验验证。实验结果表明,该方法具有良好的性能和适用性,平均百分比误差为 0.47%。Jessica Bohorquez 等利用人工神经网络来预测管道中的特征。实验结果表明,神经网络能够准确预测节点的位置,在 95% 的测试情况下,$1\,000\,m$ 管道上的估计误差小于 $2.32\,m$。对于由两种不同直径管道连接而成的管道,预测非常准确,在 $5\,000$ 个测试样本中只有一个错误识别。人工神经网络预测泄漏位置和大小也是成功的。95% 的测试样本的误差在 $1\,000\,m$ 的管道上小于 $3.0\,m$,泄漏大小的预测平均绝对误差为 $0.31\,mm$。结果证明了结合流体压力和人工神经网络检测管道特性的潜力。Mohammad Tariq Nasir 等提出了一种利用压力传感器、差压传感器和流量传感器对管道泄漏进行检测、定位和估计的方法。其中,差压传感器检测不同泄漏大小的微小变化。将管道系统获取的输入输出数据开发人工神经网络和支持向量机模型。结果表明,与人工神经网络相比,支持向量机对噪声增量的敏感性较低,且更稳定。在噪声很小的情况下,神经网络的性能更好。Gerard Sanz 等提出了一种泄漏检测和定位方法,与一种识别地理分布参数的校准方法相结合。方法包括将校准的参数与它们的历史值进行比较,以评估这些参数的变化是由系统演化还是泄漏的影响造成的。在一个实际的配水管网上,利用合成数据对该方法的性能进行了测试。测试场景包括发生在不同位置的泄漏,占总消耗的 $2.5\%\sim13\%$。结果表明,即使在传感器数量较少的情况下,对参数影响大于参数不确定性的泄漏也能被正确检测并定位在 $200\,m$ 范围内。

Shen Yachen 等提出了一种基于 LinUCB 算法的强化学习模型对供热管网泄漏故障进行定位的方法。该方法使用 PF-DH 水力仿真模型来模拟网络中可能发生的所有泄漏故障,用压力和流量的监测数据变化率构成数据集。然后,利用 LinUCB 方法训练一个智能体进行臂选择,臂选择的结果就是泄漏管道标签。实验结果表明,该方法具有 95.08% 的高准确度,能够准确、有效地检测管道泄漏。Xue Puning 等提出了一种基于 XGBoost 的供热管网泄漏定位方法,其利用安装在每个热源和换热站的压力和流量的监测数据变化率来检测泄漏故障。该方法首先采用一种延迟报警算法,通过周期性地监测补水率的时间序列来识别网络中是否发生泄漏。当供热管网系统正常工作时,根据阻抗识别结果建立水力仿真模型。然后利用水力仿真模型,对供热管网系统中所有可能发生的泄漏故障进行仿真,得到记录所有泄漏故障监测数据变化率的泄漏数据集。最后在泄漏数据集上训练基于 XGBoost 的模型。当延迟报警算法发出泄漏信号时,就采集监测数据,将监测数据变化率输入训练好的 XGBoost 模型中,模型将输出泄漏管道的名称。案例研究中,模型结果的准确率均值和宏观 F1 得分均值分别为 85.85% 和 $0.997\,86$,证明了所提出方法的有效性。Dennis Pierl 等根据泄漏发生时的物理过程,研究了三种不同的方法来定位供热管网的泄漏故障。泄漏发生后的初始响应由压力波检测算法识别,水力状态达到稳态后使用基于数值模型和机器学习的方法。实验结果发现,对于所有的方法,距离泄漏点较近的地方,更可能检测出泄漏,具有一定的准确度。

5.2.2　国内管网故障检测研究情况

1) 基于硬件技术的故障诊断

针对供热管道故障检测硬件技术,国内众多学者主要利用声发射技术来进行管道故障的检测与定位。声发射技术是 20 世纪 50 年代后期迅速发展起来的一种无损检测方法,具有能动态监测且覆盖面大的优势。利用该方法对管道故障进行检测的原理是:管道内液体的故障会产生一种连续声发射信号,声发射信号在管道内传播,能反映结构的某些特征,如漏孔位置和大小等。但是,压力管道故障所激发的声发射现象也是一个非常复杂的问题,涉及诸多因素,如故障孔径大小和形状,以及液体压力、湍流和固液耦合等,要想建立完备的数学物理模型基本不可能,且受到声发射源的自身特性(多样性、信号的突发性和不确定性)、声发射源到传感器的传播路径、传感器的特性、环境噪声和声发射测量系统等多种复杂因素的影响,声发射传感器输出的声发射电信号波形十分复杂,它与真实的信号相差很大,有时甚至完全不一样。国内相关学者对声发射故障检测及声发射信号分析识别的方法都进行了大量的研究,但是尚无广泛认可并能有效用于供热管道声发射故障检测的实验方法,现场应用更有待进一步提高。

2) 基于模型的故障诊断

在供热系统故障诊断方面,郑德忠等根据供热管网故障诱因多发性的特点,利用模糊推理方法建立了供热管网故障诊断的数学模型,该模型可以诊断出管网中几种特定的故障形式。赵桂林根据工程实际经验总结而得到的各种故障类型,建立了供热管网故障诊断的专家知识库,从而实现了对供热管网故障类型的诊断。上述几种方法都可以有效地识别出供热系统所发生的故障类型(如管网堵塞、管网失水、管网故障和电机过载等),但是并不能诊断出供热管网发生故障的具体位置及严重程度。

在供热管网故障诊断方面,目前采用的诊断方法主要有杨开林和郭宗周提出的基于恒定流动模拟的静态故障检测法和基于水力瞬态模拟的瞬态故障检测法,从而建立了瞬态故障检测法的数学模型、误差准则及故障位置的确定方法。

(1) 静态故障检测法。已在实际工程中得到了应用。虽然静态故障检测法具有原理简单和计算量小的优点,但是对使用条件的要求十分严格。若管路中有阀门、水泵等局部阻抗元件,则不能直接应用。此外,静态故障检测法需要准确地知道管路阻抗系数 S。由于 S 通常很小,微小的水压测量偏差可能导致求得的故障位置远远偏离实际位置,因此采用这种方法要求测量仪器具有较高的精度。

(2) 瞬态故障检测法。为 20 世纪 80 年代发展起来的新方法。它进行故障检测的主要依据是:当管中流量改变时,水压将随流量的变化而剧烈改变,若管路有故障时,则各测点测得的瞬变压力将与计算机数值模拟的未考虑故障的瞬变压力之间存在显著差别。通过比较实际供热管网故障检测结果与数值仿真结果,表明用瞬态故障检测法可显著改善供热管网微机监控系统故障检测的能力。

石兆玉根据"两向量平行时其模最大"的理论提出了故障空间法(fault direction space,FDS)来诊断供热管网的堵塞及泄漏。该方法能够比较准确地判断哪一根管道发生堵塞,但是在进行故障诊断时却有可能产生误判,仅可判断出故障的大概方位。

秦绪忠与江亿针对区域供热管网的特点,提出了一种用于区域热力管网阻力特性系数辨识、管网堵漏及传感器故障诊断的新方法——RC^2方法。解决故障诊断与参数辨识这样一对基本矛盾,使两者得以同时进行,而不再区分为两个完全独立的过程;同时充分考虑工程实际和传感器误差的影响,引进 S 域的概念,从而避免了阻力特性系数识别结果的不可靠性。该方法将整个管网各管段的阻力特性系数按管段的连接关系分为若干二～五维的子空间,在每一子空间进行域的收缩,从而使各子域不断缩小并逼近各管段的阻力特性系数,根据实时测量参数与域的关系可以同时进行管网的故障诊断。该方法有效提高了阻力特性系数识别结果的准确性,但是在供热管网工况变化不大时,极容易发生不收敛的情况。

蔡正敏、彭飞以压力管道的故障研究为背景,在管道内部流体流动特性变化的基础上,利用统计检验中的序贯概率比检验(SPRT)法对在不同工况、环境下管道故障的发生时间进行确定,利用参数识别对管道故障的位置进行确定,提出了"故障识别因子"和相对稳定过程的概念,从而提高了故障监测系统的识别精度。

负压波故障诊断技术是近年来迅速发展起来的一种新的检测技术。这种技术以检测压力波为依据,其原理是:当管道某处突然发生故障时,故障处将出现瞬时压力突降,形成一个负压波。该负压波以一定的速度向管道两端传播,而管壁则像一个波导管,压力波传播时衰减很小,可以传播很远。经过若干时间后,分别传到上下游,上下游压力传感器捕捉到特定的瞬态压力波形就可以进行故障判断。如果能够准确确定上下游端压力传感器接收到此压力信号的时间差,根据负压波的传播速度就可以确定故障点。

根据这一原理,国内众多学者采用相关分析法和小波变换法进行故障检测及定位。潘纬采用小波包对信号进行降噪处理,得到负压波信号,然后利用小波结构分解,进行多辨分析,从而找到信号的奇异点即突破点,再利用负压波改进定位公式算得故障点到上游的距离,从而实现故障点定位。周鹏针对管道流量故障和管网突发性的爆管,设计了基于 GSM 下的远程故障监测与定位系统,综合运用负压波和流量监测法进行故障模式识别与漏点定位,可及时、准确地发现和定位故障点。此外,还将一种协同式拥塞控制协议应用于管道流量故障监测中,提出 TCP 拥塞控制改进协议,通过源端监测 RTT 延时信息和中间路由器反馈的显式预测信息来判断网络拥塞状态。石光辉等尝试在供热管网中应用负压波法,该方法在供热管网中设置一定数量的高频压力传感器,利用小波分析信号处理方法对检测到的负压波信号进行分析,得到负压波传播到各压力传感器的具体时间,再根据具体时间进行计算即可找到泄漏点的准确位置。实验结果表明,若以压力变化延迟时间为指标,则此方法能够对泄漏点有效定位,将泄漏点的位置锁定在 1 km 范围内,从而显著提高泄漏点排查效率。

3) 基于智能算法的故障诊断

随着人工智能的不断发展,智能算法在供热管网故障诊断方面应用也更加广泛。梁建文等通过实时监测管网中三个节点的水压变化,以故障地点距离每个水压监测点的距离来确定故障位置,以管道破坏故障口面积占管道截面积的比值来表示故障程度,利用人工神经网络技术来诊断故障位置和故障程度。陈斌、万江文等提出一种神经网络和证据理论有机结合的管道故障诊断方法,该方法可显著提高管道故障诊断的准确率、降低识别的不确定性。龙芋宏建立了能对管道故障状况进行分类的神经网络模型,以检测管道故障的发生并进行故障定位。

目前,国内已有一些关于供热管网泄漏检测的研究。基于图论的管网模型将管网简化为节点和连线,通过基尔霍夫定律建立水力平衡关系式,即回路流量守恒、回路压降守恒。而泵站、阀门等元器件带来的阻力则被简化为局部压降。该方法只能建立在稳态上,无法对管网的动态特性进行模拟。雷翠红对热网水力数学模型进行了研究,并在此基础上建立了基于两级人工神经网络的泄漏检测和定位模型,根据管网中压力监测点的压力变化进行泄漏位置和泄漏量的诊断:第一级人工神经网络用于识别发生泄漏的管道编号;第二级人工神经网络用于识别该管道上发生泄漏的大小和位置。通过实验证明,该模型预测效果良好。对于实际管网,水压监测点越多,故障诊断准确率越高。石晗依据在实际情况中可测得的热源、热力站进出口节点压力值,热源和热力站内部管段流量值,以泄漏工况相对于正常工况的压力变化率和流量变化率的二维输入作为神经网络的输入量进行泄漏故障诊断,建立基于蜂群算法优化神经网络的枝状热水供热管网泄漏三级诊断模型。三级泄漏诊断模型中,第一级诊断模型进行调节工况和泄漏工况的模式识别,尽可能防止调节工况的误判断;第二级诊断模型判断泄漏管段并输出其唯一编号值;第三级诊断模型对泄漏发生的具体位置进行定位及估计泄漏量的大小。结合算例发现,采用压力、流量变化率的输入比只用压力变化率输入的泄漏预测效果更好,蜂群优化的性能优于遗传算法优化的性能。郭艺良结合图论算法进行供热管网泄漏工况的水力计算,以集中供热二级管网为研究对象,在恒定较小供给流量的质调节工况下,建立了基于深度置信网络的供热管网泄漏故障两级诊断模型。该方法将管网中压力监测点的压力变化值作为诊断模型的输入变量,一级模型实现对泄漏管段的识别,然后为每一个泄漏管段建立其独有的二级诊断模型来确定泄漏点的位置,分别采用枝状管网和环状管网对模型进行验证。在实际工程实验中选取某小区换热站作为实验对象,分别从泄漏管段、泄漏位置、泄漏率三个方面验证所建立模型的有效性。段兰兰提出了一种遗传优化的神经网络供热管网故障诊断模型。通过图论方法建立泄漏工况数学模型,获取泄漏工况下的节点压力变化情况,并以此作为神经网络的样本数据。利用遗传算法对网络初始权值和阈值进行优化,再通过神经网络进行供热管网的故障诊断,以确定泄漏管段和泄漏量,并对泄漏点进行定位。实验结果表明,该模型性能明显优于传统的神经网络故障诊断模型,且诊断精度高。以上理论分析和实践表明,利用人工神经网络的方法能够迅速准确预报出管道运行情况,检测出管道的故障,同时该方法有较强的抗恶劣环境和抗噪声干扰的能力。基于神经网络学习计算研制的管道故障检测仪器简洁实用,能适应复杂现场。因此,神经网络方法对于管网故障诊断有广泛的应用前景。

综上所述,随着大数据和人工智能技术的发展,国内外研究学者都在不断尝试将新的技术和智能算法与故障诊断原理相结合,完善已有的研究方法,提高计算精度和缩短计算的时间成本,并发掘出更优质的故障诊断方法。

5.2.3 未来发展趋势

计算机及网络技术的不断发展、人工智能技术的不断完善,为热网故障检测技术的发展和故障诊断及预警系统的开发提供了成熟的技术条件。目前,国内外在故障诊断技术的研究方面不断引入新的模型及智能算法,但建立快速、高效、准确的故障检测系统和事故预警系统仍有很大的进步空间。未来建立供热管网故障诊断及预警系统可从以下几个方面来实现：

1）完善供热管网水力仿真模型

供热管网的水力计算是进行后续故障诊断、粗糙度辨识等工作的基础。准确、快速的水力计算方法能够及时提供供热管网各点的压力、流量数据，为下一步的分析提供可靠、真实的数据基础。

2）建立供热管网可视化仿真界面系统

仿真可视化是计算机可视化技术和系统建模技术相结合后形成的一种新型仿真技术，是数字模拟与科学计算可视化技术相结合的产物。一般来说，可视化仿真包括两方面的内容：一是将仿真计算中产生的结果转换为图形和图像形式；二是仿真交互界面可视化。

建立供热管网可视化仿真系统，采用"面向对象"等方法，建立供热管网的各个虚拟单元设备模型，利用开放式数据库技术把这些设备与外部设备数据库挂接起来，便于热用户利用系统的自动建模功能自动建立管网模型，在计算机上模拟不同工况下供热管网的运行状况，具有自我定制和二次开发的灵活性，可实现热网参数的可观测性，为建立供热管网故障诊断及预警系统提供必要条件。

3）完善供热管网故障诊断模型

目前，国内外绝大部分供热管网故障定位的研究通常只是针对单点的故障问题，但是大型供热管网的多点故障问题也普遍存在，因此供热管网中多点故障的故障状态值得进一步研究。特别是随着供热系统的不断发展，环状网系统也越来越多，未来更多地要建立和完善环状热网的多点故障诊断模型。

4）建立预想事故集

由于供热系统是一个具有许多并联环路的管路系统，各环路之间的水力工况相互影响，系统中任何一个点发生故障，必然会引起其他点的流量和压力发生变化。为了保证供热系统的安全稳定运行，必须在深刻分析和掌握系统运行特性的基础上建立热网故障模型，从而建立预想事故集。预想事故集的构造是影响分析结果可信与否的重要因素。

5）建立供热管网故障预警机制

根据已经建立的故障诊断模型，以醒目的方式给出故障的发展情况，并向相关部门发出紧急信号，报告危险情况，以避免危害在不知情或准备不足的情况下发生，从而最大限度地降低故障所造成的损失。

5.3 解决方案

5.3.1 管道老化故障诊断

针对当前城市供热系统智能化过程中亟须解决的供热管网精准仿真问题，从基础数学建模开始，全面掌握大规模供热管网在高性能算法、云计算、物联网数据通信和大数据挖掘等方面的关键技术，突破目前商业市场主要由国外少量厂商垄断的城市供热系统仿真技术的瓶颈。重点从仿真精度、运算速度和应用规模上实现对城市供热管网的精细化管理和运维。通过管网粗糙度辨识方法提高供热管网模型精度,建立准确合理的供热管网水力仿真模型,综合提高控制、运行、管理水平。

通常情况下,供热管网中某个管道的粗糙度变化很难通过经验直接判别出来。而水力阻力增加是可以通过供热管网运行监测 SCADA 采集的压力、流量数据反映出来,结合 SCADA 系统提供的监测数据,可以实现管网内壁粗糙度的辨识。由于供热管道老化不可避免,管道内壁侵蚀不仅会造成管壁变薄、发生泄漏,也会造成管道堵塞。供热管道的泄漏问题一直是供热公司面临的一大难点问题,对其经济效益会造成巨大损失。而堵塞会导致供热系统水力失衡,使供热不畅,造成供热不足的现象。供热管道老化会造成管道内壁粗糙度逐渐增大,使得管道内水的流动特征如流速、流量及压降等产生不同程度的变化。

考虑供热管道监测技术的发展离不开多领域、多学科间的相互交叉,且因输送物质的多样性、供热管道所处环境的复杂性、侵蚀和腐蚀形式、原因多种多样,现阶段仍旧没有形成稳定可靠的、对各种复杂工况均可用的管道侵蚀和腐蚀状态诊断方法,来实现对侵蚀和腐蚀状态各种管道进行有效的监测与评价。目前对于埋地管道的检测主要有以下几种方法:针对土壤腐蚀环境的检测、管道防腐层的检测、管体腐蚀损伤检测及杂散电流检测技术。除此之外,可通过声波、光纤及红外线成像的方法检测。这些腐蚀检测方法很多,但较多地依靠人工检测,因此具有一定的滞后性,且工作量大。

因此,通过研究一定长度供热管道内水的各项参数,可以相应地估算该段管道的壁面粗糙度,从而了解供热管道现有腐蚀状况,对供热管道的老化情况做出评价。对供热管道粗糙度辨识的研究,不仅对利用供热管网水力仿真技术模拟实际工况具有重要意义,而且可以为供热管网的安全评价提供有效信息。通过大规模机器学习,能够充分考虑供热管道材质、管道年龄、流体介质组分等因素,可精准地判断管网中某段供热管道当前的平均粗糙度情况,并评价当前供热管道的老化程度。

供热管网老化辨识流程如图 5-2 所示。包括以下几个步骤:

(1)建立供热管网仿真模型。根据管道材料,确定管网每根管道的初始粗糙度。

(2)通过现场数据采集系统,获得在不同工况下热源及各热用户等处的压力和流量数据。选取 M 个相近工况进行粗糙度的辨识(M＝1 时,为单工况辨识;M＞1 时,为多工况辨识),将热源处的压力值和热用户处流量作为管网仿真的输入参数,热用户处压力值作为仿真输出参数,挑选热用户处的压力值为校核点,它们的实际测量压力值为 P_{mkj}。

(3)建立目标函数和约束条件。

目标函数为

$$\min \sum_{k=1}^{M} \sum_{j=1}^{n} |P_{mkj} - P_{ckj}|$$

约束条件为
$$|P_{mkj} - P_{ckj}| \leqslant \phi_j$$

目标函数:式中,P_{mkj} 为第 k 个工况节点 j 的实际测量压力值;P_{ckj} 为当前粗糙度情况下第 k 个工况计算出来的节点 j 的压力值;n 为每个工况的压力校核点个数。具体含义为:最小化各工况各节点的计算压力值与实测值的差值之和。

约束条件:ϕ_j 为设置的误差阈值,可根据压力传感器精度和实际工程需要进行设置。其具体含义为:保证每个工况的压力校核点实测值与计算值的差值都小于设定的阈值 ϕ_j。

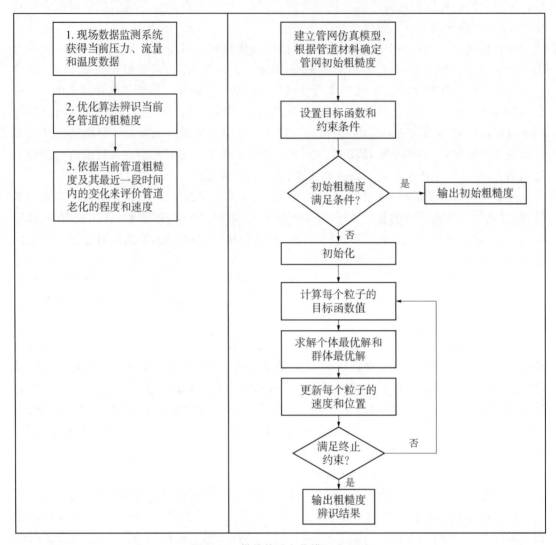

图 5-2 供热管网老化辨识流程图

可根据工程具体要求,选择其中之一作为目标函数。

(4) 使用优化算法进行供热管网粗糙度的辨识。下面以粒子群优化算法为例:

①初始化,设置粒子群的大小,给每个粒子赋予随机的初始位置和初始速度(每个粒子为一个粗糙度组合)。②调用求解器进行仿真计算,求解每个粒子的目标函数值。③求出每个粒子的个体最优解和整个群体的全局最优解。④更新每个粒子的速度和位置。⑤判断是否满足终止条件,若满足,则输出全局最优解,结束计算;否则重复步骤③~⑤,直至满足终止条件。

根据下列公式,更新每个粒子的速度和位置:

$$\left.\begin{array}{l}V_{id}=\omega V_{id}+C_1 random(0, 1)(P_{id}-X_{id})+C_2 random(0, 1)(P_{gd}-X_{id})\\X_{id}=X_{id}+V_{id}\end{array}\right\} \quad (5-1)$$

式中,ω 为惯性因子;C_1 和 C_2 为加速常数,一般取 $C_1=C_2 \in [0, 4]$;$random(0, 1)$ 表示为

[0,1]上的随机数；P_{id} 为个体最优解；P_{gd} 为全局最优解。

（5）根据供热管道粗糙度、管材（不锈钢、铸铁、PE 塑料）及管径等信息，评价当前供热管道的老化情况。一般来说，供热管道粗糙度越高，供热管道老化程度越严重。这里需要人为虚构一个评价指标模型，来定量评估供热管道粗糙度与老化程度的关系。再进一步，用当前供热管道粗糙度与上一次的粗糙度值相比较，获得相对变化率，从相对变化率来说明供热管道老化速度。

5.3.2　管道泄漏故障诊断

管道泄漏的常见方法主要有光纤检漏法、声学检漏法和特定气体成分光谱检漏法等。而本次所提出的方法主要是基于 SCADA 系统中获得的压力、流量和温度等传感器数据，结合高精度的水力仿真模型所产生的海量泄漏数据样本进行诊断。

当前智能算法已经可以通过机器学习从数据中获得并辨识对象特征，寻找特定规律。当供热管网发生泄漏事件时，会引起供热管网中所有管道的流量和节点压力发生变化。基于这种特定的泄漏现象特征，可用供热管网发生泄漏的仿真数据样本集合作为训练数据集，采用有监督机器学习方式对所特定的智能模型进行训练。将所获得的熟练模型对实际数据样本进行辨识，最终定位泄漏地点并确定泄漏量。管网泄漏诊断属于机器学习中的多分类任务，诸如神经网络、支持向量机和聚类梯度等智能模型均可作为泄漏诊断的基础模型。

随着计算机和人工智能技术的快速发展，提高供热管网计算模型的效率成为学术界和工业界的研究热点。目前，主要的方法是通过并行计算、GPU 加速等方法进行计算效率的提高。然而，由于现有供热管网计算模型具有规模大、复杂度高等特点，使得并行计算、GPU 加速等方法会将时间大量花费在 GPU、CPU 和内存之间的数据传输和数值判断上，因此，如何提高大规模复杂供热管网模型的计算效率具有重要的研究意义和应用价值。国内外技术尚缺乏与智能算法、大数据及物联网技术等新技术结合。以现有的供热管网信息化、GIS、数据采集设备等系统的数据与信息为基础，建立供热管网数字孪生模型，通过新一代高智能算法，对供热管网的漏点在不同位置及漏量情况下的工况进行模拟仿真，采用大规模并行计算的方式在短时间内生成大量的仿真样本，然后根据实测的供热管网运行工况数据与样本库内的样本数据进行比对，采用机器学习、人工智能和神经网络等技术提升样本比对的速度和辨识的精准性，从而实现逆向的管网泄漏判断与检测。供热管网故障检测框架如图 5-3 所示。

基于智能算法的泄漏辨识主要流程如下：首先，模拟供热管网正常运行工况，得到正常运行工况的管段流量和节点压力数据；其次，对供热管网中的每一个管段，模拟其不同泄漏点和泄漏量时所有可能的泄漏故障工况，得到泄漏故障工况下的管段流量和节点压力数据。然后，将每个泄漏故障工况的运行数据与正常工况的运行数据进行比较，求取管段流量和节点压力的相对变化率。统一处理后，得到管段流量和节点压力的变化率作为最终的泄漏故障数据库。最后，通过数据集划分，将泄漏故障数据库分为训练集、验证集和测试集。训练集和验证集用于供热管网泄漏故障诊断模型的训练过程。模型训练结束后，利用测试集评估泄漏故障诊断模型的精度。当模型建立后，泄漏故障诊断模型可以根据输入的供热管网

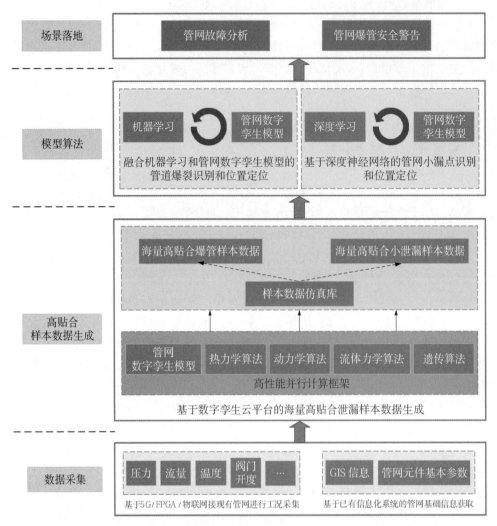

图 5-3   供热管网故障检测框架(参见彩图附图 5)

运行数据,输出可能发生泄漏故障管段的编号,帮助运行管理人员快速、准确地定位泄漏故障,从而提升供热系统的可靠性。

5.3.3   管道堵塞故障诊断

近年来,对于城市供热管网来说,存在管道内杂质、有害物质堆积导致管道堵塞的问题,这可能导致城市供热管网水力失调、部分地区出现供热不足的状况,长期不清理更可能会导致水管爆裂漏水的情况,从而影响人民的生产生活。因此,供热公司快速监测管道堵塞现象,及时清管十分必要。然而现有技术中,多采用基于硬件的方法,如利用压力、声波、光纤传感器等方法,这样的监测方法存在严重的滞后性,同时不能准确、及时地对堵塞点进行定位,会加大人工排查、清管的难度,消耗大量的人力物力,并且可能在供热高峰期造成城市大面积供热不足的情况,将对供热企业的形象造成严重破坏。在这样的背景下,基于软件对实际供热管网进行仿真模拟，以及对堵塞点进行及时和准确的定位，具有很大的社会意义。

本节提出的对城市供热管网堵塞诊断和定位方法，可以在实际供热管网某处发生堵塞时快速反馈给供热公司，准确定位到堵塞点，从而使供热公司及时对堵塞管道进行清管。具体实现包括以下几个步骤：

（1）将现有供热管网的每条管段进行分段处理，每 50 m 设立一个虚拟节点，节点处用软表计量该处的温度、压力和流量值。供热管网管段分段及添加细管示意图如图 5 - 4 所示。

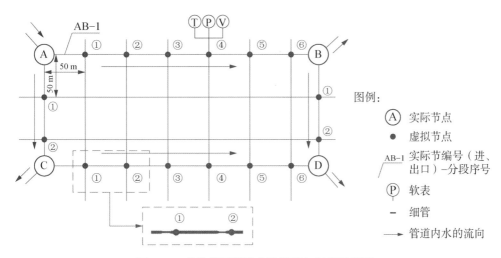

图 5 - 4　供热管网管道分段及添加细管示意图

（2）基于实际管网运行状态建立仿真模型，调整模型参数，使模型与实际管网有极高的匹配度，平均压力误差小于 1%。

（3）建立的仿真模型中在每个实际和虚拟节点前串联一段 0.4 m 长的细管，管径分别比原管径缩小 10%、30%、50%、70%、…，模拟计算后得到的各节点压力变化值作为神经网络的样本训练值。

（4）利用神经网络训练大量的堵塞样本，经过反复迭代使误差小于 0.001。神经网络训练样本流程如图 5 - 5 所示。

（5）在实际管网堵塞时，利用优化算法（遗传算法和蚁群算法相结合）快速找到最为匹配的堵塞样本并定位到堵塞点。在实际管网发生堵塞时，将各节点的压力变化值与样本中的值进行比较，通过算法找到最为匹配的样本，根据此样本的堵塞情况从而定位实际管网堵塞的位置。考虑搜索样本数量庞大，结合遗传算法和蚁群算法的特点，将两种算法进行混合使用。在初期，利用遗传算法搜索能力强、收敛速度快的特点，充分发挥其快速性和全局收敛性的优势，将较大的解空间快速有效缩减，同时为之后的蚁群算法提供较优的可行解并形成初始信息素分布。在中后期，利用蚁群算法的并行性、正反馈机制等特点，充分发挥其求解效率高的优势，求解问题的最优解。通过神经网络对供热管网堵塞点进行快速诊断和定位，可实现对管网进行实时动态监测，供热公司可及时对供热管道堵塞处进行检查、清理，从而保证管道的供热效率，避免热用户端供暖不足等问题。

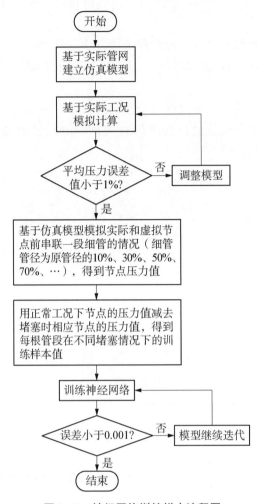

图 5-5 神经网络训练样本流程图

5.4 案例分析

5.4.1 管网故障水力对称性

案例采用一个有两个热源的供热系统,空间热网拓扑结构如图 5-6 所示。该案例与第 3 章中 3.4.2 节案例二为相同的管网。图 5-6 中,供水网放置在顶层平面上,由管段 1～22 组成。回水网放置在底层平面上,由管段 47～68(虚线)组成。含有热源和热力站的支路网 由中间垂直管段 23～46 组成。水泵和热源经管段 69 和 70 相连接。管段中间的箭头表示 预设的水流方向。若水流方向与预设方向相同,则流量为正数;反之,流量为负数。

模拟输入条件设定在热源 S1 处采用补水泵定压,定压点压力为 5.0 bar(1 bar=0.1 MPa);

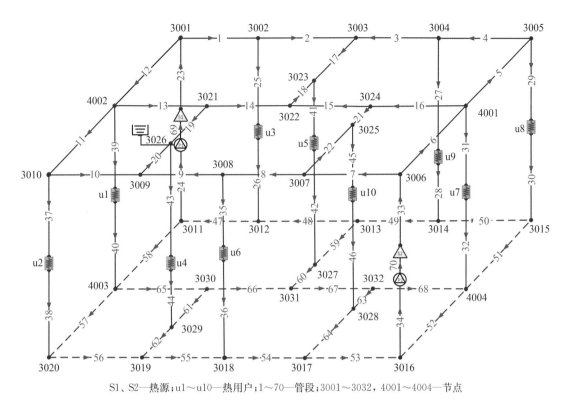

S1、S2—热源;u1~u10—热用户;1~70—管段;3001~3032,4001~4004—节点

图 5 - 6 空间热网拓扑结构(参见彩图附图 6)

热源 S1 和 S2 自身压损均为 0.5 bar;管网动力由水泵 P1 和 P2 提供,水泵 P1 和 P2 在固定频率下的性能曲线 $H - Q$ 分别如图 5 - 7、图 5 - 8 所示。热力站的设计水量均为 180.0 m³/h;管内壁面绝对粗糙度的初始值设定为 0.5 mm,部分管段的内径和长度见表 5 - 1。在该输入条件下根据模拟结果可知热源 S1 的设计水量为 720.0 m³/h,热源 S2 的设计水量为 1 080.0 m³/h,水泵 P1 的扬程为 1.5 bar,水泵 P2 的扬程为 2.125 1 bar。

表 5 - 1 管段长度和内径

编号	内径/m	长度/m	编号	内径/m	长度/m	⋯	编号	内径/m	长度/m
1	0.45	2 000	7	0.45	2 000		65	0.45	2 000
2	0.45	2 000	8	0.45	2 000		66	0.45	2 000
3	0.45	2 000	9	0.45	2 000	⋯	67	0.45	2 000
4	0.45	2 000	10	0.45	2 000		68	0.45	2 000
5	0.45	2 000	11	0.45	2 000		69	0.80	10
6	0.45	2 000	12	0.45	2 000		70	0.80	10

5.4.1.1 管内壁面粗糙度变化的影响

在供热管网运行一段时间后,由于管道内壁结垢、水中杂质沉积、氧化腐蚀等原因,供/回管网的内壁粗糙度会无可避免地发生变化。选择一条供水压力线,沿着管道节点"S1→

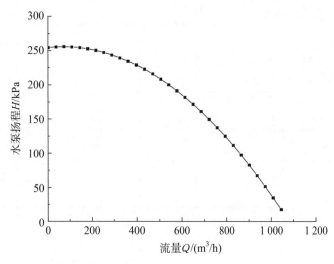

图 5 - 7 水泵 P1 的性能曲线(H - Q)

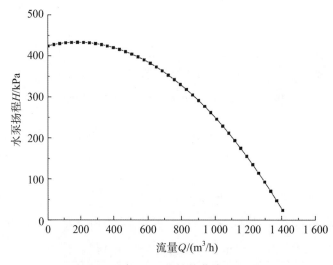

图 5 - 8 水泵 P2 的性能曲线(H - Q)

3001→3002→3003→3023→3022→3024→4001→3006→S2"的路线；相应的回水压力线，沿着管道节点"P1→3011→3012→3013→3027→3031→3032→4004→3016→P2"的路线。假设回水管道 47～68 的内壁面粗糙度(ε)发生变化，但供水管道的内壁面粗糙度保持初始设定值 $\varepsilon = 0.5$ mm 不变，根据所提出的水力计算模型，可得到管道各节点的压力值。回水管道粗糙度不同程度变化对所选路线的供/回水压线造成的影响，如图 5 - 9 所示。由于水泵性能曲线和热用户流量保持不变，当回水管道的内壁面粗糙度发生变化时，回水压力线较供水压力线变化较为明显，供水压力线变化幅度较小。

为了进一步分析回水管道内壁面粗糙度变化导致的供/回水压力线不对称性，计算出节点位置上的供水压力值和回水压力值的平均值，如图 5 - 10 所示。根据不同设定条件下节点供/回水压力平均值的标准差帮助定量分析供/回水压力线的对称性，标准差值越小，供/回

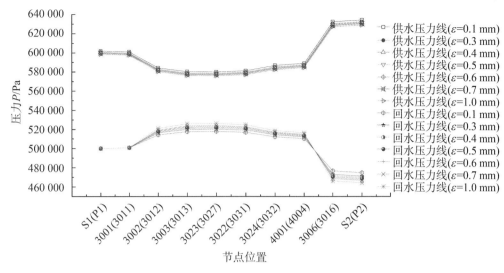

图 5-9　回水管道内壁面粗糙度变化导致的水压线变化

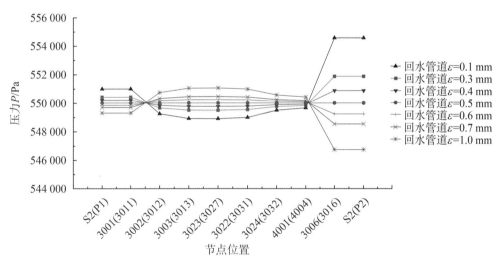

图 5-10　回水管道内壁面粗糙度变化导致的供/回水压力线不对称性(参见彩图附图 7)

水压力线越对称。回水管道内壁粗糙度设定值分别为 0.1 mm、0.3 mm、0.4 mm、0.6 mm、0.7 mm、1.0 mm 时,标准差分别为 2097 Pa、879 Pa、412 Pa、372 Pa、712 Pa、1598 Pa,节点供/回水压力平均值的标准差随回水管道粗糙度变化幅度分别为 524 Pa/0.1 mm、440 Pa/0.1 mm、412 Pa/0.1 mm、372 Pa/0.1 mm、356 Pa/0.1 mm、320 Pa/0.1 mm,该值与粗糙度值呈现出负相关关系。由图 5-10 可看出,回水管道粗糙度和供水管道粗糙度都为 0.5 mm 时,节点供/回水压力平均值的标准差为 0,所有节点的供/回水压力平均值一致,即供/回水压力线绝对对称。回水管道粗糙度设定值与供水管道粗糙度的差距越大,节点供/回水压力平均值的标准差越大,即标准差供/回水压力线的不对称性也随之增大。在变化幅度最大的热源 S2(P2)处,供/回水压力平均值随粗糙度而变化的幅度为 654~1139 Pa/0.1 mm;在变化幅度最小的节点 4001(4004)处,供/回水压力平均值随粗糙度而变化的幅度为 84~87 Pa/0.1 mm。

显然,受回水管道内壁面粗糙度不对称的影响,供/回水压力线出现不对称性。供水管网内壁粗糙度变化导致的水压线上各节点的供/回水压力平均值标准差与回水管网几乎完全一致。

5.4.1.2 管道堵塞的影响

管道堵塞故障是管网中常见的故障之一,锈蚀、水质和施工不当等原因都会导致管网堵塞。为了观察位置不同的管道堵塞所产生的区别,根据所提出的模型和前述选择的从 S1 到 S2 供水压力线的路线,选取在该供水压力线上的供水管道 17 号和不在该供水压力线上的供水管道 14 号,同时选取供水管道 17 号和 14 号在回水管道上的对供/回水管道 59 号和 66 号,对所选取管道——进行假设该段管道堵塞工况下的模拟,以分析该管道堵塞对管网的影响。在模拟管道发生堵塞时,该段管道内的流量为零。所得到的水压线变化分别如图 5-11、图 5-12 所示。从图中可看出,供水管道上发生堵塞对供水压线的影响较明显,回水压线变化幅度较小;反之亦然。供水管道上发生堵塞对供水压线的影响和回水管道对称位置上发生堵塞对回水压线的影响趋势对应。

供/回水管道 17 号/59 号管道处于前述选择的从 S1 到 S2 供/回水压力线的路线上,当供水管道 17 号发生堵塞时,节点供/回水压力平均值标准差为 1 279 Pa,受其影响最大的节点位于 3023(3027),供/回水压力平均值与未发生堵塞情况相比减小 5 180 Pa;当回水管道 59 号发生堵塞时,节点供/回水压力平均值标准差为 1 150 Pa,受其影响最大的节点也是 3023(3027),供/回水压力平均值较未发生堵塞情况时增加 2 611 Pa。所选择的供/回水管道 14 号/66 号不处于前述选择的从 S1 到 S2 供/回水压力线的路线上,当供水管道 14 号发生堵塞时,节点供/回水压力平均值标准差为 921 Pa,受其影响最大的节点位于 3022(3031),供/回水压力平均值与未发生堵塞情况相比增加 3 785 Pa;当回水管道 66 号发生堵塞时,节点供/回水压力平均值标准差为 841 Pa,受其影响最大的节点也是 3022(3031),供/回水压力平均值较未发生堵塞情况时减小 3 064 Pa。显然,堵塞造成的供/回水压力线的不对称性较为明显,其中在所提出模型的基础上,供水管线上某一管段的堵塞较回水管线对称位置上的

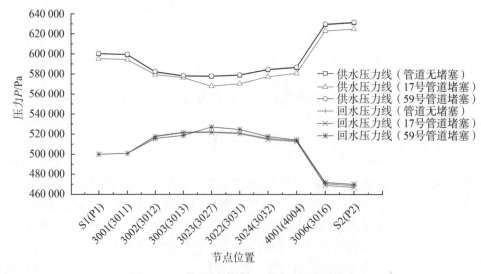

图 5-11　供/回水管道 17 号/59 号发生堵塞

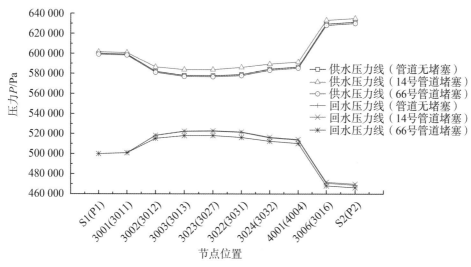

图 5‑12　供/回水管道 14 号/66 号发生堵塞(参见彩图附图 8)

管段堵塞对供/回水压力线不对称性的影响更大,所选压力线的对称性与堵塞发生的管段位置是否处于所选路线有明显关联。

对管道堵塞影响做进一步分析如下:

1)模拟堵塞的方法

管网的堵塞故障造成的结果可以表示为水力阻力的增加,因此通过缩小管径来表示管道的堵塞故障。定义"管径系数",管径系数乘以管道的原管径得到缩小后的管径再进行模拟,得到管道堵塞工况下的仿真数据,管径系数的取值范围为[0.50,0.99]。假设供热管网中同时只发生一处堵塞故障,可能发生堵塞故障的管道为 1~68 号。对 1~68 号管道依次改变管径并进行模拟,得到堵塞工况的仿真数据。最后,得到相比正常工况下各节点压力变化率和循环泵流量变化率。

2)不同程度堵塞的影响

选取热源的供/回水两侧的管道 23、24,热网邻近热源段 1、47,热网中间段的 15、67 进行对比。由于节点较多,因此只选取部分节点参数进行分析。

循环泵和热源所在的管道发生堵塞时,压力、流量的变化与管径系数呈现出两次相关性。当堵塞故障发生在供水侧管道 23 号时(图 5‑13),热网的整体压力减小,供水主管的压力变化随管径系数变小而迅速增大。在管径系数为 0.5 时,节点 3001 和 3022 的压力降低 3.2% 左右,而在回水主管上的压力降低比较少,节点 3016 的压力降低 0.9%,并且循环泵处于回水侧管道节点 3011 的压力基本不变;当堵塞故障发生在回水侧管道 24 号时(图 5‑14),热网的整体压力增加,回水主管的压力变化随管径系数的减少而迅速增大,且变化程度相比 23 号管道堵塞时更大。在管径系数为 0.5 时,节点 3011 的压力升高 5.4%,而供水主管的压力变化程度比较小;发生堵塞故障时的循环泵流量变化趋势与热网压力的变化趋势相似(图 5‑15),并且由于堵塞故障发生在循环泵 P1 所在管道,导致循环泵 P1 的流量 Q1 减少,而循环泵 P2 的流量 Q2 增加。并且,循环泵 P1 受影响的程度大于循环泵 P2,在管径系数为 0.5 时,Q1 减少 3.2%,Q2 增加 2.1%。

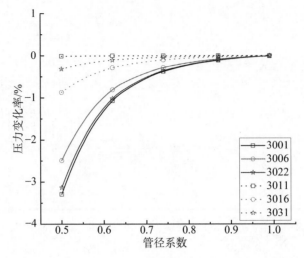

图 5-13 供水管道 23 号在不同管径系数下对节点压力的影响

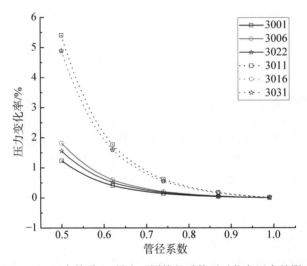

图 5-14 回水管道 24 号在不同管径系数下对节点压力的影响

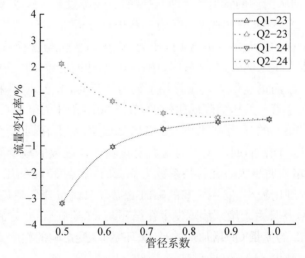

图 5-15 供/回水管道 23 号、24 号在不同管径系数下对循环泵流量的影响

对于邻近循环泵的管道发生堵塞时,压力、流量的变化与管径系数近似呈现出一次相关性。当堵塞故障发生在供水侧管道 1 号时(图 5 - 16),1 号管道上游节点 3001 的压力略有增加,而其他节点的压力减少。在管径系数为 0.5 时,节点 3001 的压力增加 1.7%,其他供水主管节点的压力减少 4% 左右,而回水主管的压力略微减少不到 1.5%;当堵塞故障发生在回水侧管道 47 号时(图 5 - 17),热网的整体压力增加,回水主管压力增幅较大。在管径系数为 0.5 时,节点 3031 的压力增加 6.7% 左右,而供水主管的压力增加 2.0% 左右;对于循环泵来说(图 5 - 18),由于 1 号、47 号邻近循环泵 P1,堵塞故障使得循环泵 P1 的流量 Q1 减少,而循环泵 P2 的流量 Q2 增加。并且,循环泵 P1 受影响的程度大于循环泵 P2,在管径系数为 0.5 时,Q1 减少 4.4%,Q2 增加 2.9%。

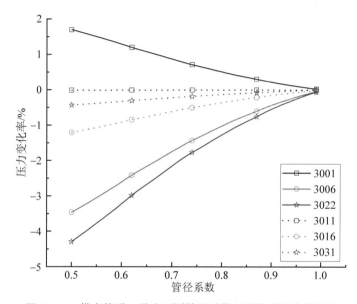

图 5 - 16　供水管道 1 号在不同管径系数下对节点压力的影响

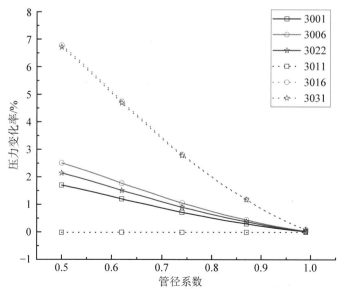

图 5 - 17　回水管道 47 号在不同管径系数下对节点压力的影响

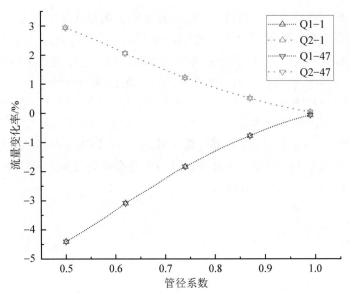

图 5-18　供/回水管道 1 号、47 号在不同管径系数下对循环泵流量的影响

　　热网中间段的管道发生堵塞时，压力、流量的变化随着管径系数的减少而呈现出一次相关性。当堵塞故障发生在供水管道 15 号时（图 5-19），热网的整体压力变化较小，所选节点的压力变化均小于 0.9%。其中，热源 S2 处节点 3006 的压力增加，而 15 号管道下游节点3022 的压力减少，热源 S1 处节点 3001 的压力也减少。由于热源 S2 的设计流量比热源 S1大，所以对于热网供水侧的中间段来说，热源 S2 相对于热源 S1 是上游；当堵塞故障发生在回水管道 67 号时（图 5-20），此时对于热网回水侧的中间段来说，热源 S2 相对于热源 S1 是下游，67 号上游节点 3031 的压力增加，热源 S2 回水侧节点 3016 的压力下降最多，但最大也只下降了 1.6%，而热源 S1 回水侧节点 3011 的压力不受影响；对于循环泵来说（图 5-21），

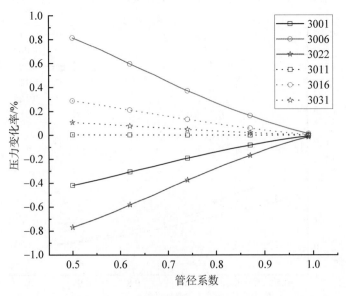

图 5-19　供水管道 15 号在不同管径系数下对节点压力的影响

流量的变化也比较小,最大变化率不到 1.1‰,循环泵 P2 的流量 Q2 减少,而循环泵 P1 的流量 Q1 增加。

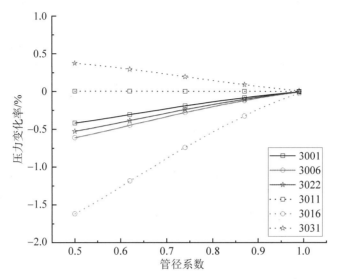

图 5-20　回水管道 67 号在不同管径系数下对节点压力的影响(参见彩图附图 9)

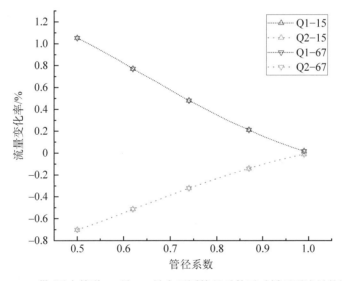

图 5-21　供/回水管道 15 号、67 号在不同管径系数下对循环泵流量的影响

以上结果表明,热网的压力、流量参数变化与堵塞程度呈现出正相关性,即堵塞程度越大、参数变化率越大。当堵塞故障所在的管道远离循环泵时,热网压力、流量所受的影响较小,最大变化率不超过 1.6%。堵塞故障发生在供水侧和回水侧,对同一个循环泵的流量造成的影响是一致的。

3）不同管道堵塞时的影响

选取管径系数为 0.7,比较各个管道发生堵塞故障时对空间热网压力分布的影响。由于管道较多,因此选择部分管道进行分析。首先,在供水主管上仍然选取管道 23、1、15;其次,在热用户支网上选取靠近循环泵的热用户 u3 所在的管道 25、26 和远离循环泵的热用户 u8 所在的管道 29、30;最后,在回水主管上仍然选取 24、47、67。图 5-22 中的横轴坐标从左到右分别是供水主管部分 3001~4002、热源和热用户的供水侧部分 S1~u10,以及回水主管部分 3011~4004。

当循环泵供水侧管道 23 号发生堵塞时,23 号上游的热源 S1 处压力略微增加 0.2%,热网的整体压力略微减少,如图 5-22 所示。其中,供水侧的压力变化率接近一致,均减少 0.5%左右。回水主管部分的压力变化的幅度更小,减少 0.1%左右;当邻近循环泵的管道 1 号发生堵塞时,1 号上游节点 3001 和热源 S1 的压力增加 0.9%。热网其余节点的压力均减小,各节点的压力变化率有所不同,最多减少 3.4%。回水主管部分的压力减幅较小,在 0.2%左右;当热网供水侧中间段管道 15 号发生堵塞时,供水侧的压力变化有增有减,靠近热源 S2 的节点压力增加 0.4%,而靠近热源 S1 的节点压力减少 0.2%。回水主管的压力略微增加 0.1%左右;在以上三种情况下,循环泵 P1 的回水侧节点 3011 的压力基本不变,循环泵 P2 回水侧节点 3016 的变化幅度均比其他回水主管大。

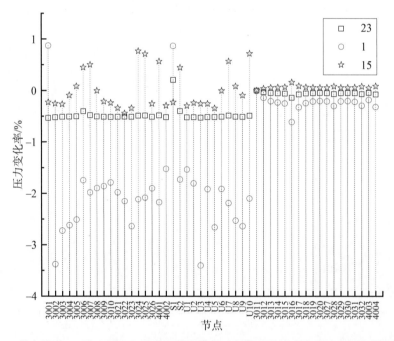

图 5-22 供水管道 23 号、1 号、15 号发生堵塞故障时各节点的压力变化率(参见彩图附图 10)

如图 5-23 所示,当热用户的供水侧管道 25、29 分别发生堵塞故障时,热用户的供水侧节点 u3、u8 的压力分别减少 4.0%、4.1%,而热网其余的节点压力均不变;当热用户的回水侧管道 26、30 分别发生堵塞故障时,热网整体的压力均不变。

如图 5-24 所示,当循环泵 P1 的回水侧管道 24 发生堵塞时,回水侧压力均略微增加 0.8%左右,供水侧压力均略微增加了 0.2%左右;当邻近循环泵 P1 的回水侧管道 47 发生堵塞时,循环泵 P1 的回水侧节点 3011 的压力不变,回水侧压力不同程度地增加 2.6%~4.8%,供水侧压力均增加 1%左右;当热网回水侧中间段管道 67 发生堵塞时,67 号上游节点的压力略微增加 0.2%,下游节点的压力减少 1.1%,而供水侧的压力略微减少 0.3%左右。

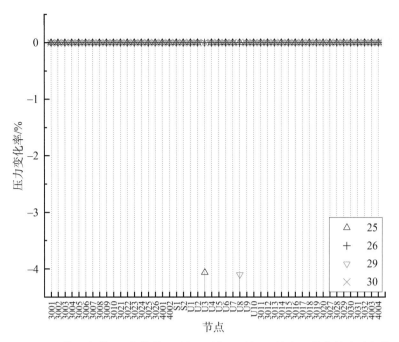

图 5-23　热用户供/回水管道 25 号、26 号、29 号、30 号发生堵塞故障时各节点的压力变化率(参见彩图附图 11)

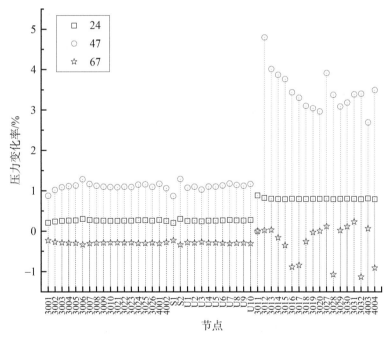

图 5-24　回水管道 24 号、47 号、67 号发生堵塞故障时各节点的压力变化率(参见彩图附图 12)

如图 5-25 所示,供水侧和回水侧的对称管道发生的堵塞故障对循环泵流量造成的影响相同。循环泵所在的管道 23、24 发生堵塞故障时,循环泵 P1 流量的变化程度较小,为 0.5%;靠近循环泵的管道 1、47 发生的堵塞故障对循环泵流量的影响最大,循环泵 P1 的流量 Q1 下降 2.2%，循环泵 P2 的流量 Q2 增加 1.5%；热用户所在管道发生堵塞故障时，循环泵的流量保持不变。

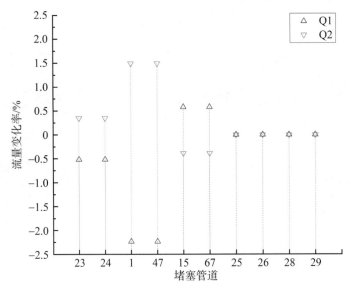

图 5-25 不同管道堵塞时对循环泵流量的影响

分析结果表明，对于环状空间热网，单个管道发生堵塞故障时，堵塞管道的位置对热网的状态有着不同程度的影响。结论如下：

（1）热网压力、循环泵流量参数变化与堵塞程度呈现出正相关性，即堵塞程度越大，参数变化幅度越大。

（2）管道发生堵塞故障时，上游节点压力增加，下游节点压力减少。

（3）当靠近循环泵的管道发生堵塞故障时，热网压力、循环泵流量所受影响最大，部分变化率达到 6.7%。当远离循环泵的管道发生堵塞故障时，热网压力、循环泵流量所受影响最小，变化率最大不超过 1.6%。

（4）堵塞发生在供水侧和回水侧的对称管道对同一个循环泵的流量造成的影响相同。

（5）热用户所在供/回水管道发生堵塞故障时对循环泵的流量没有影响。当管道堵塞故障发生在热用户供水侧管道时，热用户处压力减少，热网其余部分均不受影响。当管道堵塞发生在热用户回水侧管道时，热网均不受影响。

5.4.1.3 管道泄漏的影响

因为管道所处的环境、敷设方式、施工方法和管理不善等众多潜在原因，近年来管网泄漏故障频发，对供热系统的可靠性造成极大的影响。管道泄漏在管网运行中也是无法避免的现象。为了分析位置不同的管道泄漏所产生的区别，与 5.4.1.2 节相同，选择处于前述选择的从 S1 到 S2 供/回水压力线路线上的供/回水管道 1 号/47 号和不处于该路线上的供/回水管道 12 号/58 号进行泄漏模拟。供热管网设计规范中规定，在闭式热水网路中，在正常工况下系统需要补水量小于总量的 1% 即可；事故工况下的补水量取正常工况的 4 倍。为了进一步分析泄漏量对供/回水压力对称性的影响，在对所选择的管道分别进行泄漏模拟时，模拟管道泄漏量分别设定为运行工况总流量的 1％、2％、4％和 10％,泄漏位置为模拟管道的正中间。泄漏量设定为 1％设计工况下,供水管道供/回水压力线模拟结果如图 5‑26 所示,从图可知供水压力线变化幅度较大,回水压力线无明显变化;泄漏量设定为 1％设计工况下,回水管道供/回水压力线模拟结果如图 5‑27 所示,可知供/回水压力线均无明显变化。

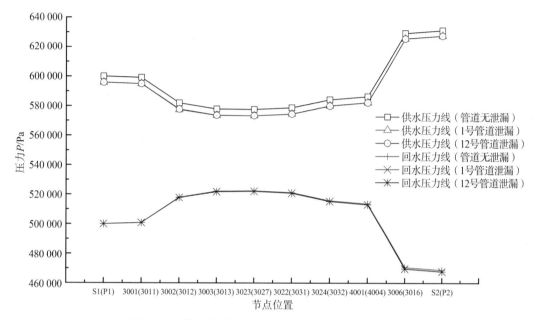

图 5‑26　供水管道 1 号/12 号发生泄漏(泄漏量为 1％)

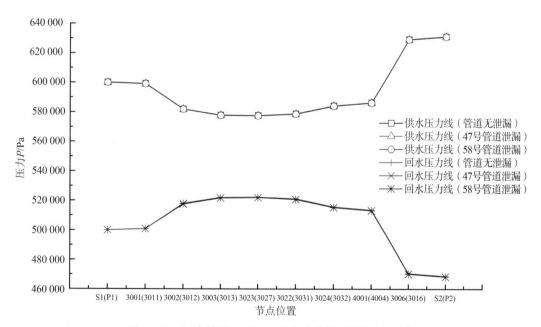

图 5‑27　回水管道 47 号/58 号发生泄漏(泄漏量为 1％)

供/回水管道 1 号/47 号管道处于上述选择的从 S1 到 S2 供/回水压力线的路线上,当供水管道 1 号发生泄漏时,节点供/回水压力平均值标准差为 97 Pa,受其影响最大的节点位于

3002(3012)，供/回水压力平均值与未发生泄漏情况相比减小 2 405 Pa；当回水管道 47 号发生泄漏时，节点供/回水压力平均值标准差为 93 Pa，受其影响最大的节点也是 3002(3012)，供/回水压力平均值较未发生泄漏情况时减小 374 Pa。所选择的供/回水管道 12 号/58 号不处于上述选择的从 S1 到 S2 供/回水压力线的路线上，当供水管道 12 号发生泄漏时，节点供/回水压力平均值标准差为 105 Pa，受其影响最大的节点位于热源 S2(P2)，供/回水压力平均值与未发生泄漏情况相比减小 2 348 Pa；当回水管道 58 号发生泄漏时，节点供/回水压力平均值标准差为 102 Pa，受其影响最大的节点也是热源 S2(P2)，供/回水压力平均值较未发生泄漏情况时减小 353 Pa。所选压力线的对称性与泄漏发生的位置是否处于所选路线没有明显关联。表 5-2 为不同泄漏量下的供/回水压力平均值标准差。从表 5-2 中可看出，随着泄漏量的增加，供/回水压力线的不对称度越发明显，供水管线上某段管道泄漏较回水管道对称位置上的管段泄漏对管网对称性的影响更大，泄漏量大的时候差距较明显。供水管线导致的水压线上各节点的供/回水压力平均值标准差变化为 97～115 Pa 每 1% 运行工况总流量，回水管线导致的水压线上各节点的供/回水压力平均值标准差变化为 77～102 Pa 每 1% 运行工况总流量。

表 5-2　不同泄漏量下的供/回水压力平均值标准差

泄漏量	泄漏位置			
	1 号管道	47 号管道	12 号管道	58 号管道
运行工况总流量的 1%(18 m³/h)	97 Pa	94 Pa	105 Pa	102 Pa
运行工况总流量的 2%(36 m³/h)	198 Pa	185 Pa	213 Pa	201 Pa
运行工况总流量的 4%(72 m³/h)	406 Pa	355 Pa	434 Pa	387 Pa
运行工况总流量的 10%(180 m³/h)	1 091 Pa	771 Pa	1 147 Pa	853 Pa

5.4.2　供热管网中管段粗糙度辨识

5.4.2.1　案例一

本案例是基于德州市区域供热管网简化图进行辨识的，该案例与第 3 章 3.4.1 节案例一采用的管网是相同的，在管网设计阶段，可按照《城镇供热管网设计规范》，设定所有热水管道的内壁粗糙度都为 0.5 mm。但运行一段时间后，要对管网流动进行模拟，须首先对管道的实际粗糙度进行辨识。此管网由 3 个热源、34 个热用户和 47 根管道组成(图 5-28)。

1) 辨识流程

本节提出的辨识流程，对基于多个稳态工况的辨识(ISA)可将每个工况作为一个独立工况，然后进行辨识。对于动态分析(ITA)，可将动态过程看成一系列工况，每个采样周期所得数据都作为一个独立工况。然后再进行辨识。事实上，动态分析的初始状态总是在某个稳态工况下开始。而稳态工况也可认为是管网动态过程在足够长时间后的一个最终工况。因此，这种统一的辨识算法，将所有稳态和非稳态工况下的数据都按照特定的辨识流程进行处理，其结果精度高。

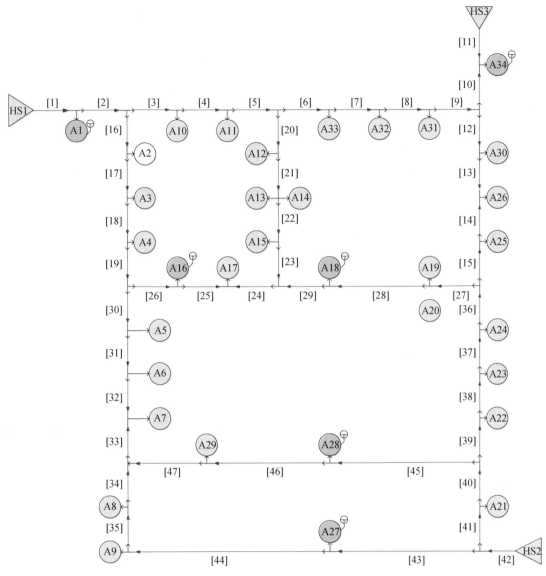

热源编号为 HS1，HS2 和 HS3；热用户编号为 A1～A34；管段编号为 1～47

图 5 - 28　德州市区域供热管网布置图

新的优化目标函数是采用未知的辨识值（管段绝对粗糙度）与估计值之间的差值加权平方和函数；在约束函数中规定压力和/或流量的测量值与辨识值的差值小于设定的容许误差：

$$min f_k(\vec{\varepsilon}) = r^T \mathbf{W} r = (\vec{\varepsilon} - \vec{\varepsilon}^0)^T \mathbf{W}(\vec{\varepsilon} - \vec{\varepsilon}^0) = \sum_{i=1}^{N} w_{ii}(\varepsilon_i - \varepsilon_i^0)^2 \tag{5-2}$$

$$s.t.\ |p_{m,j} - p_{c,j_p}| \leqslant \vartheta_{p,j_p} \quad (j_p = 1, 2, \cdots, M_p) \tag{5-3}$$

$$|q_{m,j} - q_{c,j_q}| \leqslant \vartheta_{q,j_q} \quad (j_q = 1, 2, \cdots, M_q) \tag{5-4}$$

式(5-2)中，N 为管网中管段总数；下标 i 为管段编号；$\vec{\varepsilon}$ 是约束变量，$\vec{\varepsilon} = [\varepsilon_1, \varepsilon_2, \cdots, \varepsilon_N]$，$\varepsilon_i$ 代表管段 i 的绝对粗糙度；$\vec{\varepsilon}^0$ 是约束变量 $\vec{\varepsilon}$ 的估计值，$\vec{\varepsilon}^0 = [\varepsilon_1^0, \varepsilon_2^0, \cdots, \varepsilon_N^0]$，初始

值可取工程手册($ASHRAE\ Handbook$：$HVAC\ Applications$)上推荐的经验值 $\bar{\varepsilon}^*$；$\bar{\varepsilon}$ 为两者差值；f_k 为目标函数。式(5-3)中，p 为测点压力值；下标 m 代表压力实际测量值；下标 c 代表测点处压力的计算值。式(5-4)中，q 为测点流量值；下标 m 为流量实际测量值；下标 c 代表测点处流量的计算值。ϑ_{p,j_p} 为压力传感器 j_p 估计值的容许误差，ϑ_{q,j_q} 为流量传感器 j_q 估计值的容许误差。可根据传感器的测量误差和系统噪声干扰的范围，选择容许误差。

目标函数 f_k 是在某个工况 k 下约束变量 $\bar{\varepsilon}$ 与估计值 $\bar{\varepsilon}^0$ 之间关于加权的范数值，$k=1$，$2,\cdots,K$，K 为工况的总数。管网中共布置 M_p 个压力测点和 M_q 个流量测点，测点总数量为 M 个($M=M_p+M_q$)。权值矩阵 $\boldsymbol{W}$ 的每个元素 w_{ii} 体现了不同位置处管段的粗糙度对管网阻力系数辨识的影响。一般来说，管径粗、长度更长且通过流量较大的管段，其粗糙度辨识的精度对模拟影响更大，所以权值要设定得大一些。

辨识算法流程如图 5-29 所示。其中，流程的第 3 个步骤，"使用混合 GA 和 QP 算法对第 k 个工况进行参数辨识"，其算法流程如图 5-30 所示。包括以下步骤：

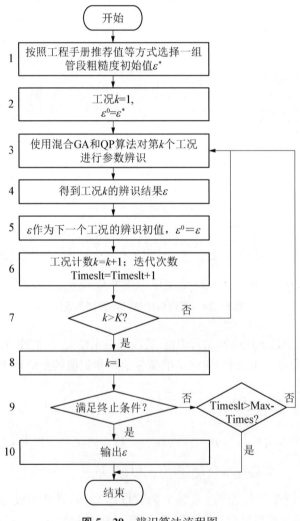

图 5-29　辨识算法流程图

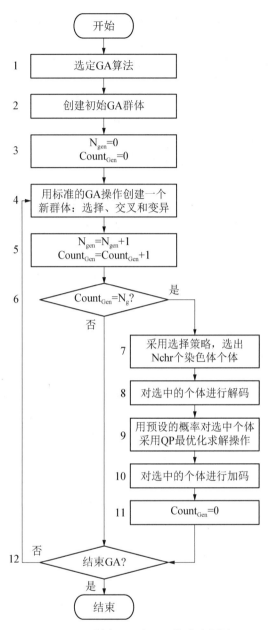

图 5‑30　混合 GA 和 QP 算法流程图

步骤一：按照工程手册推荐值等方式选择一组管壁粗糙度初始值 ε^*。

步骤二：对第一个工况粗糙度的辨识初值进行赋值，$k=1$，$\varepsilon^0 = \varepsilon^*$。

步骤三：使用混合 GA 和 QP 算法对第 k 个工况进行参数辨识。

步骤四：得到工况 k 的辨识结果 ε。

步骤五：ε 作为下一个工况的辨识初值，$\varepsilon^0 = \varepsilon$。

步骤六：工况计数 $k=k+1$，迭代次数 $Timeslt = Timeslt + 1$。

步骤七：将最后一个工况（第 K 个）的辨识值赋值给第 1 个工况采用。

步骤八：判断是否满足终止条件，若满足终止条件，则输出 ε，结束运算。若不满足终止条件,则判断迭代次数是否已达到最大值:若未达到最大值,返回步骤三;若已达到最大值,终止计算。

终止条件可选多种:①只要满足约束条件就结束;②相邻两个工况 k 和 $k+1$ 的辨识值很接近,累积差值能满足容许误差限 Θ,即 $\sum\limits_{k=1}^{K-1}|\vec{\varepsilon}_{k+1}-\vec{\varepsilon}_k|+|\vec{\varepsilon}_1-\vec{\varepsilon}_K|\leqslant\Theta$;③任意两个工况 k_1 和 k_2 的辨识值都很接近,能满足容许误差限 Ξ,即 $|\vec{\varepsilon}_{k1}-\vec{\varepsilon}_{k2}|\leqslant\Xi,\forall k_1,k_2,k_1\neq k_2$;④在上述②或③中的判别式左边的值在经过又一轮迭代后出现的改进很小,也可判定为终止。在本案例中,采用了第③条终止条件。

2) 最优化算法

由于目标函数采用约束变量 $\vec{\varepsilon}$ 与估计值 $\vec{\varepsilon}^0$ 之间的加权平方和形式,当加权矩阵为正对角矩阵时,式(5-2)是关于约束变量的二次凸函数。所以,采用这种目标函数对最优化问题有如下优点:

(1) 当约束条件成立时,目标函数必有最优解。显然,管段实际粗糙度就是可行解。若估计值 $\vec{\varepsilon}^0$ 是可行解,则 $\vec{\varepsilon}^0$ 是最优解,且目标函数值为 0。否则,管段实际粗糙度的邻域内必存在最优解。

(2) 在约束条件中可直接体现传感器(仪表)的测量误差和系统噪声对辨识的影响。如已知某位置处传感器的测量误差范围 $(-\Delta y_m,+\Delta y_m)$ 时,可直接在约束条件式(5-3)或式(5-4)的右端添加误差范围 $\vartheta+\Delta y_m$。

式(5-3)、式(5-4)中,约束变量 $\vec{\varepsilon}$ 为隐式表达。设测点计算值 $y_c(\vec{\varepsilon}^0)$ 代表 p_c 和 q_c,并可通过水力模拟计算得到。那么,当用 GA 方法求解最优化问题式(5-2)~式(5-4)时,可方便直接求解。但采用经典最优化求解方法时,因为约束变量不能在约束条件中显示表达,求解并不方便。一般需要通过求取测点计算值 y_c 对约束变量 $\vec{\varepsilon}$ 的敏感性矩阵修正约束条件。对每个测点计算值 y_c,可稍微改变管段 i 的粗糙度估计值 $\Delta\varepsilon_i^0$,获得测量参数在估计值附近对管段粗糙度的近似梯度 $\partial y_c/\partial\varepsilon_i^0$。对所有的 N 根管段都进行这种计算,可得测量参数对管段粗糙度的敏感性矩阵 $\boldsymbol{G}$。其中,$\boldsymbol{G}$ 的第 i 行,第 j 列的元素 $a_{i,j}$ 的值为

$$a_{i,j}=\frac{\partial y_{c,j}}{\partial\varepsilon_i^0}\approx\frac{y_j'-y_j}{\Delta\varepsilon_i^0}\quad(i=1,\cdots,N;j=1,\cdots,M)\tag{5-5}$$

式中,i 为管子的编号;j 为传感器的编号;$\Delta\varepsilon_i^0$ 为相对管段粗糙度绝对值的变化小量。在 5.4.2.2 节案例二中,取管段粗糙度的 0.1% 作为变化小量 $\Delta\varepsilon\equiv|\Delta\varepsilon_i^0|$。设 y_j' 是在管段粗糙度发生微小变化 $\pm\Delta\varepsilon$ 后传感器 j 的测量值,则式(5-5)可改为

$$a_{i,j}\approx\frac{y_j'(\varepsilon_i^0+\Delta\varepsilon)-y_j'(\varepsilon_i^0-\Delta\varepsilon)}{2\Delta\varepsilon}\quad(i=1,\cdots,N;j=1,\cdots,M)\tag{5-6}$$

类似地,还可定义测量值 y_c 对管段粗糙度的 Hessian 矩阵 $\boldsymbol{H}$。对每个测量点的计算值 y_c(包括 p_c 和 q_c)都可生成一个二阶近似差分矩阵。在 $\boldsymbol{H}$ 的第 i 行,第 j 列元素 $h_{i,j}$ 的值为

$$h_{i,j}=\frac{\partial^2 y_{c,j}}{(\partial\varepsilon_i^0)^2}\approx\frac{y_j'(\varepsilon_i^0+\Delta\varepsilon)-2y_j'(\varepsilon_i^0)+y_j'(\varepsilon_i^0-\Delta\varepsilon)}{\Delta\varepsilon^2}\quad(i=1,\cdots,N;j=1,\cdots,M)$$

$$\tag{5-7}$$

设在某个确定工况下,所有测点的计算值 y_c 都仅是管段粗糙度 ε^0 的函数,且不受其他变量的影响,则测点计算值与测量值的一阶和二阶精度的近似表达式如下:

$$y_m \approx y_c + \vec{a}_i \cdot \Delta\varepsilon' = y_c + \sum_{i=1}^{N} a_{i,j}(\varepsilon_i - \varepsilon_i') \tag{5-8}$$

$$y_m \approx y_c + a_i \cdot \Delta\varepsilon' + \frac{1}{2}(\Delta\varepsilon')^T \boldsymbol{H} \Delta\varepsilon'$$

$$= y_c + \sum_{i=1}^{N} a_{i,j}(\varepsilon_i - \varepsilon_i') + \frac{1}{2}\sum_{i=1}^{N}\sum_{j=1}^{M} h_{i,j}(\varepsilon_i - \varepsilon_i')^2 \tag{5-9}$$

根据上面两式,约束条件②、③的一阶和二阶精度的近似表达式可修改为

$$\left| y_{m,j} - y_{c,j} - \sum_{i=1}^{N} a_{i,j}(\varepsilon_i - \varepsilon_i') \right| \leqslant \theta_j' \tag{5-10}$$

$$\left| y_{m,j} - y_{c,j} - \sum_{i=1}^{N} a_{i,j}(\varepsilon_i - \varepsilon_i') - \frac{1}{2}\sum_{i=1}^{N}\sum_{j=1}^{M} h_{i,j}(\varepsilon_i - \varepsilon_i')^2 \right| \leqslant \theta_j'' \tag{5-11}$$

式中,θ_j' 为设定的一阶精度条件下的容许误差;θ_j'' 为设定的二阶精度条件下的容许误差。θ_j' 和 θ_j'' 的设定值可取略小于对应的式(5-3)、式(5-4)中 ϑ_{p,j_p} 和 ϑ_{q,j_q} 的设定范围。若测量值 $y_{m,j}$ 是完全准确的测量值,则 θ_j' 和 θ_j'' 可设定成较小的值。

多项研究表明,混合算法能够更好地提高最优化算法求解的速度和精度。其中,GA 算法具有更强的全局寻优特点,但在局部搜索的效率不高。而经典最优化算法在局部搜索的效率虽较高,却往往陷入局部最优解。若将两者有效结合,则往往同时获得更好的局部搜寻效率和全局最优解。本节据此提出一种混合算法 HGA,采用 GA 算法与有效集法(AS)相结合,先用 GA 算法优选出一个初值,然后再利用 AS 算法在局部搜索到更精确的辨识值。

在 HGA 算法流程中(图 5-30),首先基于一种改进的 GA 算法,对限定范围内的约束变量进行搜索。这种 GA 的处理步骤包括标准 GA 的所有基本步骤:确定适应性判据,创建初始群体,选择,交叉,变异和终止步骤。但在"变异"操作的过程中,采用 AS 算法改进其局部搜索能力。具体方法为:

(1) 在遗传过程中,每繁衍 N_g 代,就从这一代的群体中选取很少量的 N_{chr} 个染色体;选取策略可采用轮盘赌、随机或当前群体中适应性最高的染色体。

(2) 对选出的染色体按照预设的概率 P_{lso} 进行本地搜索操作(LSO),并执行 N_{it} 次迭代。

(3) 将处理完的染色体放入下一代群体中,继续进行遗传优化过程。其中,LSO 操作是采用 AS 算法对当前约束变量进行本地搜索。对选中的染色体进行 LSO 操作前先解码,操作后再重新编码。其中,N_{gen} 用于统计已繁衍后代的数量,$Count_{gen}$ 是需要进行 LSO 操作的代的数目计数器。

对 GA 与 AS 的混合算法 HGA,还有以下两点须特别说明:

(1) 在 GA 操作中,用适应性判据 Fit 确定染色体适应值。由于采用的目标函数为式(5-2)的形式,不宜直接用于适应性判据,但可用约束条件确定。对某代群体来说,为满足约束条件,可用式(5-3)、式(5-4)的左端与右端相比较,来衡量测量值 $y_{m,j}$ 与辨识值 $y_{c,j}$ 的接近程度。若 $|y_{m,j} - y_{c,j}(\varepsilon)| \leqslant \vartheta_j$,则认为该约束条件已经满足;否则,计算相对偏离

程度,用 r_j 表示为

$$r_j(\varepsilon) = \begin{cases} 0, & |y_{m,j} - y_{c,j}(\varepsilon)| \leqslant \vartheta_j \\ \left| \dfrac{|y_{m,j} - y_{c,j}(\varepsilon)| - \vartheta_j}{\vartheta_j} \right|, & |y_{m,j} - y_{c,j}(\varepsilon)| > \vartheta_j \end{cases}, \quad \forall j \qquad (5-12)$$

然后可用下面的式(5-13)作为适应性判据 Fit。若该判据的值越小,则染色体的适应性更优:

$$\text{Fit}(\varepsilon) = \sum_{j=1}^{M} r_j(\varepsilon) \qquad (5-13)$$

(2) 对式(5-2)这样的非退化凸函数,采用 AS 算法可快速求解其中绝大多数的二次优化问题,而且在式(5-3)和式(5-4)这种形式的约束条件下,AS 算法还可具有更好的适应测量误差或系统噪声的能力。

AS 算法的实施过程为:

(1) 按照式(5-6)和式(5-7)分别计算一个敏感性矩阵 $\boldsymbol{G}$ 和部分管段的 $\boldsymbol{H}$ 矩阵。

(2) 测试约束条件(5-3)和式(5-4),如果满足则停止。否则按照式(5-10)或式(5-11)生成新的约束条件。

(3) 用 AS 法求解目标函数,得到新的粗糙度估计值 $\vec{\varepsilon}'$。

(4) 在管网模拟模型中用 $\vec{\varepsilon}'$ 求解新的节点压力和流量值 $\vec{y}_c$,再返回第(2)步。

由于 Hessian 矩阵的计算量较大,为了加快计算速度,在第(1)步时一般只对权值最大的几根管段计算 $\boldsymbol{H}$ 矩阵。同理,在第(2)步时一般管段采用式(5-10)生成约束条件即可满足精度要求。在迭代过程中,一般不需要更新 $\boldsymbol{G}$ 和 $\boldsymbol{H}$ 矩阵。如果上述第(2)~(4)步的迭代计算在规定次数(N_{it})内无法达到收敛,则意味着在式(5-3)和式(5-4)中的某个测量值 y_m 存在较大的测量误差或系统噪声,超过原先的估计。检查最近一次迭代求解所得的有效约束,松弛该约束的容许值 ϑ_j,即可使迭代过程收敛。过大的容许值 ϑ_j 意味着该测点的测量值已经很不可靠,不能起到帮助辨识的作用。

3) 辨识结果

按照以上流程和算法,对德州市区域供热管网进行粗糙度辨识。部分管网性质及辨识结果见表5-3。热用户流量和测点(共6个测点)分布情况见表5-4。

表 5-3　部分管网性质及辨识结果

管段编号	管长/m	公称直径/mm	实际粗糙度 ε^* /mm	粗糙度初始值 ε^0 /mm	HGA 辨识值 ε /mm	标准 GA 辨识值 ε /mm
[1]	500	700	0.562 4	0.5	0.565 0	0.536 8
[2]	200	700	0.432 1	0.5	0.411 8	0.406 4
[3]	418	500	0.563 8	0.5	0.578 9	0.557 2
[4]	318	500	0.620 8	0.5	0.610 7	0.623 6
[5]	155	500	0.592 5	0.5	0.612 8	0.582 7
[6]	316	350	0.613 9	0.5	0.627 4	0.611 2

续表

管段编号	管长/m	公称直径/mm	实际粗糙度 ε^*/mm	粗糙度初始值 ε^0/mm	HGA 辨识值 ε/mm	标准 GA 辨识值 ε/mm
[7]	230	300	0.641 4	0.5	0.618 4	0.668 4
[8]	460	300	0.570 8	0.5	0.546 2	0.569 1
[9]	139	250	0.576 6	0.5	0.614 9	0.548 5
[10]	1 613	125	0.555 6	0.5	0.505 5	0.550 9
[11]	3 714	300	0.582 2	0.5	0.594 8	0.560 5
[12]	127	150	0.579 8	0.5	0.601 3	0.510 3
[13]	500	150	0.501 7	0.5	0.486 0	0.480 4
[14]	500	200	0.475 3	0.5	0.487 8	0.498 7
[15]	145	200	0.569 4	0.5	0.577 1	0.575 5
……						
[47]	226	100	0.571 5	0.5	0.599 9	0.565 0

表 5-4　热用户流量和测点分布情况(案例二)

热用户编号	流量/(t/h)	测点	……	热用户编号	流量/(t/h)	测点
A1	41.06	√		A26	109.1	
A2	240.22			A27	74.74	√
A3	92.1			A28	49.11	√
A4	143.2			A29	115.4	
A5	100.18		……	A30	85.01	
A6	130.79			A31	49.01	
A7	54.2			A32	56.3	
A8	71.61			A33	146.3	
A9	95.09			A34	327.3	√

注:"√"表示采用此处的测量数据。

热网运行一段时间后,设管段的实际粗糙度 ε^* 符合正态分布为 $\varepsilon \sim N(\mu, \sigma^2)$,其中,$\mu = 0.55, \sigma = 0.05$;见表 5-3 第 4 列。对管网采用 ITA 分析,初始状态为稳态。若用阀门对热用户 A12 的节点流量进行控制,从稳态流动后第 5s 开始,经过 20s,在节点 A12 的流量变化如图 5-31 所示。与此同时,各测点处用压力测量仪表按照 10 Hz 的采集频率进行采集。测试过程一共获得 201 个工况(含初始状态)。设管段中音速均为 1 000 m/s,并采用非稳态摩擦系数的水力模型。

用 HGA 求解的辨识结果见表 5-3 第 6 列所示。在求解时,HGA 的初始群选择 100 个染色体,计算限定为 100 代。对图 5-29 中的第 7 步骤,HGA 的选择策略为最优适应性策略。其他 HGA 参数与案例一相同。辨识结果与实际值的差值平方和 $\sum (\varepsilon_j - \varepsilon_j^*)^2$ 为 0.022 9。管内壁粗糙度辨识值的最大绝对误差为 0.050 7 mm(第 18 号管段),最小绝对误差 0.001 3 mm(第 35 号管段),平均绝对误差 0.018 49 mm;最大相对误差 9.23%(第 22 号管段),最小相对误差 2.10%(第 35 号管段),平均相对误差 3.41%。管段(按编号顺序[1]~[47])的粗糙度辨识结果 ε 与实际值 ε* 比较如图 5-32 所示,辨识结果已能满足水力计算应用的要求。

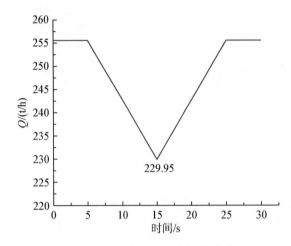

图 5-31 在节点 A12 的流量变化

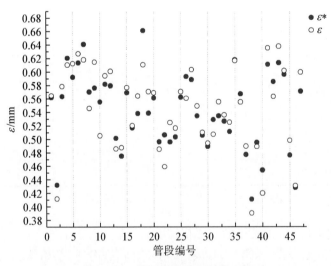

图 5-32 辨识结果与实际值比较

若只采用标准 GA 算法,初始群同样选择 100 个染色体,限定运行 500 代,所得结果见表 5-3 第 7 列所示。平均绝对误差 0.022 5 mm;最大相对误差 13.67%(第 29 号管段),最小相对误差 3.08%(第 8 号管段),平均相对误差 4.21%。

5.4.2.2　案例二

1）辨识流程

该案例介绍了一种基于敏感度矩阵的供热管网粗糙度辨识方法,辨识流程如图 5-33 所示。

步骤一:建立供热管网仿真模型,并根据管道材料,确定管网每根管道的初始粗糙度 ε_i^* 。

步骤二:生成正负敏感度矩阵,该敏感度矩阵可代替求解器进行各节点压力的计算。

假设粗糙度辨识过程中一共有 K 个工况且每个工况有 M 个压力测量点的压力数据,按照以下步骤生成敏感度矩阵:

（1）使用步骤一确定的管网初始粗糙度进行仿真计算,获得 K 个工况下 M 个压力测量点的压力。

（2）在管网初始粗糙度的基础上,设置管道粗糙度扰动值 $\Delta\varepsilon^*$（$\Delta\varepsilon^* > 0$）,在不同工况下依次改变各个管道的粗糙度（$\Delta\varepsilon_i^* = \Delta\varepsilon^*$）,仿真计算得到不同情况下各节点的压力,生成正敏感度矩阵 **A**,表示为

$$a_{i,\,M(k-1)+j} = \frac{\partial P_{jk}}{\partial \varepsilon_i^*} \approx \frac{P'_{jk} - P_{jk}}{\Delta\varepsilon_i^*}$$
$$(j = 1, \cdots, M;\ k = 1, \cdots, K) \quad (5-14)$$

式中,i 为第 i 根管道;j 为第 j 个压力测点;k 为第 k 个工况;P_{jk} 为初始粗糙度 ε_i^* 下,工况 k 下仿真计算得到的节点 j 的压力;P'_{jk} 为在初始粗糙度 ε_i^* 的基础上,使管道 i 的粗糙度改变 $\Delta\varepsilon_i^*$ 后,工况 k 情况下仿真计算得到的节点 j 的压力。$\Delta\varepsilon_i^*$ 对于 ε_i^* 来说需较小。

（3）在管网初始粗糙度的基础上,设置管道粗糙度扰动值 $\Delta\varepsilon^*$（$\Delta\varepsilon^* < 0$）,在不同工况下依次改变各个管道的粗糙度（$\Delta\varepsilon_i^* = \Delta\varepsilon^*$）,仿真计算得到

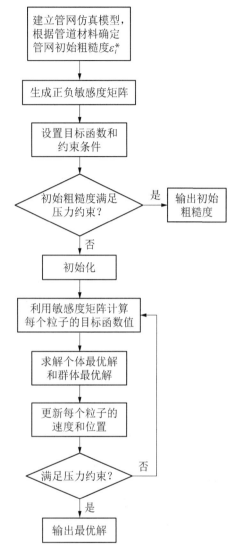

图 5-33　辨识流程图

不同情况下各节点的压力,生成负敏感度矩阵 **B**,其表示与正敏感度矩阵一致。计算公式为

$$b_{i,\,M(k-1)+j} = \frac{\partial P_{jk}}{\partial \varepsilon_i^*} \approx \frac{P'_{jk} - P_{jk}}{\Delta\varepsilon_i^*} \quad (j = 1, \cdots, M;\ k = 1, \cdots, K) \quad (5-15)$$

为了更准确地对节点压力进行估计,考虑管道粗糙度变化值 $\Delta\varepsilon_i^*$ 的正负,在正负两种情况下,分别生成正负两个敏感度矩阵 **A** 和 **B**。

步骤三:进行粗糙度辨识。

（1）建立目标函数和约束条件。

目标函数为

$$min f(\varepsilon) = \sum_{i=1}^{N} (\varepsilon_i - \varepsilon_i^*)^2 \qquad (5-16)$$

式中，N 为管网中管道的数量；i 为第 i 根管道；ε_i 为当前粗糙度；ε_i^* 为初始估计值。

约束条件为

$$|P_{mj} - P_{cj}| \leqslant \varphi_j \qquad (5-17)$$

式中，P_{mj} 为节点 j 的实际测量压力值；P_{cj} 为计算出来的节点 j 的压力值；φ_j 为设置的误差阈值，可根据压力传感器精度和实际工程需要进行设置。

（2）判断初始粗糙度估计值是否满足上述压力约束条件，若满足，则直接输出初始粗糙度估计值，为辨识得到的粗糙度；否则，进入步骤三。

（3）使用粒子群算法求解步骤一所述的最优化问题。具体步骤如下：

① 初始化，设置粒子群的大小，给每个粒子赋予随机的初始位置和初始速度。

② 计算每个粒子的目标函数值。

考虑要满足压力约束条件，因此将约束条件加入目标函数中。首先，判断每个粒子是否满足压力约束条件，计算方法如下所述。

使用敏感度矩阵去计算不同粗糙度下的节点压力，其公式为

$$\left.\begin{array}{l} P'_{cjk} = P_{cjk} + \sum_{i=1}^{N} a_{i,\,M(k-1)+j} (\varepsilon_i - \varepsilon_i^*) \quad (\varepsilon_i - \varepsilon_i^* > 0) \\[2mm] P'_{cjk} = P_{cjk} + \sum_{i=1}^{N} b_{i,\,M(k-1)+j} (\varepsilon_i - \varepsilon_i^*) \quad (\varepsilon_i - \varepsilon_i^* \leqslant 0) \end{array}\right\} \qquad (5-18)$$

式中，P_{cjk} 为工况 k 节点 j，初始粗糙度估计值情况下的仿真计算压力值；P'_{cjk} 为工况 k 节点 j，当前粗糙度情况下的仿真计算压力值；ε_i 为当前粗糙度；ε_i^* 为初始粗糙度。

需要注意的是，如果 $\varepsilon_i - \varepsilon_i^* > 0$，须采用正敏感度矩阵的值；如果 $\varepsilon_i - \varepsilon_i^* \leqslant 0$，须采用负敏感度矩阵的值。

判断是否每个节点的压力都满足

$$|P_{mjk} - P'_{cjk}| \leqslant \varphi_j \qquad (5-19)$$

式中，P_{mjk} 为工况 k 节点 j 的实际压力测量值。

计算每个粒子的目标函数值，其计算公式为

$$f(\varepsilon) = \begin{cases} \sum_{i=1}^{N} (\varepsilon_i - \varepsilon_i^*)^2, 满足压力约束条件 \\[3mm] \sum_{i=1}^{N} (\varepsilon_i - \varepsilon_i^*)^2 + \phi, 不满足压力约束条件 \end{cases} \qquad (5-20)$$

式中，ϕ 为惩罚因子，含义为：如果不满足压力约束条件，则在目标函数值上加上相应的惩罚因子。ϕ 的值可根据实际情况进行选取。

③ 求出每个粒子的个体最优解和整个群体的全局最优解。

④ 更新每个粒子的速度和位置；可按下式计算：

$$V_{id} = \omega V_{id} + C_1 random(0,1)(P_{id} - X_{id}) + C_2 random(0,1)(P_{gd} - X_{id})$$
$$X_{id} = X_{id} + V_{id}$$

$$(5-21)$$

式中，ω 为惯性因子；C_1 和 C_2 为加速常数，一般取 $C_1 = C_2 \in [0,4]$；$random(0,1)$ 表示为 $[0,1]$ 上的随机数；P_{id} 为个体最优解；P_{gd} 为全局最优解。

⑤ 将压力约束作为终止条件，判断是否满足终止条件，若满足，则输出全局最优解，结束计算；否则，重复步骤②～④，直至满足终止条件。

2）案例介绍

图 5-34 为该供热管网示意图，一共有 2 个热源、14 个热用户、49 根管道。假设管道为无缝钢管，根据其新旧程度和工程标准，将每根管道的初始粗糙度设置为 0.000 2 m。在该案例中，考虑了 2 个工况、14 个热用户压力测量点，令 $\Delta\varepsilon = \pm0.000\,02$，依次改变 49 根管道的粗糙度值，生成正负敏感度矩阵。正负敏感度矩阵一共有 49 行（49 根管道）、28（14 个热用户测点×2 个工况）列。表 5-5 为两个工况下 14 个热用户中部分流量需求情况。

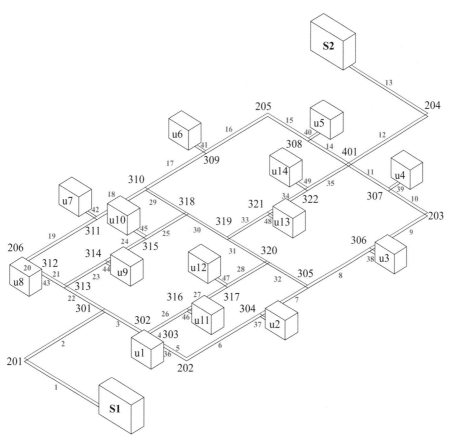

图 5-34 供热管网示意图（参见彩图附图 13）

表 5-5　两个工况下 14 个热用户的流量需求情况　　　　　单位：kg/s

热用户编号	工况 1 流量	工况 2 流量
u1	10	20
u2	5	5
u3	5	5
u4	5	5
u5	5	5
u6	10	20
……		
u14	20	20

该案例建立的约束条件为 $\varphi_j = 500\,\mathrm{Pa}$，即认为 2 个工况共 28 个压力测点的计算压力和实际压力相差不能超过 500 Pa。比较初始粗糙度值下得到的 14 个热用户的计算压力值与实际测量压力值的差值，最大为 715 Pa，因此，认为初始粗糙度值不满足压力约束条件，开始进行基于粒子群算法的粗糙度辨识，最终辨识得到的粗糙度和管网真实粗糙度的部分内容见表 5-6,14 个热用户在两个工况下的实际压力值和计算压力值见表 5-7。其中，最大的压力差值为 393.06 Pa，小于 500 Pa，满足压力约束条件。通过比较实际粗糙度与辨识得到的粗糙度，也可以看出，两者是较为接近的，满足工程需要。

表 5-6　49 根管道的实际粗糙度、初始粗糙度和辨识粗糙度　　　　　单位：m

管道编号	实际粗糙度	初始粗糙度	辨识粗糙度
1	0.000 248	0.000 2	0.000 232
2	0.000 152	0.000 2	0.000 263
3	0.000 218	0.000 2	0.000 269
4	0.000 292	0.000 2	0.000 212
5	0.000 23	0.000 2	0.000 26
6	0.000 102	0.000 2	0.000 175
7	0.000 197	0.000 2	0.000 177
8	0.000 226	0.000 2	0.000 1
9	0.000 109	0.000 2	0.000 171
10	0.000 235	0.000 2	0.000 109
……			
49	0.000 272	0.000 2	0.000 297

表 5-7　14 个热用户在两个工况下的实际压力值和计算压力值　　　单位:Pa

运行工况	热用户编号	实际压力值	计算压力值	压力差值
工况 1	u1	323 191.70	323 124.28	67.42
	u2	312 826.58	312 709.53	117.06
	u3	321 753.43	321 840.74	87.31
	u4	315 158.58	315 168.24	9.66
	u5	313 755.11	313 772.74	17.64
	u6	321 878.57	321 809.11	69.46
	……			
	u14	314 193.33	314 062.77	130.56
工况 2	u1	321 003.13	320 929.59	73.54
	u2	311 696.29	311 588.33	107.96
	u3	320 554.82	320 643.97	89.15
	u4	313 979.93	313 989.15	9.23
	u5	312 539.08	312 549.44	10.36
	u6	319 491.57	319 423.80	67.77
	……			
	u8	326 854.15	327 247.21	393.06
	……			
	u14	313 062.93	312 945.57	117.36

5.4.3　供热管网中管道泄漏辨识

5.4.3.1　案例介绍

通过案例对管道泄漏辨识过程进行验证。Net3 管网包含 92 个节点、117 根管道、2 个水库、3 个水箱,Net3 管网拓扑如图 5-35 所示。Net3 管网某工况下管段流量和节点压力见表 5-8。基于 Net3 管网建模并生成模拟管网正常运行和泄漏时的数据样本,建立训练数据集及测试数据集,通过机器学习算法(BPNN、KNN、随机森林)生成预测模型,并利用测试集评估模型精度。

5.4.3.2　辨识流程

泄漏辨识流程如图 5-36 所示。其包括以下几个步骤:

步骤一:建立供热管网仿真模型。

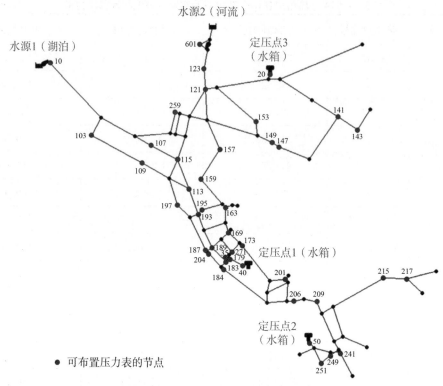

图 5-35 Net3 管网拓扑(参见彩图附图 14)

表 5-8 Net3 管网某工况下管段流量和节点压力

元件	流量(kg/s)/压力(Pa)	元件	流量(kg/s)/压力(Pa)	……	元件	流量(kg/s)/压力(Pa)
水源 1	303.938 3	节点 4	1 505 044		节点 84	1 637 721
水源 2	380.118	节点 5	232 325.1		节点 85	1 630 921
定压点 1	581.218 9	节点 6	336 325		节点 86	1 404 336
定压点 2	60.436 25	节点 7	2 490 653	……	节点 87	1 630 122
定压点 3	−92.916 9	节点 8	1 642 540		节点 88	1 571 840
节点 1	244 595.3	节点 9	1 251 933		节点 89	1 549 062
节点 2	1 338 854	节点 10	1 242 745		节点 90	1 530 469
节点 3	391 325	节点 11	1 369 080		节点 91	1 642 566

步骤二:模拟管网运行工况,得到相应的管段流量和节点压力数据。

步骤三:比较泄漏工况数据和正常工况数据,求取管段流量和节点压力的相对变化率。

步骤四:生成泄漏数据库,并基于数据库训练泄漏故障诊断模型。

步骤五:判断管网是否发生泄漏;若发生泄漏,则输出可能发生泄漏故障管段的编号。

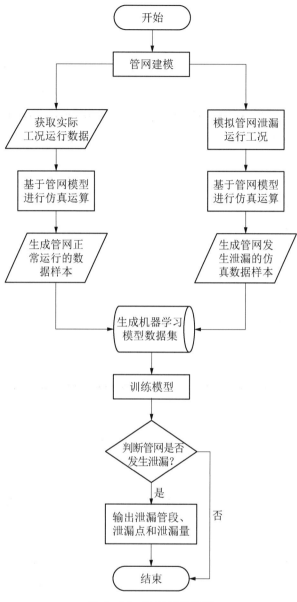

图 5 - 36　泄漏辨识流程

5.4.3.3　辨识结果

使用 BPNN、KNN、随机森林三种算法进行泄漏辨识,根据测试集数据和训练集数据的交集情况分为三种测试情况:

(1) 测试集中的泄漏点数据包含在训练集数据中,泄漏量数据不包含在训练集数据中。

(2) 测试集中的泄漏量数据包含在训练集数据中,泄漏点数据不包含在训练集数据中。

(3) 测试集中的泄漏量和泄漏点数据都不包含在训练集数据中。如图 5 - 37、图 5 - 38 所示结果为测试情况(1)。

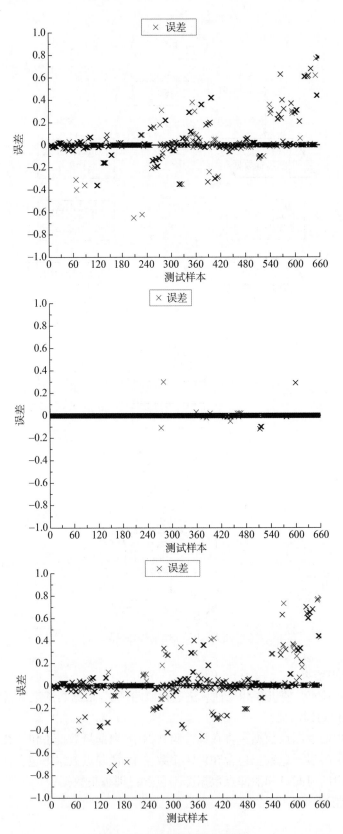

图 5 − 37　管道泄漏位置误差

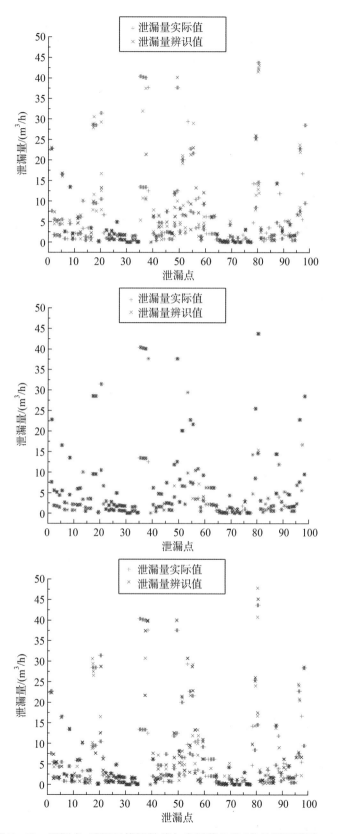

图 5 - 38　泄漏点、泄漏量辨识结果与实际值比较（参见彩图附图 15）

辨识结果评价指标见表 5-9。表中，R² 为回归平方和与总平方和的比值，R² 值在 0~1 之间，值越大，表示模拟结果越好；RMSE 是对预测值和真实值之差的平均值开根号；MAE 是对预测值和真实值之差的绝对值求均值。

表 5-9　辨识结果评价指标

算法	准确率/%	R^2		RMSE		MAE	
		泄漏点	泄漏量	泄漏点	泄漏量	泄漏点	泄漏量
KNN	45.15	0.1836	0.9982	0.1948	0.3777	0.1513	0.1436
BPNN	95.61	0.3396	0.9999	0.1752	0.1014	0.1393	0.0399
随机森林	36.97	0.3124	0.9977	0.1788	0.4290	0.1364	0.1627

部分管道预测结果见表 5-10。

表 5-10　部分管道预测结果

管道编号		泄漏位置		泄漏量	
真实值	预测值	真实值	预测值	真实值	预测值
1	1	0.2	0.24571	7.594458	7.594299
1	1	0.4	0.225188	7.594458	7.595303
1	1	0.6	0.629677	7.594458	7.590134
1	1	0.8	0.525947	7.594458	7.591924
1	1	0.2	0.328447	22.78337	22.79125
1	1	0.4	0.410929	22.78337	22.79401
1	1	0.6	0.702138	22.78337	22.79187
1	1	0.8	0.805147	22.78337	22.78687
······					
5	5	0.2	0.208112	16.53803	16.54601
5	5	0.4	0.464568	16.53803	16.53585
5	5	0.6	0.472556	16.53803	16.53618
5	5	0.8	0.620345	16.53803	16.53048

5.4.4　供热管网中管道堵塞辨识

5.4.4.1　案例介绍

以小型多热源供热管网为例，该管网具有 3 个热源、20 个热用户、106 根管道，其拓扑结构如图 5-39 所示。进行供热管网建模后，生成模拟管网正常运行和堵塞时的数据样本，并且建立训练数据集及测试数据集，通过神经网络建立预测模型，并利用测试集评估模型性能。

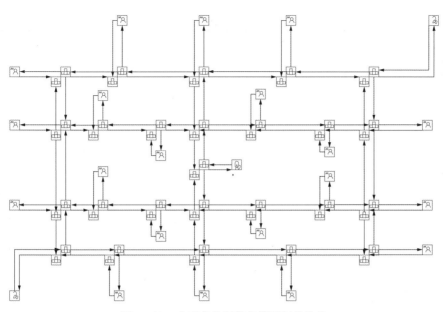

图 5 - 39 小型多热源供热管网拓扑结构

表 5 - 11～表 5 - 13 显示管网热源、热用户及部分管道参数。

表 5 - 11 热源参数

热源编号	运行方式	参 数
热源 A	定压	回水压力 401 325 Pa 供水压力 1 401 325 Pa
热源 B	定流	流量 148.3 kg/s
热源 C	定流	流量 163.1 kg/s

表 5 - 12 热用户参数

热用户编号	设定流量/(kg/s)	温降/K	热用户编号	设定流量/(kg/s)	温降/K
H1	30	20	H11	25	20
H2	25	20	H12	15	20
H3	30	20	H13	25	20
H4	30	20	H14	10	20
H5	25	20	H15	25	20
H6	30	20	H16	10	20
H7	15	20	H17	20	20
H8	25	20	H18	15	20
H9	20	20	H19	20	20
H10	20	20	H20	15	20

表 5－13　部分管道参数

管道编号	直径/m	管壁厚度/m	长度/m	粗糙度/m	热损失/(W/m)
Pipe306000003	0.3	0.005	800	0.0005	50.33175
Pipe306000004	0.35	0.005	500	0.0005	50.33175
Pipe306000005	0.35	0.005	1000	0.0005	50.33175
Pipe306000006	0.35	0.005	1000	0.0005	50.33175
Pipe306000008	0.35	0.005 .	500	0.0005	50.33175
Pipe306000009	0.35	0.005	1000	0.0005	50.33175
Pipe306000012	0.3	0.005	800	0.0005	50.33175
Pipe306000013	0.35	0.005	1000	0.0005	50.33175
Pipe306000014	0.35	0.005	1000	0.0005	50.33175
......					
Pipe306000132	0.35	0.005	500	0.0005	50.33175

5.4.4.2　辨识流程

堵塞辨识流程如图 5－40 所示。包括以下几个步骤：

步骤一：建立供热管网仿真模型。

步骤二：模拟管网正常运行工况，得到相应的管段流量和节点压力数据。

步骤三：通过减少管径来模拟管网堵塞运行工况，选取原管径的 $70\%\sim95\%$ 作为堵塞管径，每根管道依次进行堵塞运行工况的模拟。堵塞管径比例以 1% 的颗粒度进行划分，其中

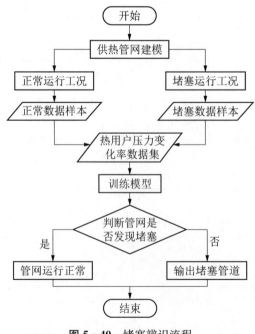

图 5－40　堵塞辨识流程

每 5％的堵塞管径比例作为训练集,即 70％、75％、…、90％、95％,其余的堵塞管径比例作为测试集,即 71％、72％、73％、74％、76％、…、93％、94％。

步骤四:比较堵塞工况数据和正常工况数据,求取热用户进出口压力的相对变化率。

步骤五:生成堵塞数据库,并基于数据库训练堵塞故障诊断模型。

步骤六:判断管网是否发生堵塞;若发生堵塞,则输出可能发生堵塞故障的管段编号。

5.4.4.3 辨识结果

采用单层神经网络模型作为堵塞故障诊断模型,通过网格寻优得到神经网络的最优超参数,主要超参数如隐藏层单位数量为 60,惩罚系数为 0.01,学习率为 0.01。最终得到模型辨识正确率为 98.2％。对每根管道的辨识正确率见表 5-14。

表 5-14 每根管道的辨识正确率

管道编号	正确率	管道编号	正确率	……	管道编号	正确率
Pipe306000003	100％	Pipe306000015	100％		Pipe306000124	100％
Pipe306000004	90％	Pipe306000022	100％		Pipe306000125	100％
Pipe306000005	100％	Pipe306000023	100％		Pipe306000126	95％
Pipe306000006	100％	Pipe306000024	100％		Pipe306000127	100％
Pipe306000008	95％	Pipe306000025	100％	……	Pipe306000128	95％
Pipe306000009	100％	Pipe306000026	100％		Pipe306000129	100％
Pipe306000012	70％	Pipe306000027	100％		Pipe306000130	100％
Pipe306000013	100％	Pipe306000028	100％		Pipe306000131	100％
Pipe306000014	100％	Pipe306000029	100％		Pipe306000132	85％

参考文献

[1] 石光辉,齐卫雪,陈鹏,等. 负压波与小波分析定位供热管道泄漏[J]. 振动与冲击,2021,40(14): 212-218.

[2] 雷翠红,邹平华. 供热管网的二级 BP 神经网络泄漏故障诊断[J]. 哈尔滨工业大学学报,2011,43(2): 75-79.

[3] 石晗. 基于阻抗辨识的 BP 神经网络供热管网泄漏三级诊断研究[D]. 太原:太原理工大学,2016.

[4] 郭艺良. 基于深度置信网络的供热管网泄漏诊断研究[D]. 北京:北京工业大学,2020.

[5] 段兰兰,田琦,段鹏飞,等. 基于遗传优化 BP 神经网络的供热管网故障诊断模型[J]. 中北大学学报(自然科学版),2014,35(3):303-308.

[6] Friman O,Follo P,Ahlberg J,et al. Methods for large-scale monitoring of district heating systems using airborne thermography [J]. IEEE Transactions on Geoscience and Remote Sensing,2014,52 (8):5175-5182.

[7] Hossain K,Villebro F,Forchhammer S. Leakage detection in district heating systems using UAV IR images:comparing convolutional neural network and ML classifiers [C]//27th EUSIPCO 2019

Satellite Workshop on Signal Processing，Computer Vision and Deep Learning for Autonomous Systems，2019.

［8］ Zhong Y，Xu Y，Wang X，et al. Pipeline leakage detection for district heating systems using multisource data in mid- and high-latitude regions — ScienceDirect［J］. ISPRS Journal of Photogrammetry and Remote Sensing，2019(151)：207－222.

［9］ Song J Y，Li S，Wang Z L，et al. Study on detection and location of mobile oil pipeline leakage based on pressure gradient method［J］. Advanced Materials Research，2012(580)：395－400.

［10］ Peng S，Liu E. Oil and gas pipeline leakage detection based on transient model［C］//Proceedings of the 2011 International Conference on Computational and Information Sciences，2011.

［11］ Zheng X，Hu F，Wang Y，et al. Leak detection of long-distance district heating pipeline：a hydraulic transient model-based approach［J］. Energy，2021(237)：121604.

［12］ Yang L，Fu H，Liang H，et al. Detection of pipeline blockage using lab experiment and computational fluid dynamic simulation［J］. Journal of Petroleum Science and Engineering，2019(183)：106421.

［13］ Yuan Z，Deng Z，Jiang M，et al. A modeling and analytical solution for transient flow in natural gas pipelines with extended partial blockage［J］. Journal of Natural Gas Science and Engineering，2015 (22)：141－149.

［14］ Blåsten E，Zouari F，Louati M，et al. Blockage detection in networks：the area reconstruction method ［J］. arXiv preprint arXiv：1909.05497，2019.

［15］ Zouari F，Blasten E，Louati M，et al. Internal pipe area reconstruction as a tool for blockage detection ［J］. Journal of Hydraulic Engineering，2019，145(6)：04019019.1－04019019.12.

［16］ Scola I R，Besançon G，Georges D. Blockage location in pipelines using an implicit nonlinear finite-difference model optimization［J］. IFAC-PapersOnLine，2018，51(24)：935－940.

［17］ Kang J，Zhang L，Liang W. Fault diagnosis of pipeline and pump unit systems using status coupling analysis［J］. Journal of Loss Prevention in the Process Industries，2015(33)：70－76.

［18］ Gamboa-Medina M M，Reis L F R，Guido R C. Feature extraction in pressure signals for leak detection in water networks［J］. Procedia Engineering，2014(70)：688－697.

［19］ Kim S. Impedance method for abnormality detection of a branched pipeline system［J］. Water Resources Management，2016，30(3)：1101－1115.

［20］ Li H，Li H，Pei H，et al. Leakage detection of HVAC pipeline network based on pressure signal diagnosis［J］. Building Simulation，2019，12(4)：617－628.

［21］ Xu T，Geng M，Liang C. Long distance large diameter heating pipeline leakage detection based on acoustic pressure sensor［C］//Proceedings of the 2020 Chinese Automation Congress (CAC)，2020.

［22］ Sun J，Wang R，Duan H. Multiple-fault detection in water pipelines using transient-based time-frequency analysis［J］. Journal of Hydroinformatics，2016，18(6)：975－989.

［23］ Duan H. Transient frequency response based leak detection in water supply pipeline systems with branched and looped junctions［J］. Journal of Hydroinformatics，2017，19(1)：17－30.

［24］ Qu Z，Feng H，Zeng Z，et al. A SVM-based pipeline leakage detection and pre-warning system［J］. Measurement，2010，43(4)：513－519.

［25］ Liu J，Su H，Ma Y，et al. Chaos characteristics and least squares support vector machines based online pipeline small leakages detection［J］. Chaos，Solitons and Fractals，2016(91)：656－669.

［26］ Zhou M，Pan Z，Liu Y，et al. Leak detection and location based on ISLMD and CNN in a pipeline ［J］. IEEE Access，2019(7)：30457－30464.

［27］ Lang X，Li P，Hu Z，et al. Leak detection and location of pipelines based on LMD and least squares twin support vector machine［J］. IEEE Access，2017(5)：8659－8668.

［28］ Zadkarami M，Shahbazian M，Salahshoor K. Pipeline leakage detection and isolation：an integrated approach of statistical and wavelet feature extraction with multilayer perceptron neural network

(MLPNN) [J]. Journal of Loss Prevention in the Process Industries, 2016(43): 479 – 487.

[29] Zhao M, Ghidaoui M S, Louati M, et al. Numerical study of the blockage length effect on the transient wave in pipe flows [J]. Journal of Hydraulic Research, 2018,56(2): 245 – 255.

[30] Li X, Liu Y, Liu Z, et al. A hydrate blockage detection apparatus for gas pipeline using ultrasonic focused transducer and its application on a flow loop [J]. Energy Science and Engineering, 2020,8 (5): 1770 – 1780.

[31] Duan H F, Lee P J, Ghidaoui M S, et al. Transient wave-blockage interaction and extended blockage detection in elastic water pipelines [J]. Journal of Fluids and Structures, 2014(46): 2 – 16.

[32] Yang J, Wang X, Wu J, et al. A noise reduction method based on CEEMD-RobustICA and its application in pipeline blockage signal[J]. Journal of Applied Science and Engineering, 2019, 22(1): 1 – 10.

[33] Chu J, Yang L, Liu Y, et al. Pressure pulse wave attenuation model coupling waveform distortion and viscous dissipation for blockage detection in pipeline [J]. Energy Science and Engineering, 2019,8(1): 260 – 265.

[34] Massari C, Yeh T C J, Ferrante M, et al. A stochastic approach for extended partial blockage detection in viscoelastic pipelines: numerical and laboratory experiments [J]. Journal of Water Supply: Research and Technology-Aqua, 2015,64(5): 583 – 595.

[35] Lile N L T, Jaafar M H M, Roslan M R, et al. Blockage detection in circular pipe using vibration analysis [J]. International Journal on Advanced Science, Engineering and Information Technology, 2012,2(3): 252 – 255.

[36] Jafari R, Razvarz S, Vargas-Jarillo C, et al. Blockage detection in pipeline based on the extended kalman filter observer[J]. Electronics, 2020,9(1): 91.

[37] Liu E, Peng S, Zhang H, et al. Blockages detection technology for oil pipeline [J]. Journal of the Balkan Tribological Association, 2016, 22(1A Pt. 2):1057 – 1069.

[38] Wang X, Lambert M F, Simpson A R. Detection and location of a partial blockage in a pipeline using damping of fluid transients [J]. Journal of Water Resources Planning and Management, 2005,131(3): 244 – 249.

[39] Mohapatra P K, Chaudhry M H, Kassem A A, et al. Detection of partial blockage in single pipelines [J]. Journal of Hydraulic Engineering, 2006, 132(2):200 – 206.

[40] Lee P J, Vítkovský J P, Lambert M F, et al. Discrete blockage detection in pipelines using the frequency response diagram: numerical study [J]. Journal of Hydraulic Engineering, 2008,134(5): 658 – 663.

[41] Che T C, Duan H F, Pan B, et al. Energy analysis of the resonant frequency shift pattern induced by non-uniform blockages in pressurized water pipes [J]. Journal of Hydraulic Engineering, 2019, 145 (7):4019027.

[42] Meniconi S, Duan H F, Lee P J, et al. Experimental investigation of coupled frequency and time-domain transient test-based techniques for partial blockage detection in pipelines [J]. Journal of Hydraulic Engineering, 2013,139(10): 1033 – 1040.

[43] Chu J, Liu Y, Song Y, et al. Experimental platform for blockage detection and investigation using propagation of pressure pulse waves in a pipeline [J]. Measurement, 2020(160): 107877.

[44] Xufeng Y, Duan H, Wang X, et al. Investigation of transient wave behavior in water pipelines with blockages [J]. Journal of Hydraulic Engineering, 2021,147(2):04020095.

[45] Kim S. Multiple discrete blockage detection function for single pipelines [J]. Proceedings, 2018, 2 (11): 582.

[46] Pérez-pérez E J, López-estrada F R, Valencia-palomo G, et al. Leak diagnosis in pipelines using a combined artificial neural network approach [J]. Control Engineering Practice, 2021(107): 104677.

[47] J Bohorquez，Alexander B，Simpson A R，et al. Leak detection and topology identification in pipelines using fluid transients and artificial neural networks[J]. Journal of Water Resources Planning and Management，2020，146(6)：04020040.

[48] Nasir M T，Mysorewala M，Cheded L，et al. Measurement error sensitivity analysis for detecting and locating leak in pipeline using ANN and SVM [C]//Proceedings of the 2014 IEEE 11th International Multi-Conference on Systems，Signals and Devices (SSD14)，2014.

[49] Sanz G，Ramon Pérez，Kapelan Z，et al. Leak detection and localization through demand components calibration [J]. Journal of Water Resources Planning and Management，2016，142(2)：04015057.

[50] Mbiydzenyuy G，Nowaczyk S，Knutsson H，et al. Opportunities for machine learning in district heating [J]. Applied Sciences，2021，11(13)：6112.

[51] Shen Y，Chen J，Fu Q，et al. Detection of district heating pipe network leakage fault using UCB arm selection method [J]. Buildings，2021，11(7)：275.

[52] Xue P，Jiang Y，Zhou Z，et al. Machine learning-based leakage fault detection for district heating networks [J]. Energy and Buildings，2020(223)：110161.

[53] Pierl D，Kai V，Geisler J，et al. Online model- and data-based leakage localization in district heating networks — impact of random measurement errors [C]//2020 IEEE International Conference on Systems，Man，and Cybernetics (SMC)，2020.

[54] Yang Jing，Zhu Tong，Xu Tong，et al. Hydraulic calculation and emergency regime analysis of heat-supply network of Dezhou City [J]. District Heating，2008(5)：21 - 26.

[55] Kapelan Z S，Savic D A，Walters G A. A hybrid inverse transient model for leakage detection and roughness calibration in pipe networks [J]. Journal of Hydraulic Research，2003，41(5)：481 - 492.

[56] Kapelan Z S，Savic D A，Walters G A. Incorporation of prior information on parameters in inverse transient analysis for leak detection and roughness calibration [J]. Urban Water Journal，2004，1(2)：129 - 143.

[57] Shamloo H，Haghighi A. Optimum leak detection and calibration of pipe networks by inverse transient analysis [J]. Journal of Hydraulic Research，2010，48(3)：371 - 376.

[58] Shamloo H，Hamid S. Transient generation in pipe networks for leak detection [J]. Water Management，2011，164(6)：311 - 318.

[59] Qin Xuzhong，Jiang Yi. Identification of flow resistance coefficient and fault diagnosis in district heating networks [J]. Journal of Tsinghua University，2000，40(3)：81 - 85.

06 第6章

供热系统喷射泵技术及应用

中国北方采暖能耗是建筑能耗的重要组成部分,随着供热行业飞速发展,北方城镇现有集中供热面积约 131 亿 m²,集中供热率约 85%。近几年来,随着既有建筑的节能改造、供热系统的能效升级以及计算机技术的智慧助力,北方城镇集中供热能耗强度显著下降,从 2000 年的 32.99 kgce/m² 下降到 2017 年的 15.12 kgce/m²,下降 54.17%,但与发达国家的采暖能耗强度相比仍有一定的差距。

供热系统水力失衡问题是导致供热系统能耗居高不下的症结所在,喷射泵因为结构简单且具有很好的水力平衡效果曾在供热系统中有所应用,由于不可调节喷射泵无法满足日益复杂的系统和不断变化的热用户需求而被淘汰。但可调节喷射泵弥补了这一缺陷,让喷射泵在解决供热系统水力平衡问题上再次成为一种更好的选择。

6.1 问题提出

降低供热能耗的根本措施在于实现热量在热用户之间的按需分配,热量的按需分配是通过流量的按需分配实现的,其关键在于保证供热系统的水力平衡。我国集中供热系统规模大,末端热用户与近端热用户之间往往差几千米甚至几十千米,管网系统复杂,有各种阻力设备,极易对管网的水力平衡产生影响。因此,不论是一次管网的热力站之间,还是二次管网的楼宇和楼内热用户之间,都普遍存在着水力失调现象。近端热用户供/回水压差大,流量大;远端热用户供/回水压差小,流量小。为了满足末端热用户的热量需求,往往通过提高供水压力来达到末端热用户的流量需求,这样势必造成近端热用户的过热和循环水泵不必要的电耗。

考虑水力失调对整个供热系统的不利影响,相关领域的学者进行了诸多尝试,以保持供热系统的水力平衡。目前供热系统中采用最多的是在管路中安装各类平衡阀,通过调节阀门的开度实施水力平衡调节,但各类平衡阀的控制效果与其工艺技术水平等直接相关,且普遍会产生较大的节流损失。除平衡阀之外,分布式水泵作为一种新的水力平衡方式,通过"以泵代阀"消除节流损失,具有优异的水力平衡效果,但在二次热网中,热用户众多且安装运行条件复杂,采用分布式水泵的方式成本则过高。

喷射泵(又称引射泵、喷射器、射流泵、引射阀等)是利用流体紊动扩散作用来进行传质传能的流体机械和混合反应设备。高压流体(工作流体)从喷嘴高速喷出,形成低压区,引射喷嘴周围的低压流体(引射流体),两股流体在混合室和扩压管内混合、增压,得到中压混合流体。传统固定喷嘴喷射泵结构如图6-1所示。

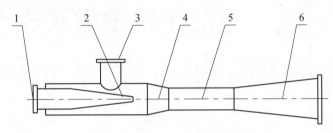

1—工作流体入口;2—喷嘴;3—引射流体入口;4—混合室入口段;5—混合室;6—扩压管

图 6-1　传统固定喷嘴喷射泵结构

由于喷射泵结构简单,不是直接消耗机械能,而是利用流体传递能量来输送流体,因而广泛应用于渔业、电力、化工、消防、石油及航空航天等众多领域。在管网和热用户之间安装喷射泵来实现混水供热的连接方式,也早在20世纪五六十年代就引入我国的供热系统,但由于传统喷射泵固定不变的喷嘴难以适应日益复杂的供热系统,以及当时的控制技术有限,最终逐渐被淘汰。随着可调节喷射泵的出现,喷射泵在供热系统中的应用再次成为可能。而要利用喷射泵来实现供热系统的节能,对喷射泵的模型建立、特性分析、参数辨识等过程是必不可少的。

6.2　研究现状

6.2.1　喷射泵技术研究现状

长期以来,人们一直致力于喷射技术理论及应用等方面的研究,并取得了丰硕的成果。19世纪60年代中期,德国学者G. Zeuner在理论方面建立了喷射泵的设计基础,并和J. M. Rankine通过研究对该理论做进一步的完善,但是他们的研究仍处于起步阶段,无法解决射流泵及喷射器的计算问题。直到1934年,J. E. Gosline和M. P. Obrine通过对液体喷射泵的工作情况采用实验方法分析,导出了基本性能方程,并成功将其应用于油井抽油系统中。1942年,J. A. Coff经过研究指出,可以利用二元解法对喷射泵性能进行更进一步的分析计算。

1931—1940年,苏联中央流体力学研究所和全苏热工研究所对已经提出的所有喷射泵的计算方法进行整理,计算出在工作状态和参数发生改变的情况下喷射泵的完整性能曲线及方程。之后的几年中,他们又提出了新的喷射泵计算方法,并提出自由流速理论是计算喷射泵轴向尺寸的重要理论基础。1952年,J. W. Maconagghy对喷射泵的性能进行研究,对其计算方法进行优化。1965年,A. G. Hansen对液体喷射泵的设计和计算方法进行了阐述。1970 年，B. J. Bill 使用积分法计算了喷射泵的内部流场。

在中国，1963 年，童咏春、陆宏圻结合动量、能量修正系数等，考虑射流泵内部各个主要控制断面的流速、压力及浓度的不均匀分布，推导出液体射流泵的基本方程，后来针对各种类型喷射泵给出设计理论和方法。王常斌等根据能量守恒推导出射流泵的效率计算公式，并根据多元函数极值原理得出射流泵最优参数方程，又分析了摩擦损失系数和密度比对喷射泵性能包络线和效率包络线的影响，指出密度比的影响较小、可以忽略，而摩擦损失系数却是影响最优参数的主要因素。王平等基于索科洛夫提出的喷射泵性能方程，结合水喷射泵效率来研究喷射泵的特性曲线，并分析供热调节时水喷射泵的运行情况。2000 年，石兆玉等针对固定式热水喷射泵的缺点，研制了一种新型的可调式水喷射泵，还进一步分析了在供热系统中采用热水喷射泵连接方式的优越性。

相关学者不仅分析喷射泵理论，同时也做了许多实验研究。Winoto 设计、建造了一个实验台来进行实验，研究了喷嘴与混合室的不同面积比，以及包括方形和三角形喷嘴在内的不同喷嘴横截面对喷射泵性能的影响。实验结果发现，用于喷射泵的最佳喷嘴横截面是圆形，且效率最高时的面积比约为 0.30。胡湘韩等对喷射泵的基本性能进行深入的实验研究，论述了喷射泵的无因次性能曲线与结构参数、运动参数、安装位置之间的关系，指出喷射泵性能相似的基本准则。近几年，李德英团队通过搭建射流泵实验台，对射流泵在集中供热系统中的水力特性进行了分析。

随着科技的进步，计算机技术及数值模拟理论得到广泛的应用，现在已经可以用数值模拟的方法来描述喷射泵内部的液体或气液混合的复杂流动过程。进行数值模拟时，首先将喷射泵简化成一元流，选择与之相应的流动模型（一般选择积 k-ε 两方程模型作为喷射泵内部湍流模型），其次对控制方程采用有限体积法、有限差分法等一系列方法进行离散，最后对模拟区域进行网格设置。

中国陆宏圻团队早在 20 世纪 90 年代就对喷射泵内的流动进行过数值模拟。2002 年，龙新平全面考虑射流泵的不规则几何形状和各结构尺寸对其性能的影响，采用贴体坐标变换技术，结合混合有限分析法和 k-ε 紊流模型，给出一套有效的射流泵内部流动计算的数值方法。何培杰等通过数值模拟预测壁面压强和轴心速度分布，并与实验数据进行比较，计算值与实验值吻合很好。2013 年，杨雪龙等研究了不同湍流模型和壁面边界处理方法对射流泵性能和内部流场模拟的影响，尝试寻找一种能够准确预测射流泵性能和内部流场的湍流模型与相应壁面处理方法的组合。

6.2.2　喷射泵技术在供热领域的应用现状

自射流理论提出以来，喷射泵不仅在研究方面得到了较大的发展，而且在集中供热比较发达的国家得到了广泛的应用，例如苏联时期，约有 85% 的系统采用水喷射泵连接热用户与室外供热管网，而只有 9% 采用混水泵连接。中国 20 世纪五六十年代时，喷射泵在供热方面应用较为普遍，但是由于喷嘴直径固定不变，无法满足供热系统规模不断发生变化的需要。因此，喷射泵在中国并没有进一步应用，进入 20 世纪 70 年代后，渐渐被淘汰。但是，随着可调节喷射泵的出现以及关于喷射泵结构的优化，现在的喷射泵效率已经有了很大的提高。这让其在中国供热领域的应用成为可能。

在供热系统发展初期,喷射泵连接一次网的供水管与热用户的回水管,从而起到混水的作用。刚开始运行时,喷射泵的喷嘴直径和混合比与供热规模较为匹配,供热效果比较理想。但是随着供热规模的不断扩大、室外温度的变化,均要求供水温度也变化,通过改变混合比来调节混合水的温度,这样会偏离设计状况,而喷嘴固定的喷射泵无法满足变化的需求。基于此,可调式喷射泵应运而生,它可以通过调节喷嘴指针的位置来调节喷嘴截面积,进而调节混合比,以满足在一次网设计流量变化的情况下,保持二次网的流量基本不变。可调式喷射泵更加符合管网实际运行的要求,供热效果理想。

在中国的供热领域,喷射泵起初应用于蒸汽供热,具有很高的使用价值。目前喷射泵在中国供热系统上的应用方式有三种场景:一、二次网直连系统,高低区直连系统及二次网混水系统。

(1)一、二次网直连系统。在该系统中,喷射泵用来代替换热器,节省换热损失,提高能源利用效率。闫永波提出,通过在一、二次网间安装水喷射泵来取代换热器和二次网循环水泵,充分利用一、二次网间的大压差驱动喷射泵实现混水,不仅可以节省换热损失,而且增大一次网供/回水温差,有望从根本上解决一次网末端换热站流量不足的问题。石兆玉从管网特性、方案组成及节能计算方面分析不同的混水方式,认为喷射泵不宜用在混水比较大的供热系统。

(2)高低区直连系统。王飞等提出在高区热用户与低区管网回水干管的分支点安装喷射泵,既能对高区热用户回水节流降压,又能为低区管网回水加压,提高管网的水力稳定性。任卫英提出通过加压泵和水喷射泵的协调运行,从散热系统的回水主管抽水供给高区和低区地暖热用户,利用加压后的高区地暖回水作为动力,驱动低区地暖循环水克服管网阻力。

(3)二次网混水供热系统。喷射泵作为混水装置连接热网和热用户,是喷射泵在供热系统中最普遍的应用方式。相比混水泵,喷射泵造价低、结构简单,不需要额外动力,运行稳定。安英华等在对供热系统水力失调计算和对现有资料进行研究的基础上,提出在区域锅炉房供热系统和城市热电厂供热系统中采用喷射泵作为混水设备,具有很大的经济效益。丁继波等提出,通过可调节喷射泵增大室内循环流量,缓解竖直失调,并通过实际的工程案例说明了喷射泵的经济效益。石兆玉等研制了一种新型的可调式水喷射泵,经过供热系统的现场测试,基本上达到设计性能指标,进一步分析了在供热系统中采用热水喷射泵连接方式的优越性。王娜等提出通过喷射泵与变频泵的组合,提高楼内循环流量,分析得出这种混水供热模式能够有效解决热力失调的问题,且可以通过质调节和量调节来适应供热负荷的变化。张琨等通过对 4 个喷射泵的计算分析,讨论了供热系统管网参数对喷射泵尺寸的影响,得出供热负荷是影响喷射泵结构尺寸最主要的因素。李中镇等通过将可调节喷射泵用于供热庭院管网,系统水力稳定性得到明显提高,同时通过"大温差,小流量"的运行模式大幅节省电耗。李德英团队通过实验研究了喷射泵的性能,分析了喷射泵供热系统的水力稳定性,并通过实际的工程案例证明了喷射泵优越的节能性。本书作者王海等介绍了一种应用喷射泵来增强区域供冷系统水力平衡的新方案,仿真结果表明,该方案可以更方便地实现动态水力平衡,循环泵的电耗也可节省 10%～30%。

6.3　解决方案

6.3.1　喷射泵结构、原理及尺寸设计

6.3.1.1　喷射泵的结构和工作原理

喷射泵主要由喷嘴、吸入室、混合室入口段、混合室、扩压管等组成。目前有研究者在传统喷射泵的基础上增设调节机构,用来改变喷嘴截面积,研制出可调节式喷射泵,如图 6-2、图 6-3 所示。

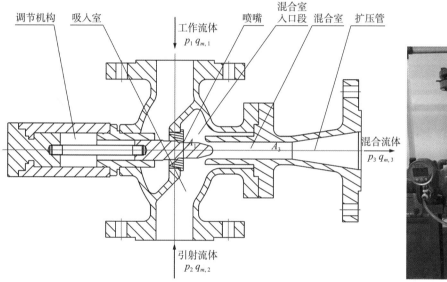

图 6-2　可调节式喷射泵结构　　　　　　图 6-3　某型号可调节式喷射泵实物图

喷射泵内压力、速度变化曲线如图 6-4 所示。高压的工作流体在喷嘴中被加速,直至喷嘴的末端,达到最大速度,压能转换成动能,在吸入室形成比回水管更低的压力,管网回水不断引射进吸入室。两股流体在混合室入口段及混合室中进行动量和能量交换。高压高速的工作流体速度降低,压力升高;低压低速的引射流体速度升高,压力也升高,直到混合室出口,两股流体的速度和压力逐渐趋近于一致。然后,混合流体进入扩压管,随着流速的降低,压力逐渐升高,流体的动能逐渐转化为势能。当混合流体的压力增大到出口压力时,从扩压管出口排出。在喷射泵中,无论是在喷嘴还是在扩压管部分,流体的流动必然服从动量和能量守恒的客观规律。在流动过程中,流体的压力与流速的变化关系总是相反的,即随着流速的增大,动能增大、势能减小;反之亦然。

喷射泵的工作过程大致可分为以下三个阶段:

(1) 势能转化为动能的阶段。工作流体在喷嘴中随着喷嘴截面积的减小,流速增大,动

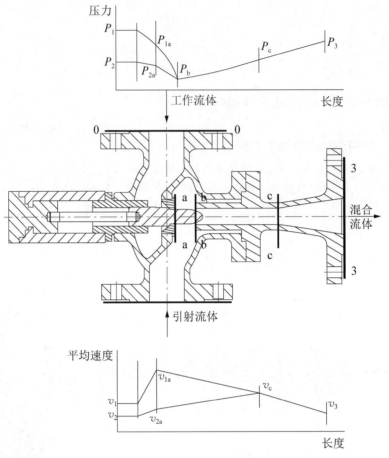

图 6-4 喷射泵内压力、速度变化曲线

能随之增大、势能逐渐减小。

（2）工作流体与引射流体混合的阶段。流体进行质量、动量及能量交换的阶段，在这个阶段中，引射流体的速度被提高，工作流体则携带引射流体进入混合室当中。

（3）扩散管中的两股流体（即工作流体和引射流体）同时进行能量交换并将动能转化为势能，最后将混合以后的流体排出喷射泵的阶段。

喷射泵内部的实际流动情况比较复杂，这是因为，无论是轴线方向还是沿着流体质点流动的横断面方向，速度场和压力场的分布都是不均匀、不稳定的，而且在流动过程中发生的流体质点相互碰撞、摩擦及能量交换都属于三维流体力学问题，目前在国内外都未对之有精确的计算方法。将三维问题简化为一维稳态问题进行研究，目前发展较为成熟，并已经确立了理论计算公式。

6.3.1.2 喷射泵的数学模型

1）喷射泵的性能参数

影响喷射泵的性能参数主要有工作流体和被引射流体的压力、流量，以及出口流体的压力、流量等，影响因素较多，在研究其性能时，常采用无因次参数来表征，目前大多采用以下无因次参数来表示。

（1）混合比 u：

$$u = \frac{G_2}{G_1} \tag{6-1}$$

式中，G_1、G_2 为工作流体和引射流体的质量流量（kg/s）。

（2）压差比 h：

$$h = \frac{\Delta P_c}{\Delta P_p} = \frac{P_3 - P_2}{P_1 - P_2} \tag{6-2}$$

式中，P_1 为工作流体在进水口的压力（Pa）；P_2 为引射流体在回水口的压力（Pa）；P_3 为混合流体在扩压管出口的压力（Pa）。

（3）面积比 m：

$$m = \frac{A_3}{A_1} \tag{6-3}$$

式中，A_3 为混合室截面积（m^2）；A_1 为喷嘴出口截面积（m^2）。

2）喷射泵的特性方程

为了研究喷射泵内部压力、流速与混合比的关系，以及结构尺寸对喷射泵性能的影响，国内外学者通过大量的理论与实验研究，推导出喷射泵的特性方程。推导喷射泵的特性方程须做出以下假设：

① 喷射泵内的流动过程遵循能量守恒定律。

② 喷射泵的内部流动为一维稳态流动，且介质流动中的压缩和膨胀过程为绝热过程。

③ 在喷嘴出口截面与混合室入口截面之间，工作流体所占的截面积保持不变。

④ 介质在喷嘴、混合室和扩压管内流动过程中的不可逆损失用速度系数来表示。

⑤ 混合室截面入口处工作流体与引射流体达到相同的压力。

⑥ 喷射泵进出口的流速忽略不计。

在以上假设对喷射泵内流体流动过程简化的基础上，分别建立质量守恒、能量守恒、动量守恒方程如下。

（1）质量守恒方程。计算公式如下：

$$G_3 = G_1 + G_2 \tag{6-4}$$

式中，G_3 为混合流体的质量流量（kg/s）。

（2）动量守恒方程。在混合室进口和出口之间，即图 6-4 中 b-b 断面和 c-c 断面之间的流体遵守动量守恒，列出动量守恒方程计算公式：

$$\varphi_4(G_1 v_{1a} + G_2 v_{2b}) - (G_1 + G_2)v_c = (P_c - P_b)A_3 \tag{6-5}$$

式中，v_{1a} 为工作流体在喷嘴出口的流速（m/s）；v_{2b} 为引射流体在混合室进口断面的流速（m/s）；v_c 为混合室出口断面上的流速（m/s）；P_c 为混合室出口断面流体的压力（Pa）；P_b 为混合室进口断面上流体的压力（Pa）。

（3）能量守恒方程。

① 在喷嘴段：喷嘴入口的流速 v_1 与出口的流速 v_{1a} 相比很小，可以忽略不计，根据伯努

利方程可得

$$P_1 - P_2 = \frac{v_{1a}^2 \rho_1}{2\varphi_1^2} \tag{6-6}$$

式中，ρ_1 为工作流体的密度（kg/m³）。

又有

$$G_1 = v_{1a} A_1 \rho_1 \tag{6-7}$$

由式（6-6）和式（6-7）得到工作流体的质量流量计算公式：

$$G_1 = \varphi_1 A_1 \sqrt{2\rho_1 \Delta P_p} \tag{6-8}$$

其中

$$v_{1a} = \frac{G_{1a}}{A_1 \rho_1}, \ v_{2b} = \frac{G_2}{A_2 \rho_2}, \ v_c = \frac{G_1 + G_2}{A_3 \rho_3} \tag{6-9}$$

式中，ΔP_p 为工作流体在进水口压力与引射流体在回水口压力之差，$\Delta P_p = P_1 - P_2$（Pa）；ρ_2、ρ_3 为引射流体和混合流体的密度（kg/m³）；A_2 为混合室入口段引射流体所占的截面积，$A_2 = A_3 - A_1$（m²）。

由式（6-1）、式（6-8）、式（6-9）可得

$$G_1 v_{1a} = 2\varphi_1^2 A_1 \Delta P_p \tag{6-10}$$

$$G_2 v_{2b} = 2\varphi_1^2 A_1 \Delta P_p u^2 \frac{\rho_1 A_1}{\rho_2 A_2} \tag{6-11}$$

$$(G_1 + G_2) v_c = 2\varphi_1^2 A_1 \Delta P_p (1 + u)^2 \frac{\rho_1 A_1}{\rho_3 A_3} \tag{6-12}$$

② 在混合室入口段：

$$P_2 - P_b = \frac{v_{2b}^2 \rho_2}{2\varphi_2^2} \tag{6-13}$$

③ 在扩压管段：

$$P_3 - P_c = \frac{\varphi_3^2 v_c^2 \rho_3}{2} \tag{6-14}$$

由式（6-13）和式（6-14）可得

$$P_c - P_b = (P_3 - P_2) + \frac{v_{2b}^2 \rho_2}{2\varphi_2^2} - \frac{\varphi_3^2 v_c^2 \rho_3}{2} \tag{6-15}$$

式中，φ_1、φ_2、φ_3、φ_4 分别为喷嘴、混合室入口段、扩压管和混合室的速度系数。本节所研究的工质水为不可压缩流体，即 $\rho_1 = \rho_2 = \rho_3$，由此得到喷射泵的特性方程如下：

$$h = \frac{2\varphi_1^2 \varphi_4}{m} + 2\varphi_1^2 \varphi_4 \cdot \frac{u^2}{m(m-1)} - \frac{\varphi_1^2}{\varphi_2^2} \cdot \frac{u^2}{(m-1)^2} - \varphi_1^2 (2 - \varphi_3^2) \frac{(1+u)^2}{m^2} \tag{6-16}$$

在推导喷射泵的特性方程时,认为工作流体从喷嘴出口截面到混合室入口截面之间射流断面保持不变。但这种假设并不合理,由于边界层的扩张,从喷嘴喷射出的工作流的截面积逐渐增大。特别是当面积比 m 比较小(喷嘴出口面积比较大)时,工作流的射流截面扩大得越快。对于固定式喷射泵,这种不合理的假设可以由其他系数补偿,但对于可调节喷射泵,不同面积比下的扩张趋势不同,需要引入一个新的系数 φ_5,衡量工作流体在喷嘴出口截面和混合室入口截面之间的射流断面扩张,定义为

$$\varphi_5 = \frac{A_1}{A_1'} \tag{6-17}$$

式中,A_1' 为工作流体在混合室入口截面上的射流断面面积,则引入系数 φ_5 后的特性方程为

$$h = \frac{2\varphi_1^2 \varphi_4 \varphi_5}{m} + 2\varphi_1^2 \varphi_4 \varphi_5 \frac{u^2}{m(\varphi_5 m - 1)} - \frac{\varphi_1^2 \varphi_5^2}{\varphi_2^2} \frac{u^2}{(\varphi_5 m - 1)^2} - \varphi_1^2(2 - \varphi_3^2)\frac{(1+u)^2}{m^2}$$

$$\tag{6-18}$$

对于固定式喷射泵,可以认为 $\varphi_5 = 1$。由喷射泵的特性方程可以看出,当 $\varphi_1 - \varphi_5$ 的取值确定时,喷射泵的特性由混合比 u 和面积比 m 来决定,与喷射泵的绝对尺寸无关。

6.3.1.3　喷射泵面积比的确定

压差比 h 是喷射器引射扬程计算中的一个重要参数,可以直观反映喷射器可利用的富余压头与引射扬程之间的数值关系。想要喷射器得到更高的引射扬程,须最大限度地提高 h 的数值。根据喷射泵的特性方程 $h = f(u, m)$,对于给定的混合比 u,存在一个最佳的面积比 m 使得压差比 h 最大,将这个面积比定义为给定混合比下的最佳面积比。不同混合比下,压差比随面积比的变化如图 6-5 所示。

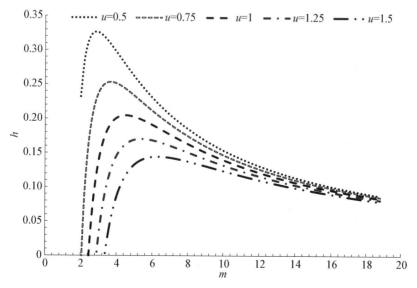

图 6-5　不同混合比下,压差比随面积比的变化

6.3.1.4　喷嘴

取最佳截面比,代入各部分局部阻力系数,结合工作流体和引射流体压力、流量,求取喷嘴出口截面面积和喷嘴的出口直径。其计算公式为

$$A_1 = \frac{G_1}{\varphi_1 \sqrt{2\rho_1 \Delta P_p}} \tag{6-19}$$

$$d_1 = \sqrt{\frac{4A_1}{\pi}} \tag{6-20}$$

依据经验,喷嘴的锥角 α 取 $13° \sim 15°$ 时,喷嘴局部阻力较小,代入计算喷嘴长度为

$$L_0 = \frac{d_0 - d_1}{2\tan\dfrac{\alpha}{2}} \tag{6-21}$$

式中,d_1 为喷嘴出口截面直径(m^2);d_0 为喷嘴入口截面直径(m^2);L_0 为喷嘴长度(m);α 为喷嘴的锥形角(°)。

6.3.1.5　混合室

根据最佳面积比和喷嘴出口截面积计算混合室的截面积,进一步得到混合室的直径:

$$A_3 = mA_1 \tag{6-22}$$

$$d_3 = \sqrt{\frac{4A_3}{\pi}} \tag{6-23}$$

经验可知混合室的长度通常为混合室直径的 $6 \sim 10$ 倍:

$$L_h = (6 \sim 10)d_3 \tag{6-24}$$

式中,d_3 为混合室直径(m);L_h 为混合室长度(m)。

6.3.1.6　喉嘴距

喉嘴距为喷嘴出口截面到混合室入口截面的距离。最佳的喉嘴距可以利用射流理论和圆管中流体稳定流动的断面速度分布规律来进行分析和计算。

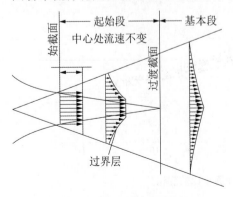

当工作流体射出喷嘴时,工作流体卷吸一部分引射流体进入,由于介质的紊流掺和,流束扩张,轴向速度降低。喷射泵的自由流束是指从喷嘴出口截面到进入喷射泵混合室入口截面这一段,其示意图如图6-6所示。过渡截面是指中心区截面速度变为零时的流束截面。流束可以分为起始段和基本段两段:喷嘴的出口截面(始截面)到流束的过渡截面之间的一段流束为起始段;过渡截面之后的一段流束为基本段。

图6-6　自由流束示意图

根据经验,喉嘴距最适距离的判定标准为:使自

由流束截面和混合室入口截面相等。计算得出的自由流束长度 l_{cl} 和在离喷嘴出口截面的距离为 l_{cl} 处的自由流束的直径 d_4 这两个尺寸,是正确选择工作喷嘴的位置必要条件。

计算自由流束的长度,$u \leqslant 0.5$,即当自由流束不超出起始段时,计算公式为

$$l_{cl} = (\sqrt{0.083 + 0.75u} - 0.29)\frac{d_1}{2a} \tag{6-25}$$

$u > 0.5$,即当自由流束不只是包含起始段,还包含基本段时,计算公式为

$$l_{cl} = \frac{0.37 + u}{4.4a}d_3 \tag{6-26}$$

式中,l_{cl} 为工作流体自由流束长度(m);a 为实验常数,一般取 0.16。

$u \leqslant 0.5$ 时计算自由流束的直径:

$$d_4 = 3.4d_1\sqrt{0.083 + 0.75u} \tag{6-27}$$

$u > 0.5$ 时,计算自由流束的直径:

$$d_4 = 1.55d_1(1 + u) \tag{6-28}$$

式中,d_4 为自由流束直径(m)。

若混合室直径大于自由流束直径,喉嘴距计算公式为 $L_c = l_{cl}$,而若混合室直径小于自由流束直径时,喉嘴距计算公式为 $l_c = l_{cl} + l_{c2}$,其中 l_{c2} 的计算公式如下:

$$l_{c2} = \frac{d_4 - d_3}{2\tan\beta} \tag{6-29}$$

式中,l_c 为喉嘴距,即喷嘴出口截面到混合室入口界面的距离(m);l_{c2} 为自由流束终截面与混合室入口截面间的距离(m);β 为引射室截面至混合室截面的收缩角度,一般取 45°。

6.3.1.7　扩压管

扩压管与喷嘴工作原理正好相反,混合后的流体沿着渐扩喷管,将压力能水头转为动能水头。由于要与供热管网相互匹配,其入口直径为混合室直径,出口直径等于供水管直径。扩压管的扩散角度不宜过大,避免流体在扩散过程中产生速度分离,从而加大扩散管部分的局部阻力损失。扩散管的长度计算公式为

$$L_k = \frac{d_k - d_h}{2\tan\frac{\theta}{2}} \tag{6-30}$$

式中,L_k 为扩散管的长度(m);d_k 为回水干管管道直径(m);θ 为扩压管角度,为减少扩压管的长度,θ 可以稍取大一些,可取 16°~20°。

6.3.1.8　喷射泵尺寸参考设计参数

通过设计软件,计算得到一系列喷射泵的设计尺寸供参考。

首先给定设计混合比 u,根据特性方程,求得对应的最大扬程比 h 和相应的最佳面积比

m;其次,根据管道中的设计流速得到喷射泵混合流体流量 G_3,根据混合比 u 得到工作流体流量 G_1;然后,结合设计资用扬程得到喷嘴出口直径 d_1,结合面积比得到混合室直径 d_3;最后设计其他尺寸。本章节设计时根据供/回水温差(5℃)和供热指标(50 W/m²)计算喷射泵对应的供热面积,供设计者参考。喷射泵尺寸设计步骤如图 6-7 所示。

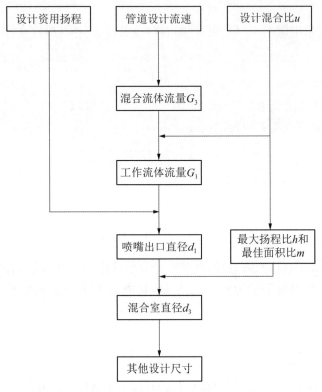

图 6-7 喷射泵尺寸设计步骤

章节在设计中管道流速取 1 m/s,喷射泵的资用扬程取 0.2 MPa,混合比取 1。因为设计混合比相同,喷射泵具有相同的面积比 $m=4.49$。设计者也可根据实际情况,按照上述设计步骤和方法自行设计。喷射泵参考设计尺寸和设计工况下的运行参数见表 6-1。

6.3.2 喷射泵运行特性模拟

为了对喷射泵运行特性进行模拟,需要构建喷射泵的数学模型。喷射泵的数学模型在质量守恒、能量守恒和动量守恒方程基础上建立,推导过程已经在 6.3.1.2 节给出,具体的数学描述如下。质量守恒方程见式(6-4),动量守恒方程见式(6-5),能量守恒方程见式(6-8),喷射泵特性方程通过下式计算:

$$\frac{P_3-P_2}{P_1-P_2}=\frac{2\varphi_1^2\varphi_4}{A_3/A_1}+2\varphi_1^2\varphi_4\cdot\frac{u^2}{A_3/A_1(A_3/A_1-1)}-\frac{\varphi_1^2}{\varphi_2^2}\cdot\frac{u^2}{(A_3/A_1-1)^2}-\varphi_1^2(2-\varphi_3^2)\frac{(1+u)^2}{(A_3/A_1)^2}$$

$$(6-31)$$

表 6 - 1　喷射泵参考设计尺寸

型号	设计管道流速/(m/s)	设计混合比 u	设计资用扬程/MPa	设计扬程比 h	最佳喷出口直径 d_1/mm	喷嘴出口直径 d_{1max}/mm	喷嘴长度 L_0/mm 固定喷嘴式	喷嘴长度 L_0/mm 可调节式	混合室直径 d_3/mm	喷嘴距 L_c/mm	混合室长度 L_h/mm	扩压管长度 L_k/mm	设计供热面积/m^2	工作流量 G_1/(t/h)
DN32	1	1	0.2	0.20	5.2	7.3	29.9	22.1	11.0	13.2	67.8	74.7	330	1.44
DN40	1	1	0.2	0.20	6.5	9.1	37.4	27.6	13.7	16.5	109.8	93.5	515	2.25
DN50	1	1	0.2	0.20	8.1	11.4	46.8	34.5	17.2	20.1	133.9	116.8	804	3.51
DN80	1	1	0.2	0.20	12.9	18.3	74.9	55.2	27.5	32.9	219.2	187.0	2059	8.99
DN100	1	1	0.2	0.20	16.2	22.9	93.6	69.0	34.3	42.6	264.3	233.7	3217	14.05
DN150	1	1	0.2	0.20	24.3	34.3	140.4	103.5	51.5	72.0	479.9	350.5	7238	31.60
DN200	1	1	0.2	0.20	32.3	45.7	187.2	138.0	68.6	81.5	543.3	467.4	12869	56.20

注：最佳喷出口直径 d_1 是最佳截面积比下计算得到的喷嘴出口直径，对于固定喷嘴式喷射泵，d_1 即为喷嘴出口设计直径，而对于可调节喷射泵，规定调节结构位于中间位置时，此时喷嘴出口直径为最佳直径，因此喷嘴出口设计直径 d_{1max} 为 $\sqrt{2}\,d_1$。固定喷嘴式和可调节式喷嘴出口直径有所不同，因此喷嘴长度有所不同，喷嘴锥度取 15°。

为着重关注喷射泵的水力特性,采用一个简化的二级管网对喷射泵的性能进行模拟。这个简化的供热系统由 1 个热源、1 个热用户、5 条管道和 1 个喷射泵组成(图 6-8)。从热源流出的工作流体进入喷射泵,将一部分回水引射回喷射泵,两者混合后流向热用户,剩余回水经循环水泵后流回热源。热源的参数是热源的回水压力 p^r、供水压力 p^s;喷射泵的设计参数有速度系数 $\varphi_1 \sim \varphi_4$、喷嘴出口截面积 A_1(可调)和混合室截面积 A_3(固定);热用户的参数是热用户的水力阻力。管段 1001~1004 的粗糙度均设为 0.1 mm。管段 1005 为一根很短的连接管道,内径为 200 mm。管道的长度 L 和内径 D 尺寸标注在图 6-8 中。

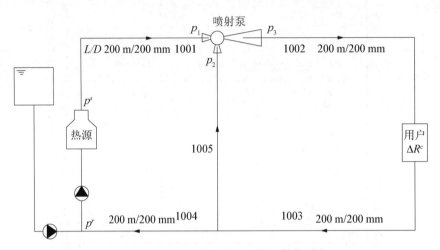

图 6-8 采用喷射泵的二级管网供热系统

在模拟过程中,速度系数 $\varphi_1 \sim \varphi_4$ 分别取 0.950、0.925、0.900、0.975。设定热源的供水压力 p^s(绝对压力)为 850 kPa,回水压力 p^r(绝对压力)为 500 kPa,热用户的水力阻力 ΔR^c 为 60 kPa,喷射泵混合室面积 A_3 为 1 667.8 mm²,喷嘴出口最大截面积 A_{1max} 为 826.2 mm²。调节喷射泵的调节喷针改变喷嘴出口的截面积,使混水比达到 1:1,此时喷射泵喷嘴出口截面积 A_1 为 403.4 mm²,喷射泵的工作流体质量流量 G_1 为 36 t/h,引射流体质量流量 G_2 为 36 t/h,混合流体质量流量 G_3 为 72 t/h。

热用户的水力阻力变化频繁,经常导致楼栋内部、楼栋之间的水力失衡,调节热源供水压力和喷嘴出口截面积是采用喷射泵的供热系统常用的调节方式。因此主要模拟当热用户的水力阻力 ΔR^c、热源供水压力 p^s 及喷嘴出口截面积 A_1 发生变化时,混水比 u、压差比 h 和工作流体流量 G_1 的变化规律。

1)改变热用户的水力阻力

保持其他参数为设定值不变,只改变热用户水力阻力 ΔR^c。混水比 u、压差比 h 和工作流量 $q_{m,1}$ 具体的变化曲线如图 6-9~图 6-11 所示。

由图 6-9 可知,混水比 u 随着热用户水力阻力 ΔR^c 的增加而不断减小,当热用户的水力阻力超过 125 kPa 时,管网回水无法被引射回喷射泵,喷射泵失去混水作用,混水比降为 0。

由图 6-10 可知,当热用户水力阻力 ΔR^c 增加时,压差比 h 几乎呈线性增加,当压差比超过 0.36 时,喷射泵无法引射回水。压差比 h 的变化趋势说明,当热用户水力阻力增加时,喷射泵能够一定程度上保证热用户的供水压力。

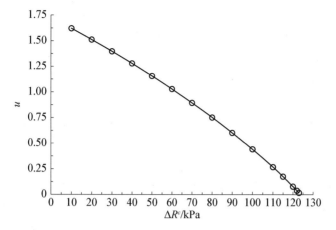

图 6-9　混水比 u 随热用户水力阻力 ΔR^c 的变化曲线

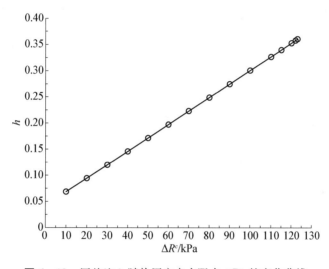

图 6-10　压差比 h 随热用户水力阻力 ΔR^c 的变化曲线

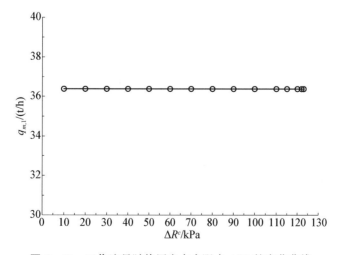

图 6-11　工作流量随热用户水力阻力 ΔR^c 的变化曲线

由图 6-11 可知,当热用户水力阻力 ΔR^c 的增加时,工作流量 $q_{m,1}$ 保持不变。这说明当热用户水力阻力发生变化时,对喷射泵入口之前的热网水力工况影响非常微小,这是喷射泵可减少热用户之间水力影响的重要特性。结合混水比的变化趋势可知,当热用户水力阻力发生变化时,宜采用质调节来满足供热需求。

2) 改变热源供水压力

保持其他参数为设定值不变,只改变热源供水压力。混水比 u、压差比 h 和工作流量 $q_{m,1}$ 具体的变化曲线如图 6-12～图 6-14 所示。

由图 6-12 可知,混水比 u 随着热源供水压力 p^s 的增加而增加,但增加的趋势趋缓,逐渐达到当下运行条件对应的混水比的最大值。当供水压力 p^s 减小到 660 kPa 以下时,不足以克服热用户的水力阻力来引射回水,喷射泵不能正常工作。当供水压力 p^s 增加到 1550 kPa 时,混水比 u 为 1.52,接近当下运行条件所能达到的最大混水比。

由图 6-13 可知,压差比 h 随着热源供水压力 p^s 的增加几乎呈比例减小。当供水压力 p^s 增加到 1550 kPa 时,压差比减小到 0.092,这说明喷射泵能在一定程度上减小热源供水压力 p^s 的变化对热用户供水压力 p_3 的影响。

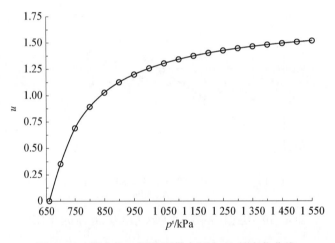

图 6-12 混水比 u 随热源供水压力 p^s 的变化曲线

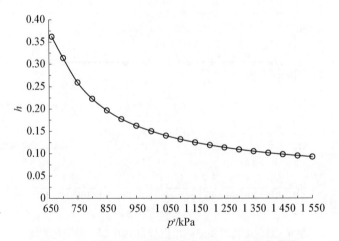

图 6-13 压差比 h 随热源供水压力 p^s 的变化曲线

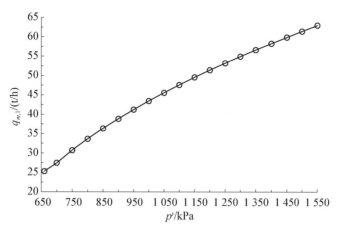

图6-14 工作流量随热源供水压力 p^s 的变化曲线

由图6-14可知,热源供水压力 p^s 增加时,工作流量 $q_{m,1}$ 几乎呈线性增加,这说明增加供水压力可对所有采用喷射泵的热用户产生类似的水量变化,有助于实施量调节。

3) 改变喷射泵喷嘴出口截面积

保持其他参数为设定值不变,只改变喷射泵出口截面积 A_1。混水比 u、压差比 h 和工作流量 $q_{m,1}$ 的具体变化曲线如图6-15～图6-17所示。

由图6-15可知,混水比 u 随截面积比 A_1/A_3 增加,先迅速增加后缓慢减小,A_1/A_3 小于0.1时,喷嘴几乎关闭,混水比 u 为0;A_1/A_3 约为0.2,即喷嘴出口截面积约为混合室截面积1/5时,混水比达到最大值1.09;A_1/A_3 大于0.2时,混合比逐渐减小,达到最大时,混合比回落到0.50。在喷嘴出口截面积的可调范围内时,混水比普遍低于设定的混水比1.00。

由图6-16可知,截面积比 A_1/A_3 增加时,压差比 h 在一定范围内增加,当混水比达到最大值时,压差比为0.19;喷嘴截面积达到最大时,压差比达到0.23。

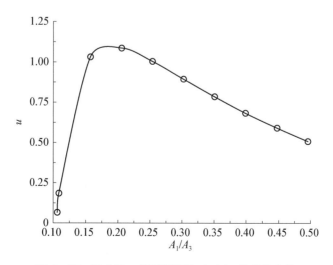

图6-15 混水比 u 随截面积比 A_1/A_3 的变化曲线

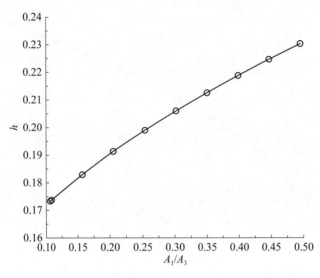

图 6-16 压差比 h 随截面积比 A_1/A_3 的变化曲线

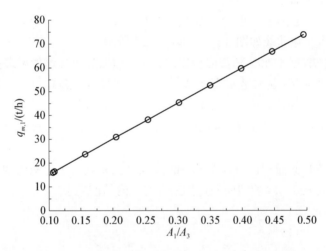

图 6-17 工作流量随截面积比 A_1/A_3 的变化曲线

由图 6-17 可知,截面积比 A_1/A_3 增加时,工作流量 $q_{m,1}$ 呈线性增加。再结合图 6-9 所示的混水比变化规律可知,增加喷嘴出口截面积可显著增加工作流体对混合水温的影响。

6.3.3 可调节喷射泵系数辨识

喷射泵的速度系数 $\varphi_1 \sim \varphi_4$ 用来表示流体在喷嘴、混合室入口段、混合室和扩压管内流动过程中的不可逆损失,索科洛夫根据实验数据给出喷射泵速度系数 $\varphi_1 \sim \varphi_4$ 参考值。此后学者在进行喷射泵的性能研究时,大多采用这一参考值,但不同的厂家由于生产工艺上的差别,制造的喷射泵的速度系数有较大的差别。尤其自从可调节喷射泵研制成功以后,喷射泵在结构上有了改进,可调节喷射泵速度系数与传统喷射泵的速度系数差别很大,尤其在调整喷嘴出口截面积时,工作流体的射流断面扩张系数 φ_5 和混合室入口段的速度系数 φ_2 是随着调节机构的行程变化的。本节根据实验数据,利用遗传优化算法识别不同面积比下所测试的可调节喷射泵的系数,然后拟合优化得到的各系数值与面积比之间的函数关系。

6.3.3.1　实验装置

实验原理和实验装置实物分别如图 6-18、图 6-19 所示。

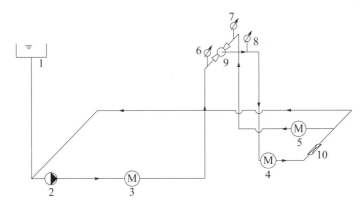

1—膨胀水箱;2—循环水泵;3~5—流量计;6~8—压力表;9—可调节喷射泵;
10—球阀(用来模拟热用户末端阻力)

图 6-18　实验原理图

图 6-19　实验装置实物图

图 6-19 为本研究使用的实验台,是根据喷射泵在加热系统中作为水混合装置的应用场景设计的。循环水泵泵出的高压供水(工作流体)经喷射泵引出部分热用户低压回水(引射流体),两流混合后供给热用户。剩余部分回水经水泵加压继续流入喷射泵,形成闭环系

统。水箱的主要功能是稳定回水压力。用球阀代替热用户,以模拟其水力阻力。实验过程中保持水箱液位不变,保证二次流进口压力始终在小范围内。通过改变循环水泵的工作频率,调节一次流的进口压力和流量。引射流的流量和混合流的出口压力由热用户的水力阻力(球阀的开度)控制。在工作流体、引射流体进口和混合流体出口分别安装压力表,监测三种流体的进、出口压力。所有压力表的精度为 0.1%。流量的测量采用涡轮流量计,所有流量计的精度均为 0.5%。实验中使用的清水处于室温状态,并及时更换,因此在实验过程中,温度变化所引起的密度变化可以忽略不计。

为了求解喷嘴的速度系数 φ_1,首先通过调节水泵的频率来改变工作压差;其次,记录喷射泵在相同面积比下,不同工作压差下的一次流量(实验过程中阀门开度不变);然后,选取三种不同的工作压差,通过调节阀的开度来改变二次流量,得到喷射泵在面积比下的性能曲线;最后,当喷射泵的调节机构处于不同位置时,按上述方法测试喷射泵。

6.3.3.2　系数求解方法

根据下式,得到不同工作压差下的速度系数,取其平均值作为相应面积比下喷嘴的最终速度系数:

$$\varphi_1 = \frac{G_p}{A_1 \sqrt{2\rho_1 \Delta P_{1-2}}} \qquad (6-32)$$

得到喷嘴速度系数后,拟合实验数据得到系数 $\varphi_2 \sim \varphi_5$。本节利用遗传算法将求解系数的问题转化为目标函数的最优解问题。目标函数是找到预测值与真实值残差平方和的最小值,即

$$min\left[\sum_{i=1}^{n}(h - h_{pre})^2\right]$$

扩散管系数 φ_3 和混合室系数 φ_4 与经验值基本一致。可调节喷射泵混合室入口段系数 φ_2 的值与固定式喷射泵的有很大差别。一方面,实验中测试的可调节喷射泵的吸入室结构与固定式有很大不同;另一方面,在混合室的进口段,调节喷针的存在会影响引射流的流动。优化过程中各系数取值范围如下:

$$lb = (0.60, 0.88, 0.955, 0.8), \quad ub = (1.5, 0.92, 0.995, 1.00)$$

将得到的扩散管系数 φ_3 和混合室系数 φ_4 的平均值作为最终的速度系数值。通过非线性拟合,得到 φ_1、φ_2、φ_5 系数与面积比 m 的函数关系。

6.3.3.3　结果与讨论

本节求解了面积比 $m=5.716$、4.398、3.092、2.453、1.848 时的各个系数。将优化得到的系数代入特征方程,并将得到的预测值与实验结果进行比较,不同面积比下的系数值见表 6-2。为了进一步估计解出系数的精度,引入相关系数 R^2。R^2 越接近 1,表示预测值与真实值的接近程度越高。R^2 的定义如下:

$$R^2 = 1 - \frac{\sum_{i=1}^{n}(h - h_{\text{pre}})^2}{\sum_{i=1}^{n}(h - \bar{h})^2} \qquad (6-33)$$

表 6-2　不同面积比下的系数值

x	m	φ_1	φ_2	φ_3	φ_4	φ_5	R^2
4.5	5.716	0.914	0.666	0.899	0.960	1.000	0.984
6.0	4.398	0.930	0.710	0.897	0.965	0.949	0.995
9.0	3.092	0.960	0.832	0.902	0.968	0.896	0.995
12	2.453	0.971	0.997	0.900	0.965	0.865	0.997
18	1.848	0.994	1.329	0.900	0.965	0.820	0.995

注:喷嘴出口被完全堵住的位置为初始位置,$x=0$。

图 6-20 为系数 $\varphi_1 \sim \varphi_5$ 随调节喷针行程增加的变化趋势。从图 6-20 可以看出,扩散管速度系数 φ_3 和混合室速度系数 φ_4 与调节喷针的行程几乎无关。这是由于扩散管和混合室的结构不随调节喷针的运动而改变。扩压器速度系数 φ_3 的平均值为 0.899,混合室速度系数 φ_4 的平均值为 0.965。喷嘴出口面积随喷针行程的增加而增大,喷嘴处的局部阻力减小,喷嘴的速度系数 φ_1 增大。需要注意的是,随着喷嘴开度的增大,系数 φ_1 可能会大于 1。这是因为工作流体在喷嘴出口的压力会低于引射流体进口压力。随着调节喷针行程 x 的增大,混合室入口段的速度系数 φ_2 变化较大,当行程 x 较小时,调节喷针在混合室入口段的体积较大,引射流体进入混合室的阻力较大,因此速

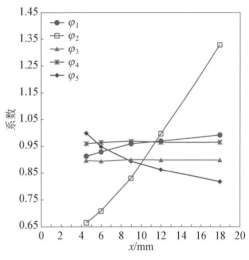

图 6-20　系数 $\varphi_1 \sim \varphi_5$ 随调节喷针行程增加的变化趋势

度系数 φ_2 较小。随着调节喷针行程的增加,阻力迅速减小。同时,喷嘴面积的增加使得进入喷射泵的工作流体增多,在到达混合室之前会与引射流体发生局部混合并交换能量。因此,会出现 φ_2 大于 1 的情况。随着面积比 m 的减小,工作流体的射流截面越大,边界层扩张越快,到达混合室入口截面时射流截面的变化也越大。因此,随着行程的增加,φ_5 逐渐减小。

拟合喷嘴速度系数 φ_1、混合室入口段速度系数 φ_2 和工作流体射流断面比 φ_5 与面积比 m 的关系,得到 φ_1 和 φ_5 与面积比 m 之间以及 φ_2 与面积比的倒数 $1/m$ 之间的函数关系如图 6-21 所示。求解得到的速度系数作为同型号可调节喷射泵速度系数的参考值,用作相关理论计算。

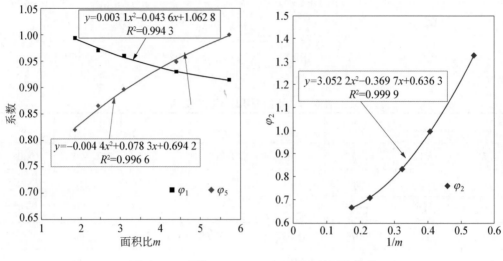

图 6 - 21 系数 φ_1、φ_2、φ_5 与面积比的函数关系

6.4 案例分析

6.4.1 喷射泵在供热系统中的应用场景

如前所述,喷射泵在供热系统中有三种典型的应用方式,包括在一、二次网直连系统、高低区直连系统及二次网混水系统中的应用。

6.4.1.1 喷射泵在一、二次网直连系统中的应用

在中国大部分集中供热系统中,近端的热力站供热效果好,甚至存在浪费,而末端的热力站供热效果差,回水温度偏高,有时甚至达不到基本供热要求,为满足末端热用户的供热需求,普遍的做法是增加一、二次网的流量。但是这种方式与传统方式相比具有运行费用高的缺点,而且间接换热的效率比直接换热的效率低。

利用一、二次网间的大压差,在一、二次网间安装喷射泵来代替换热器和二次网循环水泵,这一方法既提高了一、二次网的换热效果,也增大了一次网的供/回水温差,从根本上解决了由于一次网流量不足所带来的热量不足问题。闫永波提出采用水喷射器的混水直连系统,装喷射泵的直接连接示意图如图 6 - 22 所示。该系统将水喷射泵连接于一次网的供水管与热用户的回水管,起到混水的作用,混合之后的水供给热用户使用。实际上,喷射泵相当于热力站内的换热器,但相比换热器,喷射泵可避免换热损失,且比换热器更容易保温,减少热量散失,大大提高了换热效果。另外,采用此种连接方式,可以实现"大温差,小流量"的运行方式,既经济又节能。喷射泵安装在热力入口处时要保证供水压力能够达到喷射泵的运行条件,同时运用喷射泵之后二次网供水压力又不能超压,若出现超压问题可以调节喷射泵结构参数或串联多个喷射泵,从而起到节流作用。

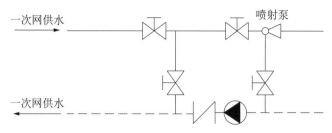

图 6‑22　装喷射泵的直接连接示意图

6.4.1.2　喷射泵在二次管网混水系统中的应用

地板辐射采暖具有热稳定性好、环保卫生、舒适性佳等优点,在供暖系统中频繁使用。地板辐射采暖所需的供/回水温度一般为 60/50 ℃,而末端采用散热器的供暖系统中热用户供/回水温度一般为 85/60 ℃,当供暖系统同时存在散热器热用户和地暖热用户时,如果把二次管网热水直接供于地暖热用户,就会因供、回水温度过高,造成室内过热,影响舒适性,同时温度过高还会缩短地热暖管的使用寿命。可采用如图 6‑23 所示方式,利用喷射泵引射回水管的低温水,与供水管的高温水混合,通过调整合适的混合比,形成 60 ℃ 的中温水,满足地暖热用户的供水需求。安装喷射泵后不仅减少进入地暖热用户管网的流量、节省管材,还无须改造整个管网结构,从而节省了初投资成本。

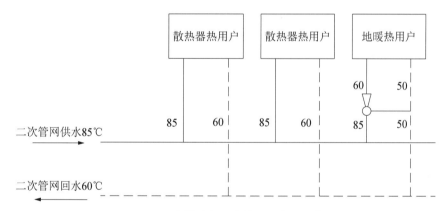

图 6‑23　喷射泵在二次管网上应用示意图

6.4.1.3　喷射泵在高低区直连系统中的应用

随着我国城镇集中供热规模的不断扩大,高层建筑物不断增加,在高层建筑与低层建筑之间进行并网运行过程中,集中供暖系统所存在的高层建筑供水压力不足的问题越来越显著。同一供热系统中要考虑高、低区管网同时存在的问题,当供热系统为高区热用户供暖时,一般会在供水管上安装加压水泵对管网进行加压、定压,以满足高区热用户使用压力的要求,此方法在高低区直连供热系统中被大量使用。但是,这种直接连接加压泵的方式,加压泵提供的能量,只有极小部分用来克服管网的阻力损失,这就导致从高区热用户出来的回水的压力很高,如果不进行降压处理,直接与回水干管连接,就会造成接入点处的局部高压,进而增大下游地区热用户的回水压力,使供/回水压差减小,流量减小,从而导致低区热用户室内温度下降,而高区热用户所占流量的比例会越大,大大影响低区热用户的供热效果,甚至会出现倒流或水流停滞的情况,使系统无法正常运行。一般情况下采用在高区热用户回水支管上安装节流阀,对回水进行节流降压,以消除在运行期间高区热用户对低区热用户造成的不良影响。此种方法虽然降低了高区热用户回水压力,却白白浪费了加压泵提供的那部分能量。为了不浪费这部分节流阀消耗掉的能量,可以在高区系统回水管上安装喷射泵,在不需要消耗其他额外能量的前提下增加整个管网的水力稳定性,将原本浪费在节流阀能耗利用起来,达到节能效果。

1) 喷射泵在供热回水干管上的应用

图 6-24 为高区热用户供水管上安装加压泵后的管网水压图,图中实线表示安装加压泵前的水压线,虚线表示安装加压泵后的水压线。安装加压泵后,供水压力升高到 A 点,克服加压泵到高区热用户间的管网阻力后降为 B 点,克服高区热用户资用压头后降为 C 点,此时回水压力也较大,因此需要在回水管网安装减压阀才能使管网稳定运行,H_{DE} 即为减压阀所消耗的压头。

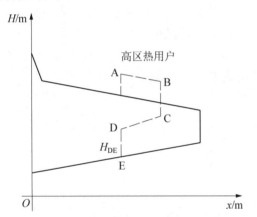

图 6-24 高区热用户供水管上安装加压泵后的管网水压图

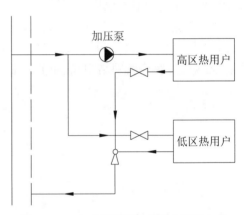

图 6-25 水喷射泵安装在回水干管上的连接方式示意图

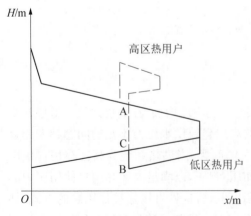

图 6-26 喷射泵安装在高、低区回水管分支点的水压图

图 6-25 为水喷射泵安装在回水干管上的连接方式示意图,由王飞等提出。喷射泵应用于存在高区热用户的供热系统时,将喷射泵安装在高区热用户与低区管网回水干管的分支点,既起到对高区回水节流降压的作用,使其不影响低压供热管网上其他热用户的供热效果,又将这部分被阀门节流浪费的能量利用起来,使喷射泵起到管网回水加压泵的作用,在不消耗任何额外能量的情况下提升了管网整体供热能力,增加了管网的水力稳定性,达到节能供热的目的。

喷射泵安装在高、低区回水管分支点的水压图如图 6-26 所示,高区管网供水管上安装加压泵克服管网及高区热用户资用压头后,压力降为 A 点,安装喷射泵后对高区回水降压来抽引低区回水,使低区热用户回水压力由 B 点升高至 C 点,然后回到管网总回水管。

2) 喷射泵为低区地暖系统提供动力的应用

任卫英通过喷射泵,利用高区热用户的回水直接供给低区地暖热用户,其流程如图 6-27 所示,以此充分利用加压所带来的能量,避免能量浪费。

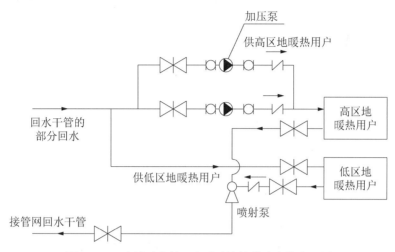

图 6-27 喷射泵为低区地暖系统提供动力的流程图

该方案利用散热器系统的回水直接供高区地暖和低区地暖热用户供暖。其中高区热用户的供水是加压泵抽引主管网系统的回水,同时高区的高压回水作为低区循环水的驱动力,克服低区管路阻力进行供暖。在高、低区直连系统中把高区回水能量传递给低区回水的关键设备是喷射泵,关键技术是加压泵和水喷射泵的协调运行。通过水喷射泵对高区降压,抽引低区回水一起返回系统回水管网。这种系统不仅降低运行能耗,而且高低区易于水力平衡。

6.4.2 喷射泵供热系统节能性分析

我国集中供热系统规模大,水力失调现象普遍存在于热力站之间、楼宇之间、楼内热用户之间。近端热用户供/回水压差大,远端热用户供/回水压差小,导致流量分配不合理,严重影响了供热质量。在现有技术条件下,为满足远端热用户的供热需求,经常采用"大流量、小温差"的运行模式,势必造成热耗、电耗的浪费。

现假设有某一供热系统示意图如图 6-28 所示。总供热面积为 10 万 m^2,有 10 个热用户,每个热用户的供热面积为 1 万 m^2。系统总流量为 300 m^3/h,每平方米平均水流量为 3 kg/h。由于水力失调,假设近端热用户(1♯楼)楼内流量为 40 m^3/h,则每平方米平均水流量为 4 kg/h;中间热用户(5♯楼)楼内流量为 30 m^3/h,每平方米平均水流量为 3 kg/h;远端热用户(10♯楼)楼内流量为 20 m^3/h,每平方米平均水流量为 2 kg/h,可见系统冷热不均现象明显。

现将上述供热系统改造成喷射泵供热系统,在每个热用户进口处安装可调节喷射泵,通过调节喷射泵的运行参数,达到水力平衡。

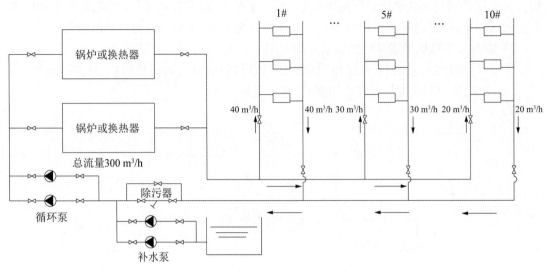

图 6-28 某一供热系统示意图

6.4.2.1 喷射泵供热系统节电原理分析

图 6-29 为喷射泵供热系统示意图,通过调节喷射泵达到混合比为 1:1,则二次网循环水流量变为原来的 1/2。系统管段压力损失 ΔP 满足

$$\Delta P = SQ^2 \tag{6-34}$$

因此,在供热管网阻力系数 S 不变的前提下,当流量减半时,各管段的压力损失 ΔP 只有原来的 1/4。根据经验,假设出上述系统改造前管道、热用户和热力站等的阻力损失,从而得到改造后的系统各管段损失、喷射泵前后的压力损失。传统供热系统和喷射泵供热系统各管段压力损失见表 6-3。

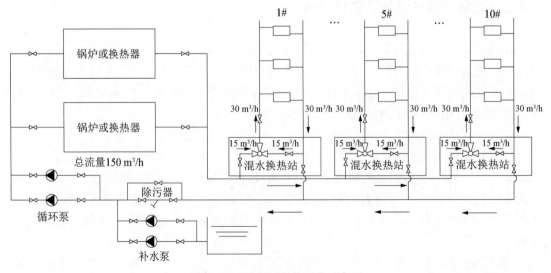

图 6-29 喷射泵供热系统示意图

表 6‐3　传统供热系统和喷射泵供热系统各管段压力损失

系统	循环泵		管段损失		末端热用户	
	流量 /(m³/h)	扬程 /m	站内/m	外网干管 /m	喷射泵 /m	楼内 /m
传统供热系统	300	24	12	8	0	4
喷射泵供热系统	150	26.5	2.5	2	18	4

由表 6‐3 可知,改造后系统管网的资用压差后移来满足喷射泵工作的压力要求,整个供热系统的总压降稍微有所增加,循环泵的运行扬程 H 基本不变。图 6‐30、图 6‐31 分别为传统供热系统和喷射泵供热系统水压图。

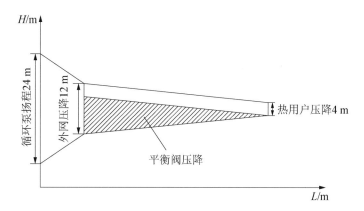

图 6‐30　传统供热系统水压图

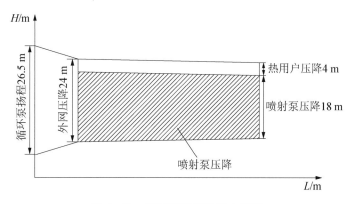

图 6‐31　喷射泵供热系统水压图

循环泵运行功率 N 满足

$$N = \frac{\rho g Q H}{3\,600\eta} \tag{6-35}$$

根据式(6‐35)可以计算出喷射泵供热系统比传统供热系统水泵的功率降低约 44.7%。实际供热系统中,喷射泵可最高节电约 30%。

6.4.2.2 喷射泵供热系统节热原理分析

热网水力稳定性是指网路中各个热用户在其他热用户流量改变时保持本身流量不变的能力。通常用水力稳定性系数 y 来衡量热网的水力稳定性。其计算公式为

$$y = \sqrt{\frac{\Delta P_y}{\Delta P_w + \Delta P_y}} = \sqrt{\frac{1}{1 + \dfrac{\Delta P_w}{\Delta P_y}}} \tag{6-36}$$

式中，ΔP_y 为热用户在正常工况下的压力损失（MPa）；ΔP_w 为正常工况下热网干管的压力损失（MPa）。

水力稳定系数的极限值是 0 和 1，当 $\Delta P_w = 0$ 时，$y = 1$，热用户水力稳定性最好，即无论工况如何变化，都不会使热用户水力失调；当 $\Delta P_y = 0$ 或 $\Delta P_w = \infty$ 时，$y = 0$，此时其他任何热用户流量的改变，其改变的流量将全部转移到这个热用户。实际上热力网络的水力稳定系数 y 总是在 0 和 1 之间，因此，当水力工况变化时，任何热用户流量改变时，它的一部分流量将转移到其他热用户中去。提高热水网络水力稳定性的主要方法是相对减少网路干管的压降，或者相对增大热用户系统的压降。相比传统供热系统，喷射泵供热系统具有较高的水利稳定性。这是因为，喷射泵供热系统通过减小干管循环水流量降低热网干管压降，同时将富余压头后移至喷射泵处增大热用户压降，进而大大提升了供热系统的水力稳定性。

假设图 6-28 中的供热系统从热力站到 1# 楼的管段和楼宇之间管段的阻力系数 S 相同，从热力站到 1# 楼的管段编号为 1，1# 楼到 2# 楼的管段编号为 2，依此类推。根据式（6-34）以及各管段流量和外网干管的总压降，计算得到各个管段的压降。各管段压降见表 6-4。

表 6-4　各管段压降

系统	1	2	3	4	5	6	7	8	9	10
传统供热系统/m	1.04	0.84	0.66	0.51	0.37	0.26	0.17	0.09	0.04	0.01
喷射泵供热系统/m	0.26	0.21	0.17	0.13	0.09	0.06	0.04	0.02	0.01	0.00

从而得到各个热用户的外网干管压力损失

$$\Delta P_{wi} = 2 \sum_{j=1}^{i} \Delta P_j \tag{6-37}$$

式中，ΔP_{wi} 为第 i 个热用户热网干管的压力损失（m）；ΔP_j 为编号为 j 的管段的压力损失（m）。

热用户的压力总损失 ΔP_{yi} 为热用户压降和平衡阀（或者喷射泵压降）之和，其值为除热力站以外的外网总压降减去热用户外网干管压降。其计算公式为

$$\Delta P_{yi} = \Delta P_{w\text{-}total} - \Delta P_{wi} \tag{6-38}$$

式中，ΔP_{yi} 为第 i 个热用户的压力总损失（m）；$\Delta P_{w\text{-}total}$ 为除热力站以外的外网总压降（m）。

计算得到各个热用户水力干管压降和水力稳定性系数,见表 6-5。

表 6-5　各热用户水力干管压降和水力稳定系数

系统	参数	1#	2#	3#	4#	5#	6#	7#	8#	9#	10#
传统供热系统	ΔP_{wi}/m	2.08	3.76	5.09	6.11	6.86	7.38	7.71	7.90	7.98	8.00
	ΔP_{yi}/m	9.92	8.24	6.91	5.89	5.14	4.62	4.29	4.10	4.02	4.00
	y	0.91	0.83	0.76	0.70	0.65	0.62	0.60	0.58	0.58	0.58
喷射泵供热系统	ΔP_{wi}/m	0.52	0.94	1.27	1.53	1.71	1.84	1.93	1.97	1.99	2.00
	ΔP_{yi}/m	23.48	23.06	22.73	22.47	22.29	22.16	22.07	22.03	22.01	22.00
	y	0.99	0.98	0.97	0.97	0.96	0.96	0.96	0.96	0.96	0.96

图 6-32 为传统供热系统及喷射供热系统水力稳定性对比。由表 6-5 和图 6-32 可以看出,喷射泵供热系统相比传统供热系统,具有相当高的水力稳定性,由于干管压降较小,热用户几乎没有“远近之分”,大大缓解了传统供热系统“近热远冷”“冷热不均”的现象,在改善热用户供暖品质的同时降低了不必要的过热损失。

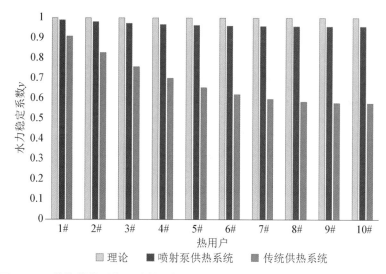

图 6-32　传统供热系统及喷射泵供热系统水力稳定性对比(参见彩图附图 16)

参考文献

[1] 索科洛夫 E Я,津格尔 H M.喷射器[M].黄秋云,译.北京:科学出版社,1977.

[2] Gosline J E, Obrien M P. The water jet pump [M]. California: Hewron, 1934:56-60.

[3] Coff J A, Coogn C H. Some two-dimensional aspects of the ejector problem [J]. ASME Journal of Applied Mechanics,1942,9(4):A151-A154.

[4] 刘方舟.喷射泵混水装置在供热系统中的应用与研究[D].北京:北京建筑大学,2018.

［5］ Maconaghy J W. Centrifugal jet pump combinations［M］.［S. l. ］:Berlin Oncral,1952.

［6］ Hill B J. Two-dimensional analysis of flow in jet pump［J］. Journal of Hydraulics Division ASCE,1973,99(7):1379 - 1387.

［7］ 童咏春,陆宏圻. 射流式水泵的研究［J］.武汉水利电力学院学报,1963(1):1 - 22.

［8］ 陆宏圻. 喷射技术理论及应用［M］. 武汉:武汉大学出版社,1990.

［9］ 王常斌,林建忠,林江. 喷射泵系统中的能量分布与效率特性研究［J］. 中国机械工程,2004,15(4):296 - 300.

［10］ 王平,姜益强. 水喷射器特性曲线及其在供热工程中的应用［J］. 暖通空调,2014,44(2):129 - 132.

［11］ 石兆玉,史登峰,赵向龙,等.可调式水喷射泵的研制［J］. 区域供热,2000(2):10 - 13.

［12］ Winoto S H, Li H, Shah D A. Efficiency of jet pumps［J］. Journal of Hydraulic Engineering, 2000(126): 150 - 156.

［13］ 胡湘韩. 液态喷射泵基本性能的实验分析及其理论问题的探讨［J］. 东北农学院学报,1981(3):6 - 14.

［14］ 尹鹏,李德英,聂金哲. 射流泵在集中供热系统中的水力特性及节能性分析［J］. 暖通空调,2017,47(12):80 - 85.

［15］ 龙新平,朱劲木. 射流泵内部流动的数值模拟［J］.武汉大学学报(工学版),2002(6):1 - 6.

［16］ 何培杰,陆宏圻,龙新平. 射流泵内部流动的二维大涡模拟［J］. 流体机械,2003(8):10 - 13.

［17］ 杨雪龙,龙新平,肖龙洲,等. 不同湍流模型对射流泵内部流场模拟的影响［J］. 排灌机械工程学报,2013,31(2):98 - 102.

［18］ 安英华,李祥书. 关于热水喷射泵在北京地区集中供热系统中的应用问题［J］. 区域供热,1984(1):21 - 27.

［19］ 闫永波. 水喷射泵在一、二次网直连中的应用［J］. 科学之友,2010(13): 26 - 28,30.

［20］ 石兆玉. 供热系统分布式混水连接方式的选优［J］. 区域供热,2009(6):13 - 19,33.

［21］ 王飞,陈志辉,丁雅亮. 水喷射泵在高区直连系统中的应用［J］. 建筑热能通风空调,2007(5): 64 - 67.

［22］ 任卫英. 水喷射泵在新型供热系统中的应用及数值模拟［D］.太原:太原理工大学,2011.

［23］ 丁继波,朱庆斌. 可调式喷射泵在低温热水集中供热系统中的应用［C］.全国暖通空调制冷 1994 年学术年会资料集,1994:64 - 67.

［24］ 王娜,孙方田,李德英,等. 喷射泵与变频泵复合混水供热技术［J］. 区域供热,2013(4): 63 - 65.

［25］ 张琨,张博,沈胜强,等. 区域供热系统中热网参数对水喷射泵的影响［J］.大连理工大学学报,2013,53(1): 42 - 44.

［26］ 李中镇,王齐,陈屹立. 可调型喷射泵在供热庭院管网中的应用效果与性能分析［J］. 区域供热,2019(6): 7 - 11,53.

［27］ Liu F, Li D, Zeng X. Research on energy saving technology of distributing combined adjustable jet pump［J］. Procedia Engineering,2017(205):738 - 743.

［28］ Peng Y, Wenju H, Deying L,et al. Application and economic analysis of water jet pump in new district heating system［J］. Procedia Engineering, 2017(205):996 - 1003.

［29］ Wang H, Wang H. Enhance hydraulic balance of a district cooling system with multiple jet pump［J］. Energy Procedia, 2019(158):2536 - 2542.

［30］ 王娜. 喷射泵与变频泵复合装置在供热中的应用与研究［D］.北京:北京建筑大学,2014.

［31］ 贺平,孙刚. 供热工程［M］. 北京:中国建筑工业出版社,2009.

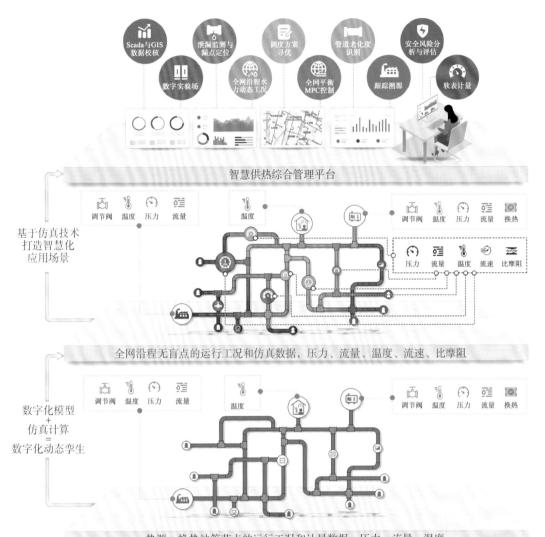

附图 1　智慧供热平台架构

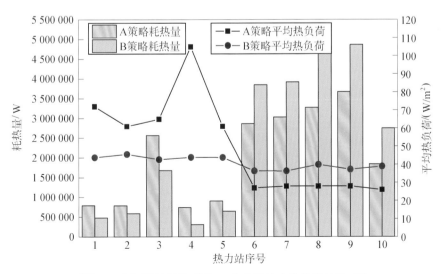

附图 2　在两种控制策略下 10 个典型热力站的耗热量对比

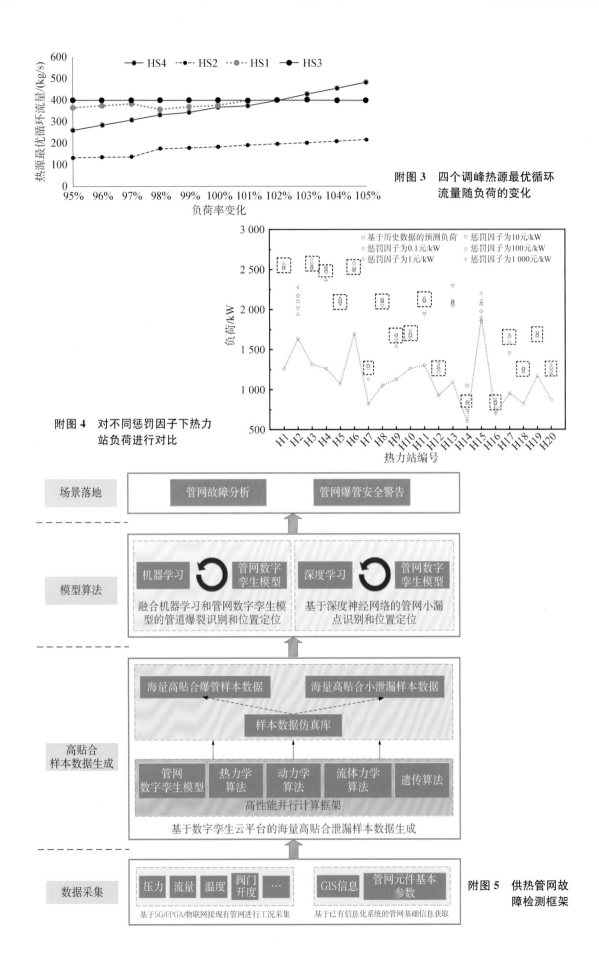

附图 3　四个调峰热源最优循环流量随负荷的变化

附图 4　对不同惩罚因子下热力站负荷进行对比

附图 5　供热管网故障检测框架

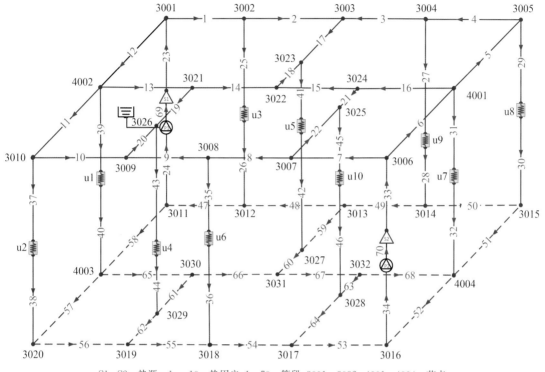

S1、S2—热源；u1~u10—热用户；1~70—管段；3001~3032，4001~4004—节点

附图 6 空间热网拓扑结构

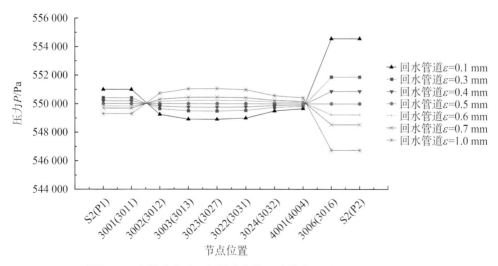

附图 7 回水管道内壁面粗糙度变化导致的供/回水压力线不对称性

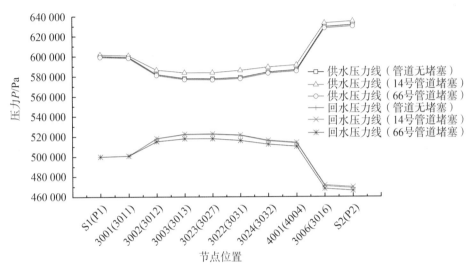

附图 8　供/回水管道 14 号/66 号发生堵塞

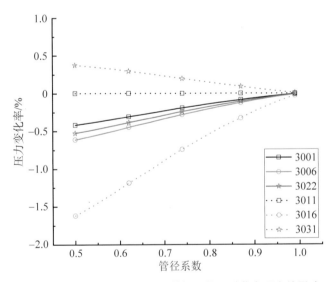

附图 9　回水管道 67 号在不同管径系数下对节点压力的影响

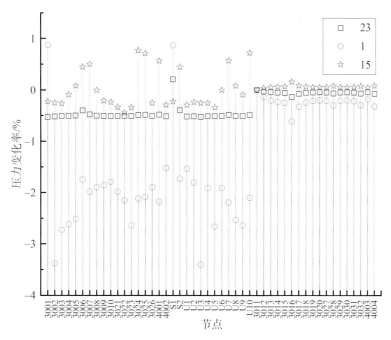

附图 10　供水管道 23 号、1 号、15 号发生堵塞故障时各节点的压力变化率

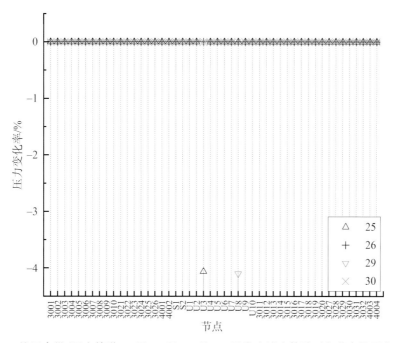

附图 11　热用户供/回水管道 25 号、26 号、29 号、30 号发生堵塞故障时各节点的压力变化率

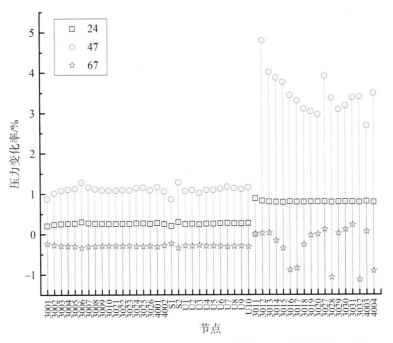

附图 12 　回水管道 24 号、47 号、67 号发生堵塞故障时各节点的压力变化率

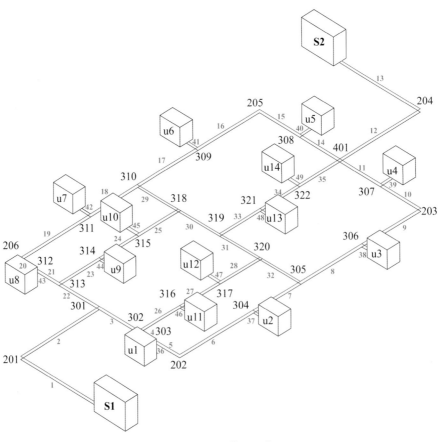

附图 13 　供热管网示意图

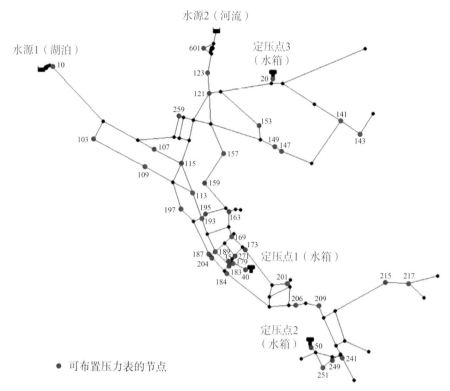

水源2（河流）

水源1（湖泊）

定压点3（水箱）

定压点1（水箱）

定压点2（水箱）

● 可布置压力表的节点

附图 14　Net3 管网拓扑

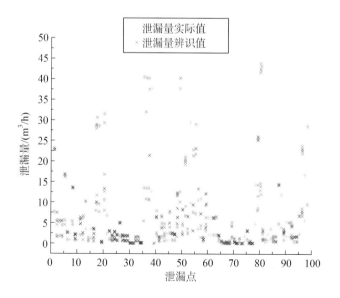

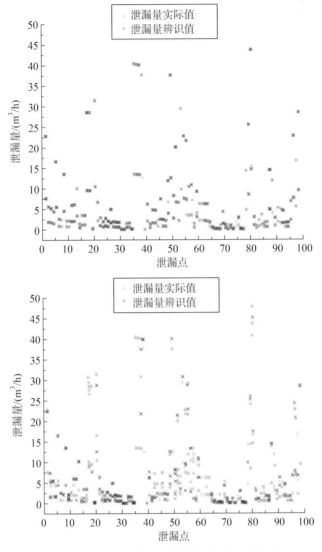

附图 15　泄漏点、泄漏量辨识结果与实际值比较

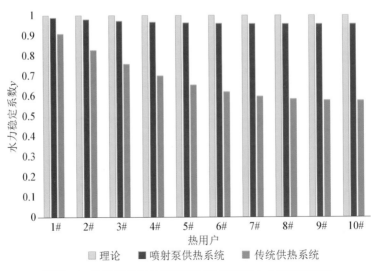

附图 16　传统供热系统及喷射泵供热系统水力稳定性对比